El árbol genealógico

Guía para el uso de las **pruebas** de **ADN** y la **genealogía genética**

El árbol genealógico

Guía para el uso de las **pruebas** de **ADN** y la **genealogía genética**

Blaine T. Bettinger

EDICIONES OBELISCO

ÍNDICE

INTRODUCCIÓN

Los registros genealógicos no son perfectos. Nuestros antepasados tenían malos recuerdos como nosotros: tergiversaban la verdad para aparentar ser más jóvenes o más agraciados como nosotros, y se inventaban historias como nosotros. Además, los registros genealógicos se pueden alterar, transcribir o grabar incorrectamente, o perderse por completo, incluso en los años inmediatamente posteriores a su creación.

Como consecuencia de ello, los genealogistas trabajamos con un rastro imperfecto e inconsistente de migas de pan, y usamos estos rastros para recrear las vidas de nuestros antepasados. A veces hacemos un buen trabajo, otras veces hacemos un trabajo pobre, y aun otras es posible que no sepamos la diferencia.

Sin embargo, atrapadas dentro de tu ADN se encuentran las historias de tus antepasados. Aunque esta información era inaccesible para las anteriores generaciones de genealogistas, las modernas pruebas genéticas nos han permitido extraer esas historias y comenzar a añadirlas al rico tapiz genealógico que muchos de nosotros nos dedicamos a crear.

A pesar de que el ADN es un registro (prácticamente) inalterable de aquellos antepasados que aportaron fragmentos de su ADN a la generación actual, hoy en día tenemos una capacidad limitada para interpretar correctamente el registro completo. De hecho, interpretar los resultados de las pruebas de ADN puede presentar errores o incoherencias. Como resultado de ello, las pruebas de genealogía genética actuales aún no son un registro genealógico perfecto. Sólo cuando el ADN y los registros genealógicos tradicionales se combinan, comenzamos a extraer completamente todo el valor de las pruebas genéticas.

Mi viaje genealógico genético

Hice genealogía por primera vez en séptimo. Mi maestra de inglés me asignó una pequeña tarea: un árbol genealógico de cuatro o cinco generaciones que debíamos completar lo más atrás que pudiéramos pidiendo información a los miembros de la familia. Mis padres me recomendaron que llamara a mi abuela, ya que era uno de los miembros de más edad de esa generación. Cuando la llamé, mi abuela me recitó de memoria una letanía de nombres y lugares. Desesperadamente llamé al lado paterno del árbol genealógico y añadí unas cuantas hojas con aún más antepasados. Con esa única llamada telefónica me enganché. Pasé los siguientes veinticinco años intentando verificar esos nombres, conocer la vida de esos antepasados y llenar los espacios en blanco que mi abuela no podía recordar.

Hice mi primera prueba de ADN en 2003. Estudié bioquímica en Siracusa, Nueva York, y una prueba de ADN fue el matrimonio perfecto entre los dos grandes amores de mi vida: la genealogía y la ciencia. A diferencia de la mayoría de las personas que en esa época comenzaron su viaje de ADN con una prueba del cromosoma Y (ADN-Y) o una de ADN mitocondrial (ADNmt), mi primera prueba fue de ADN autosómico. Sólo miré un poco más de cien marcadores (en comparación con los cientos de miles de marcadores utilizados hoy en día), pero una vez más me enganché. Esa prueba autosómica sólo fue la primera de una larga lista de pruebas de ADN, incluida una secuencia completa de mi genoma para el Proyecto del Genoma Personal diez años después.

En el camino, he aprendido mucho sobre mi herencia genealógica gracias a las pruebas de ADN. Sé que mi ADN mitocondrial es nativo americano, lo que significa que la madre de la madre de mi madre fue nativa americana en algún momento. Sé que llevo conmigo segmentos de ADN africano y nativo americano de antepasados centroamericanos. Sé que tengo fragmentos de ADN procedentes de ancestros francocanadienses e irlandeses. Y estoy

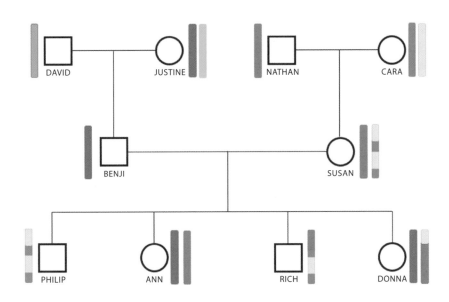

A lo largo del libro, los diagramas, como esta tabla de ADN-X del capítulo 7, ayudarán a ilustrar conceptos importantes en genealogía genética.

empezando a identificar a los padres de mi bisabuela adoptada, todo ello gracias a las pruebas de ADN. He utilizado las pruebas genéticas modernas para sacar a la luz las historias que llevaba conmigo, historias que mis antepasados, incluida la abuela que me regaló el don de la genealogía, me pasaron sin saberlo.

En todo el país y en todo el mundo, cada vial de saliva y cada hisopado bucal enviado con expectación por correo va repleto de historias olvidadas que esperan ver la luz en una serie de *A, T, G* y *C*.

Cómo usar este libro

Este libro pretende ser un recurso para genealogistas de todos los niveles de experiencia, desde principiantes hasta expertos. Si nunca has realizado una prueba de ADN, puedes utilizar este libro como introducción para entender qué es la prueba de ADN, si la prueba de ADN es adecuada para ti y cómo puedes usar los resultados de las pruebas de ADN para estudiar tu linaje. Mi consejo es que leas el libro desde el principio hasta el final tal como se presenta, ya que está escrito con información más básica al principio y más avanzada hacia el final.

A lo largo del libro verás términos especiales, indicados en rojo. Se trata de vocabulario importante que te encontrarás en tu investigación genética y que he compilado en un glosario al final del libro.

Si ya has realizado una prueba de ADN, puedes usar este libro como referencia mientras revisas los resultados de dicha prueba. Después de hacer una parada rápida en los capítulos 1 (conceptos básicos), 2 (conceptos erróneos comunes) y 3 (cuestiones éticas), ve al capítulo relevante para tu tipo de prueba de ADN: ADNmt (capítulo 4), ADN-Y (capítulo 5) o ADN autosómico (capítulos 6-9). Luego lee los capítulos restantes para atar todos los cabos sueltos y tener un conocimiento completo de los diferentes aspectos de las pruebas de genealogía genética.

La formación de un genealogista nunca es completa. Es importante que los genealogistas estén al tanto de los últimos avances en pruebas y análisis de ADN. En consecuencia, si crees que ya dominas la mayoría de temas presentados en este libro, ve a la sección «Más recursos» en el apéndice C para encontrar enlaces a algunos de los mejores blogs, foros y listas de contactos existentes. Estos enlaces te permitirán descubrir y explorar los últimos avances y desarrollos en genealogía genética.

¡Te deseo mucha suerte cuando te embarques en tu propio viaje de ADN!

Blaine T. Bettinger

Abril de 2016

PRIMERA PARTE

Primeros pasos

1

Bases de la genealogía genética

Los genealogistas son historiadores de familias que documentan información conocida sobre una familia y utilizan registros históricos para recrear y recuperar información que se ha perdido por culpa del tiempo y la distancia. Como resultado, posesiones personales como biblias familiares, cartas en períodos de guerra y polvorientos daguerrotipos se encuentran entre los objetos más preciados que un genealogista puede recibir de un antepasado o de un pariente. A menudo, estas posesiones son únicas y revelan información que de otro modo podría perderse. Legar estos registros y recuerdos familiares es una importante tradición que preserva la memoria para las generaciones futuras.

Sin embargo, las generaciones anteriores legaron algo más que recuerdos a sus descendientes. En cada generación, nuestros antepasados transmitieron recuerdos indelebles a través de su ADN, fragmentos de sí mismos que a su vez habían recibido de sus propios antepasados. Esta herencia es la razón por la que tienes el pelo rizado de tu tía abuela, las cejas gruesas de tu abuelo o los intensos ojos azules de tu bisabuela. Es el guardián del ADN de sus antepasados, y con una nueva herramienta llamada genealogía genética puedes desbloquear ese ADN y revelar los secretos que ha salvaguardado durante generaciones. De hecho, incluso los adoptados que no tienen ningún conocimiento de sus antepasados biológicos pueden usar esta herramienta para encontrar familiares genéticos y tener información sobre su herencia biológica.

La genealogía genética se utilizó por primera vez para examinar cuestiones históricas y forenses, tales como si determinados restos pertenecían a la zarina Alejandra.

En este capítulo resumiremos la historia y los conocimientos básicos de la genealogía genética para prepararte para el resto del libro. A medida que vayas leyendo, aprenderás más sobre los diferentes tipos de pruebas de genealogía genética y cómo puedes utilizar sus resultados para examinar tu herencia, responder preguntas genealógicas y resolver misterios familiares. Aprenderás qué prueba(s) debes realizar y qué limitaciones debes tener en cuenta al analizar los resultados de la prueba. También descubrirás –entre otras muchas cosas– algunas de las herramientas accesorias que puedes usar para exprimir al máximo toda la información útil de tu prueba de ADN.

Historia de la genealogía genética

Antes de que los genealogistas la utilizaran, científicos e historiadores utilizaron la genealogía genética para identificar conexiones genealógicas entre figuras históricas preeminentes. En 1994, por ejemplo, se usaron las pruebas de ADNmt –una de las primeras pruebas

CHARLES DARWIN Y LA GENEALOGÍA GENÉTICA

A mediados del siglo xix, Charles Darwin propuso por primera vez las innovadoras teorías de la evolución y la selección natural, sobre las cuales se basa gran parte de la genética moderna. Casi doscientos años después, se examinaron las raíces genéticas del propio Darwin con una sencilla prueba de ADN. A principios de 2010, el Proyecto Genográfico de National Geographic examinó el ADN-Y de Chris Darwin, un tataranieto australiano de Darwin. La prueba reveló que Chris, y por lo tanto muy probablemente Charles, pertenece al haplogrupo R1b, el haplogrupo más común entre los varones de descendencia europea. (Más adelante hablaremos de los haplogrupos con más detalle).

disponibles– para identificar los esqueletos hallados en 1991 en una tumba poco profunda en Ekaterimburgo, Rusia, como los de familia Romanov, asesinada en 1918. Utilizando una prueba de baja resolución, los científicos descubrieron que el ADNmt extraído de varios de los esqueletos (incluidos los de la supuesta zarina Alejandra en la imagen Ⓐ –una nieta materna de la reina Victoria– y los de varios de los hijos de la zarina) coincidían con el ADNmt obtenido del príncipe Felipe, duque de Edimburgo, tataranieto de la reina Victoria. Tras esta prueba temprana, tanto la prueba del ADNmt como la del ADN autosómico (otro tipo popular de prueba) identificaron los restos del zar Nicolás II y de toda su familia, incluidos la zarina y sus cinco hijos.

De manera similar, en 1998 se utilizaron pruebas del cromosoma Y (ADN-Y) para mostrar una coincidencia genética entre un pariente varón del presidente estadounidense Thomas Jefferson y un descendiente de Eston Hemings, el hijo más joven de Sally Hemings, la esclava de Thomas Jefferson. Entre los descendientes de Eston Hemings había una fuerte tradición oral según la cual el padre de Eston era Thomas Jefferson y se afirmaba que Eston tenía un gran parecido con Jefferson. Muchos historiadores, sin embargo, creían que el padre de Eston era uno de los hijos de la hermana de Jefferson, lo que podría explicar el parecido. Dado que el expresidente no tuvo hijos legítimos que sobreviviesen para transmitir el ADN-Y, los investigadores obtuvieron una muestra de ADN-Y de cinco descendientes de línea masculina del tío paterno de Jefferson, Field Jefferson. Esas muestras se compararon con muestras de ADN-Y obtenidas de un descendiente vivo de Eston Hemings, y ambas mostraban coincidencia genética. Hoy en día muchos historiadores aceptan que Jefferson tuvo varios hijos con Sally Hemings, incluido el propio Eston.

Reconociendo el potencial del ADN para examinar las relaciones genealógicas, los genealogistas comenzaron a investigar maneras de usar esta herramienta. Pocos años después de que los historiadores utilizaran con éxito las pruebas de ADN para sacar a la luz a los descendientes de Jefferson, un grupo de científicos, entre los que se encontraba Bryan Sykes, llevó a cabo un estudio en el Reino Unido con el ADN-Y de cuarenta y ocho varones con apellido

Sykes. La prueba de ADN-Y de baja resolución determinó que casi la mitad de los hombres estaban relacionados a través de su línea paterna (apellido), lo que sugiere un origen único del apellido para estos hombres. Los científicos observaron que los estudios de ADN-Y como éste podrían tener numerosas aplicaciones en el campo forense y la genealogía.

Con el tiempo, se hicieron evidentes las implicaciones prácticas de las pruebas de ADN para los genealogistas. A principios de 2000, dos compañías comenzaron a realizar pruebas de ADN para los genealogistas: Family Tree DNA (**www.familytreedna.com**), con sede en Houston, Texas, y liderada por Bennett Greenspan, Max Blankfeld y Jim Warren, y Oxford Ancestors (**www.oxfordancestors.com**), con sede en Oxfordshire, Inglaterra, y fundada por Bryan Sykes, el mismo del estudio del apellido Sykes. Ambas compañías se presentaron ofreciendo pruebas de ADN-Y y ADNmt para los genealogistas, los primeros productos comerciales de este tipo.

Las pruebas de genealogía genética se extendieron en los años siguientes, lideradas por grandes proyectos que combinaban pruebas de ADN-Y y apellidos, una metodología muy similar a la del estudio Sykes. En el otoño de 2007, la compañía de pruebas de genealogía genética 23andMe (**www.23andme.com**) comenzó a ofrecer la primera prueba comercial de ADN autosómico, y en 2012, AncestryDNA (**www.dna.ancestry.com**) comercializó oficialmente su propia prueba de ADN autosómico. Hoy en día, 23andMe, AncestryDNA y Family Tree DNA aún ofrecen pruebas genéticas a los genealogistas de todos los niveles de experiencia y son las principales compañías de genealogía genética. Trataremos estas y otras compañías de pruebas en un capítulo posterior.

La genealogía genética hoy en día

La genealogía genética es una herramienta esencial para los genealogistas. Es una importante evidencia, similar a un censo, un testamento o un registro de tierras, y podría ser la última prueba disponible en aquellos casos en los que los registros se han perdido o se han destruido. Si bien las pruebas de ADN no pueden responder (ni siquiera arrojar luz) a todas las preguntas, los genealogistas expertos deberían considerarlas al menos una parte del proyecto de investigación genealógica.

En el verano de 2015, 23andMe y AncestryDNA anunciaron que habían testado a su cliente un millón, y su base de clientes está creciendo con miles de nuevas pruebas que se venden cada mes. Aunque la base de datos de Family Tree DNA ha sido tradicionalmente más pequeña que las bases de datos de 23andMe y de AncestryDNA, es innegablemente grande y sigue creciendo a toda velocidad.

A medida que crecen las bases de datos, también crece el poder de la genealogía genética. Serán posibles nuevas conexiones, nuevas herramientas y nuevos descubrimientos a medida que más y más individuos realicen pruebas de ADN.

Un poco de genética: ¿qué es el ADN?

No necesitas ser un experto en biología molecular o de genética para entender la genealogía genética. Ni siquiera necesitas recordar esa asignatura de Biología que hiciste en secundaria. Esta breve introducción y algunos detalles aportados en cada capítulo serán más que suficientes para ayudarte a entender cómo usar las pruebas de genealogía genética para tu proyecto de investigación.

La célula, la unidad básica de la vida, utiliza material genético llamado ADN para controlar la inmensa mayoría de sus funciones, desde la división celular hasta su muerte programada. El **ADN** (abreviatura de ácido desoxirribonucleico) es un componente de la célula que transmite las instrucciones para el desarrollo y el funcionamiento de todos los seres vivos. Un pequeño porcentaje del ADN comprende los **genes**, segmentos cortos de ADN que sirven de modelo para fabricar una proteína o una molécula de ARN (ácido ribonucleico). Los científicos aún siguen encontrando funciones secundarias para las **regiones no codificantes** del ADN, es decir, regiones que no crean específicamente proteínas o ARN.

Una molécula de ADN consta de una cadena de millones de unidades más pequeñas llamadas **nucleótidos**. En el **núcleo** de la célula, juntas, dos moléculas entrelazadas de ADN interactúan para formar una única estructura en doble hélice llamada **cromosoma**.

Una célula humana normal tiene noventa y dos moléculas largas de ADN que se emparejan para formar cuarenta y seis cromosomas bicatenarios. Cada uno de éstos, a su vez, forma un **par de cromosomas** con otro cromosoma similar –pero no idéntico– para crear 23 pares de cromosomas diferentes.

¿Liado? He aquí una tabla que desgrana los diferentes niveles de organización del ADN:

Componente	Descripción
Nucleótido	Fragmento de ADN; puede ser de cuatro tipos, que se emparejan de manera específica: adenina, citosina, guanina y timina
ADN (ácido desoxirribonucleico)	Molécula que consta de dos cadenas entrelazadas de millones de nucleótidos diferentes
Gen	Región de ADN dentro de un cromosoma que codifica un producto funcional, como por ejemplo una proteína
Cromosoma	Doble hélice altamente organizada de dos moléculas de ADN
Par de cromosomas	Dos cromosomas complementarios, cada uno de ellos heredado de un progenitor diferente

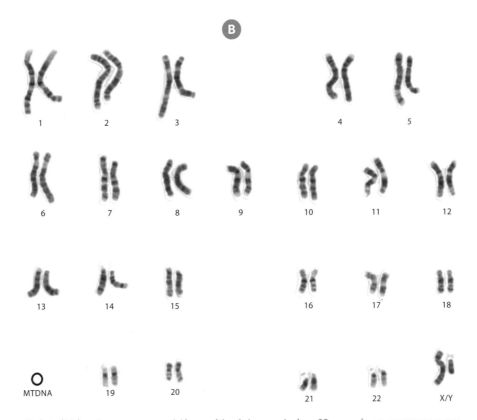

B

Cada individuo tiene una composición genética única, que incluye 22 pares de cromosomas, un par de cromosomas sexuales y anillos de ADNmt. Todos ellos juntos constituyen el cariotipo humano. Foto cortesía de Darryl Leia, del National Human Genome Research Institute.

Aparte del ADN nuclear, en las numerosas mitocondrias externas al núcleo hay cientos o miles de copias de una cadena muy pequeña de ADN circular. Las **mitocondrias** son diminutas centrales energéticas presentes en la célula, responsables de, entre otras cosas, crear la energía que nuestras células necesitan para funcionar.

Un cariograma (imagen **B**) es una fotografía del **cariotipo** de un ser humano, es decir, de todos los cromosomas de una célula humana dispuestos en pares en una secuencia numerada desde el más largo hasta el más corto. Para hacer un cariograma, los investigadores tiñen los cromosomas con una sustancia química especial y luego los fotografían. Los cromosomas se reorganizan digitalmente en pares, siguiendo una secuencia numerada específica. Este cariograma también incluye una cadena circular de ADNmt como referencia.

En este libro examinaremos los cuatro tipos de ADN utilizados en genealogía genética: ADNmt, ADN-Y, ADN-X y ADN autosómico.

1. El **ADN mitocondrial (ADNmt)** es un pequeño fragmento circular de ADN que se encuentra en las mitocondrias. Se trata del único ADN que no se encuentra en el núcleo de la célula. El ADNmt se transmite exclusivamente de madre a hijo, y una prueba de ADNmt revela información acerca de la línea materna directa (o «umbilical») del examinado. El capítulo 4 se centra en las pruebas de ADNmt.

2. El **ADN del cromosoma Y (ADN-Y)** se centra en el cromosoma Y, uno de los dos cromosomas sexuales que determinan el sexo (el otro es el cromosoma X). Sólo los varones tienen un cromosoma Y, y una prueba de ADN-Y revela información acerca del cromosoma Y (masculino) del examinado, que se transmite exclusivamente de padres a hijos. La prueba del ADN-Y se trata con más detalle en el capítulo 5.

3. El **ADN autosómico** se compone de los pares de cromosomas que se encuentran en el núcleo de la célula. Los seres humanos tienen 23 pares de cromosomas (cuarenta y seis en total), de los cuales 22 son de ADN autosómico (o «autosomas»); el otro par son los cromosomas sexuales. Una copia de cada cromosoma se hereda de la madre y la otra copia del padre. Una prueba de ADN nuclear revela información acerca de las líneas paterna y materna, y analizaremos esta prueba en el capítulo 6.

4. El **ADN del cromosoma X (ADN-X)** se centra en el cromosoma X, uno de los dos cromosomas sexuales que determinan el sexo (el otro es el cromosoma Y). Las mujeres tienen dos cromosomas X, uno procedente de su padre y el otro, de su madre; en cambio, los varones tienen un único cromosoma X, procedente de su madre. Por lo general, el ADN-X se analiza como parte de una prueba de ADN nuclear. En el caso de los varones, la prueba de ADN-X (el tema del capítulo 7) revela información sobre las líneas maternas, mientras que en el caso de las mujeres, la prueba del ADN-X revela información tanto de la línea materna como de la paterna.

Dos árboles familiares: uno genealógico y otro genético

Uno de los aspectos más importantes a la hora de entender e interpretar los resultados de la prueba de ADN es que todo el mundo tiene dos árboles familiares muy diferentes (aunque se superponen): uno genealógico (que refleja relaciones familiares) y otro genético (que refleja la composición genética y los patrones de herencia). En resumen, tu árbol genealógico incluirá todos los miembros de tu familia genética, pero no al revés.

El árbol genealógico

El primer árbol –y probablemente el más conocido y estudiado– es el **árbol genealógico**, que contiene a cada antepasado que tuvo un hijo que tuvo un hijo que tuvo un hijo, y así sucesivamente. Un árbol genealógico completo (imagen Ⓒ) incluye a todos los padres, abuelos

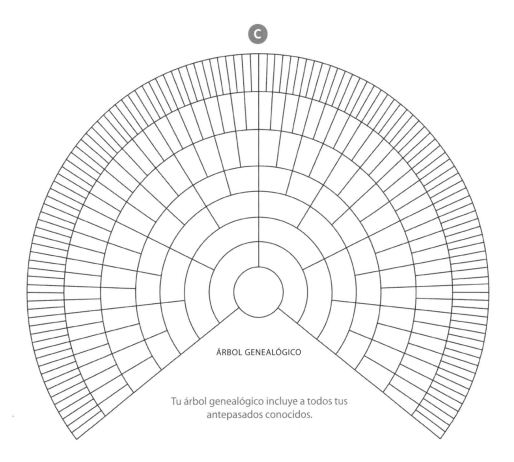

C

ÁRBOL GENEALÓGICO

Tu árbol genealógico incluye a todos tus antepasados conocidos.

y bisabuelos de la historia. En la mayoría de casos, es el árbol que los genealogistas se dedican a investigar, a menudo utilizando registros en papel, como certificados de nacimiento y defunción, registros censales y periódicos para completarlo. Muchos genealogistas encuentran que el rastro de papel termina o se convierte en mucho más difícil de seguir más allá del siglo XIX o del XVIII, por lo que resulta muy difícil remontarse a los orígenes de la familia.

El árbol genético

El segundo árbol familiar es el **árbol genético**, que incluye sólo aquellos antepasados que han contribuido al ADN del individuo analizado. Si bien se superpone al árbol genealógico, no todos los individuos en un árbol genealógico contribuyen con un segmento de ADN a la secuencia de ADN del individuo analizado. Un padre no les pasa todo su ADN a sus hijos (sólo alrededor del 50 %); como resultado de ello, se pierden fragmentos de ADN con cada generación. Es probable que tu árbol genético contenga menos ancestros que tu árbol genealógico si te remontas entre cinco y nueve generaciones.

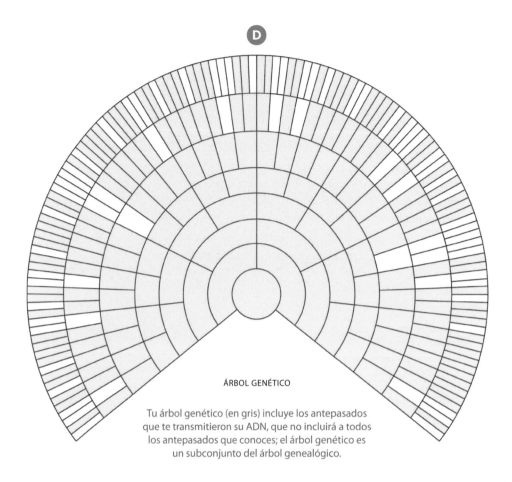

ÁRBOL GENÉTICO

Tu árbol genético (en gris) incluye los antepasados
que te transmitieron su ADN, que no incluirá a todos
los antepasados que conoces; el árbol genético es
un subconjunto del árbol genealógico.

Como se muestra en la imagen **D**, donde las casillas grises indican que el antepasado ha aportado ADN del individuo que se ha hecho la prueba y las casillas blancas indican que el antepasado no le ha proporcionado ADN, el árbol genético es en realidad sólo un subconjunto del árbol genealógico. Un árbol genético incluye a ambos padres biológicos, cada uno de los cuales ha contribuido aproximadamente con el 50 % de la secuencia completa de ADN del individuo analizado. Es muy probable que el árbol genético también incluya a cada uno de los cuatro abuelos biológicos y ocho bisabuelos biológicos del individuo analizado, pero a medida que ascendemos en las generaciones es mucho menos probable que cada individuo del árbol genealógico hubiese contribuido con un porcentaje significativo de su ADN al ADN del individuo analizado.

Dado que los individuos analizados tienen un árbol genético que es un subconjunto de su árbol genealógico, un individuo a menudo compartirá su árbol genealógico con otro individuo, pero sus árboles genéticos no se superponen. Esto simplemente significa que no han heredado el mismo ADN de su antepasado compartido. Estos individuos son familiares genealógicos pero no familiares genéticos, ya que los familiares genéticos comparten tanto vínculos genealógicos como vínculos genéticos (esto es, comparten uno o más individuos próximos en sus árboles genéticos y, por lo tanto, comparten cantidades detectables de ADN de este antepasado común). Los primos hermanos, por ejemplo, siempre comparten ADN, y por lo tanto siempre serán familiares genealógicos y familiares genéticos.

Desafortunadamente, hasta hoy nadie ha podido construir un árbol genético familiar muy completo, debido en parte a la falta de bases de datos extensas que combinen la genealogía documentada en papel y la genética. Sin embargo, con el reciente desarrollo de herramientas que combinan las pruebas genéticas con los árboles familiares, los genealogistas genéticos están comenzando a reconstruir partes de sus árboles genéticos.

CONCEPTOS BÁSICOS: FUNDAMENTOS DE LA GENEALOGÍA GENÉTICA

- La genealogía genética empezó siendo una herramienta en la historia y la ciencia forense. Durante la década de 1990 las compañías de ADN empezaron a ofrecer pruebas genéticas para su uso en genealogía.

- Los genealogistas utilizan cuatro tipos diferentes de ADN en las pruebas: ADNmt, ADN-Y, ADN autosómico y ADN-X. Querrás realizar diferentes pruebas dependiendo de los objetivos de tu investigación.

- Todo el mundo tiene dos grupos de antepasados: un árbol genealógico (miembros de la familia ancestral) y un árbol genético (antepasados que han contribuido con el ADN). El árbol genético es un subconjunto del árbol genealógico y a veces puede resultar difícil de detallar.

2

Ideas erróneas frecuentes

El ADN es una poderosa herramienta para los genealogistas. Te permite confirmar o corregir árboles genealógicos y linajes, encontrar nuevos parientes que ni siquiera sabías que existían y ayudarte a conocer los orígenes familiares. De todos modos, el ADN no es mágico. Del mismo modo que un censo o una escritura por sí solos no pueden proporcionarte todas las respuestas a tus preguntas genealógicas, el ADN no es una solución milagrosa a todos los problemas de investigación. Para que tenga éxito, los genealogistas genéticos deben trabajar diligentemente con los resultados de la prueba de ADN y combinarlos con otros tipos de registros para llegar a una conclusión defendible.

En muchos sentidos, científicos, fiscales y genealogistas han vendido a bombo y platillo el ADN como una panacea para comprender la salud, solucionar crímenes y derribar muros de ladrillos.[1] Como resultado de ello, la gente tiene muchas ideas erróneas acerca de cómo se puede utilizar el ADN. Por ejemplo, aunque los cuerpos policiales tengan una excelente muestra genética, el ADN no puede solventar todos los crímenes o identificar a todos los sospechosos o delincuentes. Aunque los investigadores gasten miles de millones de dólares en investigación genética, el ADN no puede explicar todos los motivos de enfermedad o proporcionar una cura para todas las enfermedades. Y aunque los genealogistas dispongan de las mejores herramientas y de enormes bases de datos de muestras para consultar, el ADN no puede derribar todos los muros de ladrillos. Es muy importante ser consciente de

El árbol genealógico. Guía para el uso de las pruebas de ADN y la genealogía genética las limitaciones del ADN durante todas las fases de la prueba de ADN: durante la planificación de la prueba, la revisión de los resultados, las conclusiones y la redacción definitiva. Dominar estos consejos te ayudará a evitar los errores que los genealogistas genéticos cometen más a menudo.

En este capítulo abordaremos algunos de los equívocos más frecuentes sobre la genealogía genética y por qué son incorrectos. Obtendrás un conocimiento más profundo de los beneficios y las limitaciones de la genealogía genética a medida que examinemos en capítulos posteriores cada tipo individual de prueba de ADN.

IDEA ERRÓNEA N.º 1:
La genealogía genética sólo sirve para divertirse.

No cabe ninguna duda de que la genealogía genética es una nueva manera divertida e interesante de explorar la genealogía. Programas populares de televisión como *Finding Your Roots* o *Who Do You Think You Are?*[2] utilizan pruebas de ADN para apoyar y reafirmar las potentes historias familiares compartidas por invitados famosos. Los anuncios impresos y *online* de 23andMe (**www.23andme.com**) y AncestryDNA (**www.dna.ancestry.com**) popularizan las estimaciones de etnicidad, lo que lleva a miles de personas a comprar pruebas de ADN y a explorar sus raíces. Hoy en día los jóvenes en particular se sienten atraídos por la genealogía en mucho mayor número debido en gran parte a la genealogía genética. ¿Pero la genealogía genética se puede usar únicamente como entretenimiento?

Un genealogista debería examinar todos los registros posibles que pueden arrojar luz sobre una cuestión genealógica. Por supuesto, si te preguntas si el tatarabuelo Ned era propietario de un terreno en la zona rural de Nueva York (donde vivía), deberías comprobar los registros de propiedades. Pero también debes comprobar los registros de impuestos, los registros de sucesiones y cualquier otro registro que pueda resultar útil. En consecuencia, un genealogista debería utilizar pruebas de ADN cuando puedan arrojar luz sobre una pregunta o cuando puedan respaldar una conclusión o una hipótesis ya existentes. Quizá el linaje de los Smith sea el linaje mejor documentado que hayas revisado o construido, ¿pero has respaldado tus conclusiones con el ADN? ¿Estás seguro de que no ha habido un **evento de no paternidad** –una interrupción en el linaje esperado de ADN-Y debido a una adopción, a una infidelidad o a otras causas– que puede no aparecer en las pruebas documentales?

Las pruebas de ADN son divertidas, pero son algo más que una forma de entretenimiento. Como cualquier otro tipo de registro (bien sea censal, vital, de impuestos, testamentario o catastral), las pruebas de ADN son una evidencia que se debe evaluar como herramienta potencial para resolver cualquier pregunta de investigación. En último término, considerar las pruebas de ADN debería convertirse en algo tan relevante para los genealogistas como verificar los censos y los registros vitales de un antepasado..

IDEA ERRÓNEA N.º 2:
Soy mujer, y por lo tanto no puedo realizarme una prueba de genealogía genética.

Contrariamente a las creencias populares, las mujeres pueden realizar tres de las cuatro principales pruebas genéticas, y tanto hombres como mujeres pueden beneficiarse de los resultados de las cuatro.

Esta idea errónea se debe a las limitaciones técnicas en los inicios de la genealogía genética. En aquella época en la que la genealogía genética se basaba sobre todo en pruebas de ADN-Y y ADNmt, a los genealogistas se les decía repetidamente que sólo podían realizar una prueba de ADN-Y con hombres. Aunque las mujeres siempre se han podido realizar una prueba de ADNmt, durante los primeros diez años de genealogía genética (2000-2010) esta prueba no era tan informativa desde el punto de vista genealógico como una prueba de ADN-Y, por lo que algunas genealogistas se sintieron excluidas.

Sin embargo, las mujeres también pueden participar en una prueba de ADN-Y, aunque no de manera directa. Por ejemplo, una mujer interesada en su linaje de ADN-Y podría encontrar otra fuente viva (y dispuesta) de este ADN. Padres, hermanos, tíos o primos masculinos son todos ellos fuentes potenciales de ADN-Y para hacer la prueba. En aquellos casos en los que no se pueda encontrar un padre, un tío, un hermano o un primo, la fuente puede estar eliminada varias generaciones. Pero el secreto para encontrar estas fuentes es hacer aquello que todo buen genealogista hace: usar investigación genealógica documental para encontrar un descendiente de la línea paterna que esté dispuesto a realizarse una prueba de ADN-Y.

Además, no hay ninguna limitación sobre quién puede realizarse una prueba de ADN autosómico. El ADN autosómico examina muchos linajes diferentes del árbol genealógico en vez de únicamente líneas paternas (ADN-Y) o maternas (ADNmt). Todo el mundo tiene la misma cantidad de ADN autosómico y puede participar en una prueba de ADN autosómico.

IDEA ERRÓNEA N.º 3:
La prueba de ADN me proporcionará un árbol genealógico.

Una de las principales ideas erróneas relacionadas con la genealogía genética es que los resultados de una prueba de ADN son una panacea para revelar un árbol genealógico. Por desgracia, una prueba de ADN por sí sola no proporciona un árbol genealógico (o al menos ninguna de las pruebas actualmente disponibles). El individuo que se realiza una prueba no se conecta a su base de resultados y ve un árbol, parcial o completo, como parte de los resultados. Por el contrario, como veremos en el capítulo 6, el individuo que se hace la prueba suele recibir dos tipos de información: una predicción de etnicidad y una lista de coincidencias genéticas de quienes comparten uno o más segmentos de ADN con el individuo analizado.

De todos modos, el ADN combinado con la investigación tradicional es una poderosa herramienta que puede ayudarte a investigar y desarrollar tu árbol genealógico. Por ejemplo, el nombre de tu bisabuela no está directamente codificado en tu ADN, por lo que limitarse a realizar una prueba de ADN no revelará su nombre. En cambio, las claves de la identidad de tu bisabuela están codificadas en tu ADN; ella te dio algo de su ADN y compartes parte de ese ADN con tus parientes genéticos y genealógicos. Gracias a las pruebas de ADN, a una investigación documental y a un arduo trabajo, puedes colaborar con estos parientes genéticos para identificar tu ascendencia común, que puede incluir a tu bisabuela o al antepasado de tu bisabuela. Este esfuerzo de colaboración ayuda a confirmar las ramas de un árbol genealógico existente y a derribar muros de ladrillos.

De manera similar, a veces una prueba de genealogía genética puede ayudar a encontrar un árbol genealógico existente. Los adoptados que se hagan una prueba de ADN y sean capaces de conectarse con sus familias biológicas también recibirán simultáneamente árboles genealógicos biológicos para uno o ambos lados de su familia recién identificada. Aunque no todos los adoptados encuentran su familia biológica después de realizar una prueba de ADN, cada vez más a menudo estas pruebas permiten identificar a uno o a ambos padres de la mayoría de los adoptados.

Para decirlo de otra manera: al igual que la mayoría de las investigaciones genealógicas, las pruebas de ADN no pueden alcanzar su máximo potencial sin un contexto. En la mayoría de los casos, ese contexto es la investigación documental que el individuo analizado o quienes coinciden genéticamente con el individuo analizado han llevado a cabo en sus árboles genealógicos.

IDEA ERRÓNEA N.º 4:
Los resultados del ADN son demasiado limitados para ser útiles.

Esta idea errónea es más frecuente en los artículos de noticias que se escriben sobre las pruebas de genealogía. Por ejemplo, los artículos a menudo destacan el hecho de que algunas pruebas de ADN sólo pueden revelar información sobre un pequeño porcentaje de la ascendencia. De hecho, una prueba de ADN-Y sólo analiza la línea masculina directa (el padre del padre de tu padre, y así sucesivamente). De manera análoga, una prueba de ADNmt sólo analiza la línea femenina directa (la madre de la madre de tu madre, etc.). Un árbol genealógico de diez generaciones incluye hasta 1024 ancestros en la décima generación, pero una prueba de ADN-Y o de ADNmt sólo revelará información sobre *una* persona de esos 1024 ancestros.

Sin embargo, los autores de estos artículos no entienden la naturaleza incremental de la investigación genealógica. La mayoría de los genealogistas invierten una gran cantidad de recursos –tanto de tiempo como de dinero– intentando descubrir incluso la información más pequeña sobre un individuo dentro de su árbol genealógico. Además, como veremos en capítulos posteriores, ser capaz de centrarse en un ancestro utilizando el ADN es increíblemente valioso. El hecho de que el cromosoma Y o el ADNmt se encuentren únicamente en uno de los 1024 ancestros en la décima generación, por ejemplo, es parte de lo que hace que las pruebas de ADN-Y y de ADNmt sean tan poderosas.

Los autores de estos artículos tampoco suelen entender las pruebas de ADN autosómico, en las que una prueba de ADN analiza muchos linajes diferentes del árbol genealógico. En lugar de obtener información sobre un único antepasado en cada generación, la prueba de ADN autosómico puede analizar cada uno de los muchos antepasados que aportaron ADN a nuestros genomas. En el futuro, las pruebas de ADN autosómico pueden incluso ayudar a identificar a los antepasados que no nos aportaron ADN. (En otras palabras, los antepasados que forman parte de nuestro árbol genealógico pero que no forman parte de nuestro árbol genético; lo trataremos con más profundidad en el capítulo 6). Esta capacidad de examinar a varios antepasados con una única prueba también hace que las pruebas de ADN resulten más exigentes…, ¡pero esto forma parte de la diversión de la genealogía genética!

IDEA ERRÓNEA N.º 5:
La prueba de ADN revelará información sobre mi salud.

Esta idea errónea se basa en algo cierto. Una de las fuerzas impulsoras que había detrás de la secuenciación del primer genoma humano fue utilizar la información para entender las causas de la enfermedad y encontrar curas o tratamientos, por lo que la mayoría de las pruebas genéticas se realizaban por razones médicas antes de la aparición de la genealogía genética y la genómica personal. Como resultado de ello, no debe sorprender que la gente espere que los resultados de una prueba de genealogía genética revelarán información sobre su salud tanto a ellos mismos como a la compañía encargada de realizar las pruebas.

De hecho, no hay duda de que una prueba de genealogía genética puede revelar información médica sobre el individuo que se realiza la prueba. La compañía de pruebas genealógicas 23andMe, por ejemplo, testea cientos o miles de posiciones en el genoma que pueden ser informativas sobre la salud, y luego proporciona esa información al individuo analizado. Además, algunas pruebas de ADN pueden revelar inadvertidamente información sobre la salud, quizá porque un nuevo descubrimiento científico revela una implicación previamente desconocida relacionada con la salud del pequeño porcentaje del genoma analizado mediante pruebas genealógicas. O bien el análisis genético puede revelar una de las pocas enfermedades raras que ya se sabe que están relacionadas con la salud del individuo analizado. Por ejemplo, la secuenciación de una región (o **marcador**) comúnmente testada en el cromosoma Y, DYS464, puede revelar una deleción grave de un segmento de cromosoma que provoca infertilidad masculina. Esta deleción es muy rara, ya que sólo se da en uno de entre cada 4000-8000 hombres. Algunas enfermedades metabólicas también pueden detectarse mediante la secuenciación completa del ADNmt.

De todos modos, tienes varios motivos para no preocuparte por la posibilidad de revelar información sobre tu salud. Aunque antaño se creía que la secuenciación del ADN de una persona revelaría qué enfermedades contraería a lo largo de su vida, las actuales pruebas de ADN sencillamente no pueden llegar a conclusiones tan notables. (De hecho, la película de 1997 *Gattaca* examinó esa predicción ahora errónea con su personaje principal, un hombre en un futuro no tan lejano, portador de una secuencia de ADN que determina una esperanza de vida corta y que tiene que luchar contra la discriminación genética que sufre). Los científicos han descubierto que la correlación entre salud y genética es compleja, y que el medioambiente desempeña un papel mucho más importante en la determinación de nuestra salud. Con la rara excepción de las personas con enfermedades genéticas graves que ya han sido diagnosticadas antes de una prueba de genealogía genética, una prueba de ADN no puede revelar nuestras principales enfermedades ni la posible causa de muerte.

Además, con la excepción de 23andMe, que ofrece intencionadamente información sobre la salud como parte de su prueba, la mayoría de las principales compañías de pruebas genéticas no analizan intencionalmente las posiciones del genoma relacionadas con la salud. Y en el caso de que hagan una prueba para estas posiciones, eliminan esta información de los resultados y no los proporcionan al individuo que se hace la prueba.

En consecuencia, como esta idea errónea tiene una base sólida en la realidad, los individuos analizados deben ser conscientes de lo que pueden descubrir sobre sí mismos antes de aceptar hacerse una prueba. A pesar de que la correlación entre nuestra salud y el ADN es débil (y que incluso aunque disponga de la secuencia completa de ADN de 6000 millones nucleótidos, un científico prácticamente nunca podrá predecir tu salud, enfermedades graves o causa de muerte), las personas analizadas que siguen preocupadas por la privacidad y la salud pueden aliviar sus preocupaciones encargando las pruebas a una compañía que intencionalmente no aporta información de salud.

IDEA ERRÓNEA N.º 6:
Mis padres y mis abuelos están muertos, por lo que la genealogía genética no me ayudará.

Aunque la capacidad de evaluar a padres y abuelos es inestimable, no es necesario usar satisfactoriamente el ADN, sino que te puedes beneficiar de algunos métodos alternativos. La genealogía genética se basa en utilizar el ADN de hoy para entender y descubrir los misterios de ayer; el ADN que llevas hoy, que heredaste de tus padres y de tus abuelos, se puede utilizar para estudiar tu árbol genético sin hacer pruebas a ningún otro pariente. En consecuencia, no te desesperes si la respuesta que buscas requiere el ADN de otra persona aparte del tuyo. En la mayoría de los casos, el ADN se puede encontrar en otras personas vivas que pueden identificarse mediante métodos genealógicos tradicionales.

Por ejemplo, los hombres llevan el ADN-Y heredado de sus padres, que a su vez lo heredaron de sus padres, y así sucesivamente. Por ello, no suele ser necesario usar el ADN-Y del abuelo cuando predices que tu ADN-Y (o el de un pariente masculino vivo) es el mismo. Pero las pruebas pueden resultar más complicadas si estás buscando el ADN-Y de algún miembro de tu árbol genealógico que no esté en tu línea paterna directa. Para obtener ese ADN-Y, rastrea los descendientes masculinos del antepasado y encuentra un descendiente masculino directo vivo que esté dispuesto a someterse a una prueba de ADN-Y. De manera similar, los primos hermanos recibieron una gran cantidad de ADN de los abuelos compartidos y los primos segundos recibieron una cantidad significativa de ADN de los bisabuelos compartidos.

Cuantos más miembros de la familia evalúes, más fácil será hacer descubrimientos y avances. En cada generación se puede perder el 50 % de la generación anterior si sólo se realiza la prueba una persona. Por ejemplo, sólo llevas la mitad del ADN de tu padre y la mitad del ADN de tu madre, y en promedio sólo llevas el 25 % del ADN de cada uno de tus cuatro abuelos. Si puedes hacer la prueba a tus padres o a tus abuelos, puedes recuperar el 50 o el 75 % que de otro modo se perdería. Además, los tíos, las tías y los hermanos que se hagan pruebas permitirán recuperar un porcentaje (aunque menor) adicional, puesto que heredaron parte del mismo ADN de vuestros antepasados compartidos. Entraremos más a fondo en el tema en el capítulo 6.

IDEA ERRÓNEA N.º 7:
Las pruebas de genealogía genética suponen una violación de la privacidad.

Mucha gente opta por no someterse a pruebas de ADN porque teme que los resultados puedan ser utilizados con propósitos nefastos, incluidas compañías de seguros y organismos encargados de aplicar la ley. Aunque la probabilidad de que tu ADN se use para un propósito no deseado es extremadamente baja, todo genealogista debe considerar las implicaciones de las pruebas de ADN antes de comprar o de realizar una prueba de genealogía genética.

No cabe duda de que perdemos cierto control sobre nuestra información genética cuando enviamos una muestra de saliva, aunque las tres principales compañías de pruebas de ADN hacen todo lo posible para proteger la información genética en sus bases de datos. Por lo tanto, la pregunta pertinente es qué podría significar potencialmente una pérdida de control.

Como acabamos de ver, la correlación entre nuestra salud y el ADN es débil para la mayoría de los individuos analizados, por lo que no tienes que preocuparte porque la compañía tenga información confidencial sobre tu salud revelada a través del ADN. En la mayoría de los casos, los resultados de la prueba de ADN sólo revelarán que necesitas alimentarte mejor y hacer más ejercicio, consejos que probablemente ya habrás oído. Aunque el ADN especializado puede revelar enfermedades más graves en un número muy pequeño de casos, la mayoría de las pruebas genealógicas comerciales están diseñadas para evitar esta información.

Además, en Estados Unidos la ley federal otorga cierta protección limitada gracias a la Ley de no Discriminación por Información Genética (conocida como GINA por las siglas de Genetic Information Nondiscrimination Act) de 2008. La GINA prohíbe el uso de información genética por parte de las empresas (que tengan quince o más empleados) a la hora de tomar decisiones, contratar, despedir o promocionar, y evita que las compañías aseguradoras utilicen información genética para denegar la cobertura o aumentar las primas. Sin embargo, la GINA no supone un obstáculo absoluto, y por lo tanto las compañías que ofrecen seguros de vida, seguros de discapacidad y seguros de cuidado a largo plazo podrían seguir utilizando la información genética.

Además, si bien potencialmente es posible que los organismos encargados de aplicar la ley puedan obtener los resultados de tu ADN de una compañía de pruebas, es muy poco probable que esto suceda. No hay una cadena de custodia para los resultados de las pruebas de ADN de una compañía comercial de genealogía genética, lo que significa que el organismo encargado de aplicar la ley no puede verificar de manera fidedigna que el ADN proceda de ti. Citar esta información de una compañía de pruebas también es una manera costosa y complicada de obtener el ADN. Dejamos un rastro de ADN dondequiera que vamos, por lo que resulta mucho más fácil y económico para las fuerzas de seguridad analizar el vaso que dejas en un restaurante o la bolsa de basura que abandonas en un contenedor, que obtener una muestra de una compañía privada de pruebas. Tras haber considerado esto, muchas de las preocupaciones que puedas tener sobre la privacidad de tu información carecen de fundamento. Si bien al enviar una muestra de ADN a una compañía de pruebas necesariamente renuncias a un cierto control de tu secuencia de ADN, es poco probable que tengas que hacer frente a consecuencias negativas por abandonar ese control.

IDEA ERRÓNEA N.º 8:
Dado que mi madre, mi padre o mis hermanos comparten ADN autosómico con una coincidencia genética, yo también debería compartir ADN autosómico con esa persona.

A menos que entiendas cómo se transmite el ADN de una generación a la siguiente, es fácil creer que compartes todas las coincidencias de tus padres o de tus hermanos. Si mi padre comparte el ADN con su primo cuarto, ¿no debería yo compartir el ADN con ese mismo pariente (mi tío quinto)? Y si no es así, ¿significa que en realidad no soy hijo de mi padre?

La respuesta depende de la relación genealógica. Como veremos en el capítulo 6, la probabilidad de compartir el ADN con parientes genealógicos es muy alta para las coincidencias con parentesco cercano y muy baja para las coincidencias con parentesco lejano. La tabla siguiente muestra estimaciones para 23andMe, AncestryDNA y Family Tree DNA (www.familytreedna.com) de la probabilidad de que los parientes genealógicos compartan una cantidad detectable de ADN en común.

Relación	23andMe	AncestryDNA	Family Tree DNA
Más cercana que primo segundo	100 %	100 %	>99 %
Primo segundo	>99 %	100 %	>99 %
Primo tercero	~90 %	98 %	>90 %
Primo cuarto	~45 %	71 %	>50 %
Primo quinto	~15 %	32 %	>10 %
Primo sexto o más lejano	<5 %	<11 %	<2 %

Si bien tu padre puede haber tenido un 45 % de probabilidades de compartir ADN con ese primo cuarto, la probabilidad de que tú compartas el ADN con ese mismo pariente –que es tu tío quinto– es significativamente inferior. En cambio, si se prevé que la coincidencia genética de tu padre o de tu hermano sea muy parecida, como por ejemplo con un primo hermano, aún debes compartir ADN con esa coincidencia genética.

Esto se relaciona con el concepto de árbol genealógico y árbol genético. A menos que tu hermano sea un gemelo idéntico con el mismo ADN, tu árbol genético y el árbol genético de tu hermano sólo se superpondrán parcialmente: tu hermano tendrá algunos antepasados en su árbol genético –y por lo tanto algunos parientes genéticos– que tú no tendrás, y viceversa.

Lo mismo es cierto para el árbol genético de tus padres. Sin embargo, dado que sólo heredaste el 50 % del ADN de tus padres, eres un *subconjunto* del árbol genético de cada uno de tus progenitores. Como consecuencia de ello, tienes que compartir todas y cada una de tus coincidencias genéticas con uno (o con ambos) de tus padres, pero tus padres no necesariamente comparten cada una de sus coincidencias genéticas contigo.

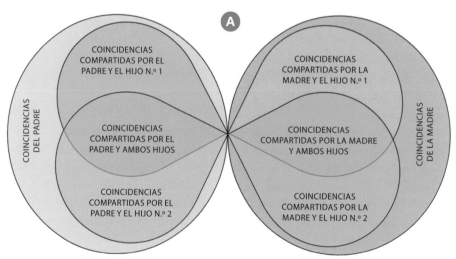

Puede ser confuso recordar los antepasados que comparten ADN (y quiénes lo comparten contigo). Este diagrama de Venn muestra las posibles relaciones entre los linajes de un padre y una madre, y los de sus hijos.

La imagen Ⓐ muestra la superposición de las coincidencias entre dos padres y sus dos hijos. Tanto la madre como el padre tienen coincidencias que ninguno de los niños tiene. Sin embargo, el universo de posibles coincidencias genéticas de cada niño se encuentra totalmente dentro de las listas de coincidencias del padre y la madre. Los niños comparten entre ellos muchas de esas coincidencias («Coincidencias compartidas por el padre y ambos hijos» y «Coincidencias compartidas por la madre y ambos hijos»), pero cada uno comparte coincidencias con un progenitor que el otro no comparte.

En muchos casos, la madre y el padre también compartirán coincidencias genéticas, pero en este diagrama se muestra el caso de unos progenitores que no comparten ninguna coincidencia genética.

IDEA ERRÓNEA N.º 9:
Debería compartir ADN con mis parientes genealógicos.

Esta idea equivocada está estrechamente relacionada con la idea equivocada anterior. Muchas personas analizadas compran una prueba de ADN esperando recibir un listado de todos los parientes genealógicos que también se han realizado una prueba de ADN. Sin embargo, dado que cada generación recibe únicamente el 50 % del ADN de la generación anterior, en realidad no coincidirán con la mayoría de sus parientes genealógicos, al menos más allá del grado de primos cuartos. Como se muestra en la tabla anterior, si bien coincidirás con todos tus primos segundos y parientes más cercanos, la probabilidad de coincidir con los parientes de cuarto grado y más lejanos se vuelve extremadamente rara con cada generación.

De todos modos, esto no significa que tú y un pariente tuyo de cuarto grado que no comparte ADN contigo no podáis tener el mismo antepasado común en vuestros árboles genéticos. Para compartir el ADN con un pariente genealógico, se deben cumplir todas las condiciones siguientes:

1. Heredaste el ADN de un ancestro en particular.

2. Tu pariente genealógico heredó el ADN de ese mismo antepasado.

3. Tú y tu pariente genealógico habéis heredado al menos parte del mismo ADN de ese antepasado compartido.

Si tú y tu pariente genealógico no compartís el ADN en común, al menos una de estas tres condiciones no se ha cumplido. Otra condición es que el o los fragmentos de ADN compartidos deben ser detectables, lo que significa que debe ser un fragmento de ADN lo suficientemente grande como para ser identificado por la compañía encargada de realizar las pruebas. En el capítulo 6 trataremos más a fondo los umbrales de la compañía.

Comprender con quiénes podrías compartir ADN –y las razones por las que no compartes el ADN con ellos– es uno de los aspectos más importantes de la genealogía genética.

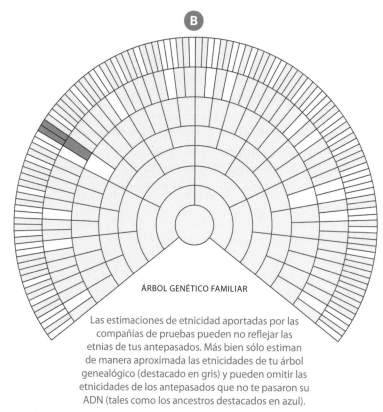

B

ÁRBOL GENÉTICO FAMILIAR

Las estimaciones de etnicidad aportadas por las
compañías de pruebas pueden no reflejar las
etnias de tus antepasados. Más bien sólo estiman
de manera aproximada las etnicidades de tu árbol
genealógico (destacado en gris) y pueden omitir las
etnicidades de los antepasados que no te pasaron su
ADN (tales como los ancestros destacados en azul).

IDEA ERRÓNEA N.º 10:
Mi estimación de etnicidad de la compañía de pruebas debe coincidir con mi genealogía conocida.

La capacidad de predecir la etnicidad basada en el árbol genealógico es una de las principales ideas erróneas en genealogía genética. También es una de las principales quejas de los individuos analizados, que confunde y enoja a la gente que espera que su etnicidad se ajuste perfectamente a su genealogía conocida.

Sin embargo, resulta imposible por varias razones predecir una estimación de la etnicidad basándose en una genealogía conocida. En primer lugar, como veremos en el capítulo 9, las estimaciones de etnicidad están inherentemente limitadas por varios factores, incluidos el tamaño y la composición de las **poblaciones de referencia** –las poblaciones de todo el mundo con las que se compara a todos los individuos analizados– utilizadas para el análisis. Las compañías que llevan a cabo las pruebas de ADN están aumentando constantemente sus poblaciones de referencia, pero aun así son bastante reducidas. Como resultado de estos factores, una *estimación* de etnicidad es simplemente una estimación, y por lo tanto no debe considerarse una determinación absoluta o definitiva. De hecho, debe esperarse que cada determinación de etnicidad cambie al menos ligeramente con el tiempo a medida que las poblaciones de referencia sigan creciendo y las compañías mejoren sus algoritmos de estimación de etnicidad.

Además de las limitaciones inherentes de las estimaciones de etnicidad, es imposible predecir la etnicidad de un individuo debido al limitado conocimiento que la mayoría de la gente tiene sobre su árbol genético. Como hemos visto en el capítulo anterior, todos tenemos tanto un árbol genealógico como un árbol genético, siendo este último un subconjunto del árbol genealógico. Sin embargo, el problema de las estimaciones de etnicidad es que no sabes *qué* subconjunto de tu árbol genealógico constituye tu árbol genético.

Por ejemplo, la imagen Ⓑ muestra un árbol genético con una etnicidad particular de interés destacada en azul. Sin embargo, los individuos del árbol que realmente aportaron ADN a la persona que se realiza la prueba se destacan en gris. Dado que los individuos destacados en azul no aportaron ADN a este descendiente concreto, su etnicidad no se puede detectar utilizando sólo los resultados de la prueba del descendiente. Y dado que no se encuentra en la línea ADN-Y o ADNmt de la persona analizada, estas pruebas tampoco detectarán dicha etnicidad. No cabe duda de que esta etnicidad existía en el árbol familiar de la persona analizada, pero no se puede detectar con los resultados de la prueba llevada a cabo.

Este fenómeno ocurrirá en todo el árbol genealógico de la persona analizada, lo que significa que no puede predecir qué etnicidades de sus antepasados pueden ser detectadas. Además, como veremos en capítulos posteriores, incluso para los antepasados que se encuentran en el árbol genealógico de la persona analizada, esa pequeña cantidad de ADN se transmite a lo largo de unas pocas generaciones y es posible que algunas etnicidades no se puedan detectar.

En algunos casos, el individuo analizado puede tener un árbol genealógico con raíces en un único lugar durante centenares de años, como Inglaterra o la Europa continental. En este caso, a menudo es posible lograr una buena aproximación de esa estimación de etnicidad, aunque incluso con estas poblaciones no se puede predecir con precisión las etnicidades del árbol genético. La mayoría de las personas provienen de regiones del mundo donde las poblaciones no se han mantenido completamente estables y no quedaron aisladas durante los cientos o los miles de años necesarios para que la etnicidad quede bien definida.

IDEA ERRÓNEA N.º 11:
La predicción de relaciones proporcionada por la compañía de pruebas es la relación genealógica real.

Cada una de las compañías que realizan pruebas proporciona una predicción de relación basada en gran medida en la cantidad de ADN que el individuo analizado comparte con la coincidencia genética. Las predicciones de relación suelen ser un rango de relaciones posibles en vez de una predicción de relación exacta. Cada una de las principales compañías de pruebas genealógicas tiene un conjunto ligeramente diferente de predicciones de relación. Family

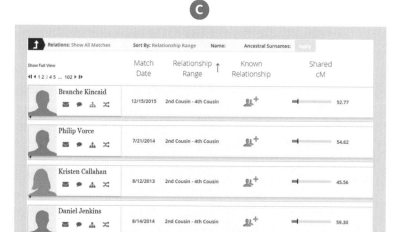

Family Tree DNA proporciona rangos de relación para coincidencias de ADN, como por ejemplo entre primos segundos y primos cuartos.

Tree DNA proporciona un rango de relación (imagen **C**), como un rango de primos segundos a primos cuartos. AncestryDNA agrupa las coincidencias en categorías, como «1st Cousin» («Primo hermano») o «2nd Cousin» («Primo segundo»), aunque también proporciona un posible rango de relación (imagen **D**). Al hacer clic sobre el signo de interrogación situado al lado de cada rango de relación aparece una ventana emergente con información adicional. Por su parte, la compañía 23andMe también proporciona rangos de relación. En la imagen **E**, las relaciones van desde el primo segundo hasta primo sexto. Al hacer clic sobre una coinciden-cia, se muestra una página de perfil con una predicción de relación más específica.

También trataremos más profundamente estas predicciones de relación en el capítulo 6.

En consecuencia, las compañías que realizan pruebas proporcionan una predicción de relación, pero no garantizan al individuo analizado que la predicción sea la relación genea-lógica exacta entre esos individuos. Relaciones similares pueden dar lugar a cantidades similares de ADN que comparten coincidencias genéticas, complicando así las prediccio-nes de las relaciones. Por ejemplo, un primo hermano y un tío segundo pueden compartir cantidades similares de ADN con un pariente. Además, las relaciones de predicción se com-plican cuando hay varias relaciones dentro del árbol genealógico. A modo de ejemplo, los primos hermanos dobles (primos hermanos que comparten las dos parejas de abuelos; por ejemplo, un par de hermanos tienen hijos con un par de hermanas) pueden compartir una cantidad de ADN muy similar a la de los medio hermanos. Otras relaciones más distantes también pueden tener impacto sobre las predicciones. Además, las predicciones de relaciones no pueden ser precisas en el caso de relaciones genealógicas más distantes. Por ejemplo, un primo séptimo y un primo décimo suelen compartir cantidades muy pequeñas –pero posi-blemente similares– de ADN con sus parientes.

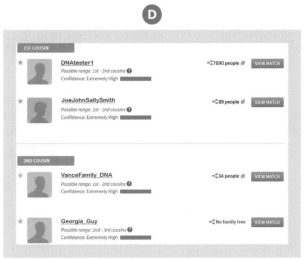

Al igual que Family Tree DNA, AncestryDNA proporciona un rango de relación, así como un intervalo de confianza y un enlace rápido al árbol de coincidencias.

Incluso con estas limitaciones e ideas erróneas, la genealogía genética puede ser una informativa y emocionante incorporación a la investigación tradicional que a menudo se puede utilizar para responder a misterios genealógicos específicos. Hay muchas historias genealógicas de éxito gracias al uso adecuado de la genealogía genética. Para leer algunas de estas inspiradoras historias, consulta las historias de éxito, en inglés, de la Sociedad Internacional de Genealogía Genética (International Society of Genetic Genealogy, ISOGG) que encontrarás en **www.isogg.org/successstories.htm**. En la segunda parte de este libro nos sumergiremos en los diferentes tipos de pruebas de ADN y en cómo las puedes utilizar para avanzar en tu investigación genealógica.

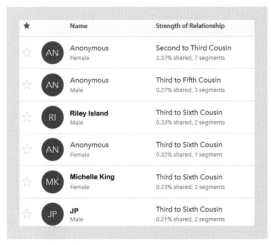

La tercera compañía de pruebas importante, 23andMe, también proporciona a los individuos analizados estimaciones de rango de relación para posibles coincidencias, junto con un porcentaje del ADN testado compartido.

⚙ La ingeniería genética puede ser entretenida, pero también es una herramienta esencial de investigación para cualquier genealogista.

⚙ Cualquiera puede hacerse una prueba de ADN autosómico o de ADNmt. Aunque sólo los hombres pueden hacerse una prueba de ADN-Y, las mujeres pueden encontrar un pariente masculino que se haga una prueba de ADN-Y para su investigación.

⚙ Por sí sola, la prueba de ADN no le brinda al individuo analizado un árbol genealógico completo. Aunque las pruebas de ADNmt y ADN-Y analizan sólo a un individuo en cada generación, eso es parte de lo que las convierte en herramientas de investigación tan poderosas.

⚙ Potencialmente, las pruebas de ADN pueden revelar información sobre salud, pero comprender las diferentes ofertas de la compañía y cómo las pruebas pueden revelar información sobre salud puede ayudar a prevenir la mayoría de los problemas.

⚙ Aunque puede resultar útil hacer pruebas a padres y abuelos, no es necesario recurrir a estos familiares para utilizar la genealogía genética.

⚙ Dado que tu árbol genético es sólo un subconjunto pequeño de tu árbol genealógico, no compartirás el ADN con todos tus parientes genealógicos. De hecho, no compartirás todas las coincidencias genéticas de tus padres o hermanos, ya que has heredado sólo el 50 % del ADN de tus padres y aproximadamente compartes sólo el 50 % de tu ADN con tu hermano.

⚙ No puedes predecir con precisión tu estimación de etnicidad basándote en tu genealogía conocida. De manera similar, las predicciones de relación de las compañías que realizan pruebas de ADN son sólo estimaciones y sólo deben considerarse como posibles relaciones que requieren una investigación adicional.

3

Ética y genealogía genética

Debes decirle a tu tío que no comparte ADN con su hermana (tu madre)? ¿Debes actuar igual si ese tío tiene 35 años que si tiene 95? ¿Deberías ayudar a un adoptado que ha descubierto que es tu primo hermano, lo que significa que uno de tus tíos o una de tus tías tuvo un hijo que tú no conoces, o por el contrario deberías ignorar sus peticiones? Dado que el ADN puede revelar relaciones biológicas inesperadas y refutar las esperadas, las pruebas de ADN pueden plantear muchos problemas éticos. No todos los individuos analizados tendrán que hacer frente a estas cuestiones tan difíciles, pero a medida que se evalúa a más individuos, hay más posibilidades de que surjan estos problemas. Conseguir que los analizados se conciencien de los posibles resultados de las pruebas de ADN (como nosotros lo hemos hecho a lo largo de este libro) puede ayudar a evitar algunos de estos problemas, pero en este capítulo veremos cómo hacer frente a estas cuestiones que se derivan de las pruebas de ADN y proporcionaremos algunos marcos éticos a tener en cuenta a la hora de tomar decisiones.

Cuestiones éticas a las que tienen que hacer frente los individuos analizados

Si tú o un familiar estáis considerando la posibilidad de realizar una prueba de ADN, ¿a qué problemas éticos os tendréis que enfrentar? ¿Cómo debes tratar estos problemas una vez descubiertos? Antes de analizar cómo anticipar o tratar cualquier problema ético, primero examinaremos brevemente algunos de los dilemas o problemas éticos que un individuo analizado o un genealogista puede encontrarse tras hacer una prueba de ADN. Hay muchos más, y otros se van descubriendo a medida que las pruebas de ADN son cada vez más y más poderosas.

Descubrimiento o alteración de una relación

Las pruebas genéticas pueden dar lugar al descubrimiento de relaciones genealógicas que el individuo analizado no sabía que existían. Es corriente encontrar nuevos primos segundos o terceros como resultado de las pruebas de ADN, ya que estas relaciones son más distantes y las familias a menudo pierden el rastro unas de otras después de unas pocas generaciones. Sin embargo, puede resultar inesperado encontrar un nuevo primo hermano… ¡o incluso alguien más cercano! Por ejemplo, no es infrecuente encontrar nuevos medio hermanos, tíos/tías/sobrinos/sobrinas, primos hermanos u otros parientes cercanos anteriormente desconocidos gracias a los resultados de las pruebas. Estos parientes pueden ser el resultado de muy diversas situaciones familiares, y pueden ser una completa sorpresa para todos los involucrados o bien un secreto familiar ampliamente conocido, pero no comentado.

Las pruebas genéticas también pueden alterar una relación genealógica que el individuo analizado creía que estaba basada en una relación genética. En este supuesto común, el individuo que se hace la prueba y un primo –por lo general, un primo segundo o más cercano– se hacen la prueba de ADN y descubren que no comparten el ADN como se esperaba. Ambos familiares pueden descubrir que no comparten nada de ADN. «Evento de no paternidad» es la expresión que se da a la situación en la que el resultado de una prueba de ADN sugiere que una relación es inexacta, más comúnmente al hacer una prueba de ADN-Y o de ADN autosómico de parientes cercanos (primo segundo o más cercano). El evento de no paternidad es mucho más difícil de detectar si la relación es más lejana en el tiempo.

Pueden surgir varias preguntas éticas cuando una prueba de ADN revela o altera inesperadamente una relación genealógica. Por ejemplo, la pregunta más lógica que puede surgir es si debes compartir esta información con los parientes a los que afecta. Si le pides a un primo hermano que se haga una prueba de ADN y él no comparte el ADN contigo –lo que significa que en realidad no es tu primo hermano–, ¿compartes esta información con él, con tus padres o con sus padres? Como veremos más adelante, tienes la obligación de compartir los resultados con él, pero no tienes la obligación de explicar los resultados ni de asegurarte de que los entiende. ¿Es ético mantener esta información lo más oculta posible? Posiblemente, por su ética algunas personas no estarán de acuerdo con la forma de actuar ante un caso así, pero no hay leyes que requieran una respuesta específica.

Otro ejemplo: supón que recibes una petición de ayuda de un nuevo pariente cercano (por ejemplo, el primo hermano anteriormente mencionado). La pregunta lógica que surgirá es si debes ayudar a este nuevo primo hermano compartiendo información con él. ¿Deberías compartir información sobre tu familia que potencialmente esta persona podría utilizar para identificar a su progenitor biológico (que será tu tía o tu tío), deberías ignorar su petición o bien deberías pedirle que no investigue esta conexión? Tu respuesta ante el nuevo caso podría ser diferente si, por ejemplo, el nuevo familiar parece ser un medio tío materno y tus abuelos maternos (uno de los cuales sería el progenitor) han fallecido. En este caso, hay menos «figuras clave» implicadas y la aparición de un nuevo miembro en la familia puede tener menor impacto. De nuevo, las personas sensibles y éticas no estarán de acuerdo con la forma de actuar apropiada.

Por desgracia, la mayoría de las personas analizadas no comprenden antes de realizarse las pruebas que los resultados pueden descubrir o alterar relaciones de hace tiempo. Otras personas que se hacen la prueba ignoran la posibilidad porque confían en sus hipótesis genealógicas. Sin embargo, las personas que se hacen la prueba deben estar preparadas para gestionar situaciones en las que descubren nuevos parientes o que sus «familiares» existentes en realidad no están relacionados biológicamente.

Adopción

Los adoptados constituyen una de las comunidades más grandes que aceptan las pruebas de genealogía genética, ya que a menudo les brindan la capacidad de eludir las estrictas leyes de la mayoría de los países que regulan los registros de adopción. Como resultado de ello, los individuos que se someten a una prueba pueden descubrir que están estrechamente emparentados con un adoptado de quien quizá no tenían conocimiento previo.

Descubrir una adopción puede llevar a muchos problemas éticos difíciles. Por ejemplo, ¿cuáles son las obligaciones de las personas analizadas con respecto al adoptado? ¿Y con respecto a su propia familia? ¿Deberían los adoptados poder eludir las leyes estatales que se promulgaron para restringir el acceso a los hechos que rodean una adopción? ¿Qué derechos deben prevalecer, los de los adoptados, los de los padres biológicos o los de los padres adoptivos? Todo el mundo debe tener derecho a su propio ADN, independientemente de quién aportó ese ADN. En cualquier caso, puede resultar complicado moverse por este campo de problemas éticos potenciales.

Concepción con donante

En las décadas transcurridas desde que se hizo posible la donación de esperma (espermadonación) y óvulos (ovodonación), a los donantes se les prometía el anonimato. Muchos donantes confiaron en esa promesa cuando decidieron seguir adelante con la donación. Sin embargo, los hijos resultantes pueden sortear este anonimato con la compra de una prueba de ADN por menos de cien euros.

Aunque todos los niños merecen tener esa información sobre su herencia genética, claramente entra en conflicto con el anonimato que se prometió al donante de esperma o de óvulos. Por desgracia, la única manera de proteger el anonimato de los donantes es evitar todas y cada una de las pruebas de ADN, una acción que tendría consecuencias mucho más

EXCEPCIONALISMO GENÉTICO

Las pruebas de ADN son una fuente genealógica que aportan a la persona que se somete al análisis información sobre una o más relaciones genealógicas, que por su naturaleza son personales y, a menudo, sensibles. ¿Pero los resultados de las pruebas de ADN merecen un tratamiento diferente al de las conclusiones extraídas de otros tipos de registros genealógicos?

El excepcionalismo genético es la creencia de que la información genética es única y debe ser tratada de manera diferente a cualquier otra información genealógica. Los defensores del excepcionalismo genético creen que la información genética requiere una protección estricta y explícita, en parte debido a la capacidad del ADN para revelar información no sólo sobre el individuo, sino también sobre la familia del individuo. Además, el ADN es en cierto modo predictivo, ya que puede indicar predisposición hacia (o incluso presencia de) ciertas enfermedades genéticas o médicas, algunas de ellas graves.

No cabe duda de que las pruebas genéticas pueden revelar secretos familiares tanto nuevos como antiguos. De hecho, decenas de miles de genealogistas genéticos compran pruebas de ADN por este motivo: para descubrir la verdad que hay detrás de sus propios secretos familiares. Muchos otros clientes de pruebas de genealogía genética descubren secretos familiares que jamás habían sospechado que existían. Algunas personas estarán encantadas de saber la verdad sobre estos secretos; en cambio, otras se pueden sentir desoladas. Y estos secretos se desvelan a un ritmo increíble a medida que las pruebas genéticas son cada vez más frecuentes.

¿Pero realmente el ADN revela mucha más información sobre las familias que la investigación de genealogía tradicional? A menudo, otros tipos de registros genealógicos, como por ejemplo los registros censales, las partidas de nacimiento, las escrituras o los registros tributarios, brindan una información similar para los genealogistas. Por ejemplo, una partida de nacimiento puede revelar que los padres que criaron a un niño en realidad no eran sus padres biológicos, o bien un registro censal puede revelar que una familia era en realidad una familia mixta. Después de todo, los embarazos inesperados, las infidelidades, las adopciones, los divorcios y otros acontecimientos familiares que pueden desencadenar respuestas emocionales no son experiencias reservadas a los tiempos actuales.

Incluso sin una prueba de ADN, los genealogistas pueden descubrir información potencialmente sensible sobre familiares. Por ejemplo, un descendiente de Helen Bulen, nacida hacia 1889 en Nueva York, podría sorprenderse al descubrir su edad a partir de un registro censal. Aunque las relaciones familiares no se registraron en el censo del estado de Nueva York de 1892, las familias se solían contabilizar juntas. En este registro, Helen Bulen, de 3 años, vivía con Frank Bulen (de 53 años) y Helen Bulen (de 62 años). Aunque más adelante Helen identificó a Frank y a Helen como sus padres en una solicitud de la Seguridad Social, es evidente que Helen Bulen no pudo haber dado a luz a la niña en 1889, ya que entonces tenía 59 años.

De manera similar, un descendiente de Leander Herth se sorprendería al descubrir en el censo de 1900 que Leander era un niño «expósito» nacido en junio de 1898. Aunque Leander era expósito, llevaba el apellido de la familia con la que vivía al realizar el censo, y sería fácil que un descendiente creyera que era hijo biológico de Joseph y de Emma Herth. Muchas relaciones y muchos acontecimientos se pierden a lo largo del tiempo, ya sea intencional o inadvertidamente.

El detalle de *foundling* («expósito») en la entrada de Leander Herth describe una situación familiar que es más complicada de lo que el genealogista pudo haber creído originariamente, sobre todo desde que Leander recibió el apellido Herth.

Aparte de los registros tradicionales utilizados en investigación genealógica, en algunos países como Estados Unidos las personas adoptadas han presionado para acceder a los registros de adopción sellados. Estos registros, quizá más que cualquier otro, contienen una evidencia directa de relaciones familiares no biológicas. En 2010, por ejemplo, el estado de Illinois aprobó una ley que otorga a los adoptados mayores de 21 años el derecho a solicitar una copia de sus certificados de nacimiento originales. Desde que la ley entró en vigor, el estado ha emitido más de diez mil certificados de nacimiento a adultos adoptados de acuerdo con un artículo de 2014 publicado en el *Chicago Daily Lay Bulletin* (**www.chicagolawbulletin.com/Archives/2014/05/22/Adoption-Birth-Certificate-5-22.aspx**). Otros estados han promulgado o están considerando promulgar leyes similares. Estas leyes han relevado miles de relaciones familiares no biológicas sin tener que recurrir al ADN. En consecuencia, el ADN no tiene el monopolio de desvelar secretos familiares.

Aunque el excepcionalismo genético tiene muchos defensores, en especial en los círculos académicos, muchos genealogistas genéticos que trabajan a diario con todos los tipos de registros genealógicos han rechazado la teoría. Dado el tipo de información de la que disponen los genealogistas gracias al resto de los registros, no parece lógico renunciar a las pruebas de ADN porque revelan información sobre el individuo y su familia sin oponerse a las formas de investigación genealógica tradicional y las leyes que abren los registros a los adoptados. Todos los registros tienen el potencial de revelar información sobre las relaciones familiares no biológicas, y el tipo de acontecimientos familiares que pueden mostrarse gracias a la investigación moderna del ADN y desencadenar respuestas emocionales en los descendientes (adopciones, abortos espontáneos, infidelidades, divorcios, etc.) no son exclusivos de los tiempos modernos.

Si bien el ADN permite sacar a la luz información sobre los individuos analizados y sus familiares y antepasados, es sólo uno de los muchos tipos de registros. Los genealogistas utilizan muchos tipos diferentes de registros para recuperar y reconstruir información sobre las relaciones biológicas y no biológicas del pasado y del presente. Del mismo modo que deben tener cuidado al revelar la información descubierta sobre personas vivas en los registros censales o de otro tipo, los genealogistas deben ser igual de prudentes con las personas vivas al sacar a la luz la información obtenida de las pruebas de ADN.

perjudiciales. A pesar de la capacidad de las pruebas de ADN para revelar información sobre los donantes de óvulos y de esperma, a los potenciales donantes se les sigue prometiendo el anonimato.

Privacidad

La privacidad es una preocupación importante para los genealogistas genéticos. Por ejemplo, los resultados de las pruebas de ADN pueden implicar no sólo al individuo analizado, sino también a los familiares cercanos e incluso a parientes genéticos lejanos. Dadas estas consecuencias trascendentales, ¿debería el individuo analizado compartir públicamente información sobre coincidencias sin el permiso de todos? Estos problemas de privacidad se encuentran entre los más frecuentes en la comunidad genealógica.

Evitar y resolver problemas éticos

Aprender más sobre las pruebas de ADN y sus resultados es la manera más efectiva para que las personas analizadas prevengan y traten los problemas éticos que se plantean con las pruebas. Como resultado de ello, los genealogistas deben tener un profundo conocimiento de los posibles problemas éticos para instruirse a sí mismos y a otras personas analizadas.

Como la genealogista Debbie Parker Wayne escribió en la *Association of Professional Genealogist Quarterly*, la mayoría de los genealogistas «creen que manejar la información genética del mismo modo que manejamos la información genealógica obtenida de los documentos es el mejor camino: este "excepcionalismo genético" no es una teoría válida para la genealogía, aunque puede tener aplicaciones médicas». Sin embargo, los genealogistas que manejan información genética potencialmente repleta de secretos familiares tienen una orientación limitada sobre cómo tratar esta información confidencial.

Dado que el ADN no es único en su capacidad de revelar información genealógica desconocida, secreta u olvidada, los genealogistas deben fijarse en cómo han tratado sus colegas la privacidad y los problemas éticos en otras áreas de la investigación genealógica. Por ejemplo, las «Standards for Sharing Information with Others» (normas para compartir información con otros) de la National Genealogical Society (**www.ngsgenealogy.org/cs/standards_for_sharing_ information**), redactadas en 2000, aconsejan a los genealogistas que «respeten las restricciones sobre el intercambio de información que surgen de los derechos de otro [...] como persona privada» y «requieran alguna evidencia de consentimiento antes de asumir que las personas están de acuerdo en compartir más información sobre ellos mismos».

De manera similar, el código de ética de la Board for Certification of Genealogists (**www. bcgcertification.org/aboutbcg/code.html**), que sólo regula a los genealogistas colegiados pero aporta su punto de vista sobre este tema, requiere que estos genealogistas «mantengan como confidencial cualquier información personal o genealógica, a menos que tengan consentimiento por escrito de lo contrario».

Podría argumentarse que estos estándares y estas directrices éticas aportan suficiente orientación a los genealogistas genéticos. Sin embargo, no abordan específicamente los problemas éticos que pueden surgir de las pruebas de ADN. De hecho, en el número de diciembre de 2013 de la *National Genealogical Society Quarterly*, los editores Melinde Lutz Byrne y Thomas W. Jones lamentaron la falta de estándares para usar los resultados de las pruebas de ADN. Como señalaron, «por más difícil que sea citar, describir, explicar o utilizar esta herramienta de rápida evolución, el verdadero embrollo de las pruebas de ADN es ético».

Normas de la genealogía genética

Reconociendo esta falta de orientación, un grupo de genealogistas y científicos se reunieron en otoño de 2013 para redactar unas normas para las pruebas de ADN. En el transcurso del año siguiente, este mismo grupo redactó un documento denominado **Genetic Genealogy Standards** (normas de la genealogía genética), que se publicó oficialmente el 10 de enero de 2015 como artículo solicitado en el Salt Lake Institute of Genealogy Colloquium (**www. thegeneticgenealogist.com/2015/01/10/announcing-geneticgenealogy-standards**). Puedes encontrar una copia en **www.geneticgenealogystandards.com**.

Los Genetic Genealogy Standards se dirigen a «genealogistas», que allí se definen como cualquier persona que se hace una prueba de genealogía genética, así como cualquiera que asesore a un cliente, a un familiar o a otra persona sobre genealogía genética. Como resultado de ello, dichas normas se dirigen a los consumidores en vez de a las compañías que realizan pruebas de genealogía genética. Las normas se dividen en dos secciones: la primera incluye normas para obtener y comunicar los resultados de las pruebas de ADN, mientras que la segunda sección incluye normas para interpretar los resultados de las pruebas de ADN.

No hay respuestas absolutamente correctas ni respuestas absolutamente incorrectas cuando se trata de cuestiones éticas planteadas por las pruebas de genealogía genética. Sin embargo, los Genetic Genealogy Standards se redactaron con el objetivo de aportar alguna orientación para evitar y responder a estas preguntas éticas. En esta sección describiré algunos de los puntos más importantes presentados por dichas normas, junto con algunos de los razonamientos que hay detrás de ellas.

NORMA N.º 1: **Ofertas de la compañía**

«Los genealogistas revisan y comprenden los diferentes productos y herramientas de pruebas de ADN que ofrecen las compañías de pruebas existentes, y antes de hacer las pruebas determinan qué compañías son capaces de lograr los objetivos de los genealogistas».

Esto exige que los genealogistas tengan al menos un conocimiento básico de los tipos de pruebas de ADN y de lo que ofrecen las compañías encargadas de hacerlas. Estas pruebas pueden resultar caras, especialmente cuando se realizan en varias compañías diferentes.

Por consiguiente, es importante que, con el objeto de maximizar el dinero invertido en la prueba, nos aseguremos de que las pruebas que encargamos sean capaces de lograr nuestros objetivos. Por ejemplo, no debemos pedir una prueba de ADNmt para analizar la línea paterna de un árbol genealógico (que, por el contrario, como veremos en el capítulo 5, es mucho más probable que se beneficie de una prueba de ADN-Y).

NORMA N.º 2: **Pruebas con consentimiento**

«Los genealogistas sólo obtienen el ADN para la prueba después de recibir el consentimiento, oral o escrito, del evaluador. En el caso de una persona fallecida, se puede obtener el consentimiento de un representante legal. En el caso de un menor, el consentimiento lo puede dar un progenitor o un tutor legal del menor. Los genealogistas no obtienen el ADN de alguien que se niega a someterse a las pruebas».

Las preocupaciones éticas de las pruebas de la genealogía genética se muestran claramente en un artículo publicado en 2007 en el *New York Times* (**www.nytimes.com/2007/04/02/ us /02dna.html),** donde se describen los grandes esfuerzos que los genealogistas harían para obtener el ADN de familiares, a menudo sin consentimiento. Como se explica en el artículo, algunos genealogistas esencialmente «acechan» a familiares potenciales para obtener su ADN, recurriendo incluso a recuperar del cubo de la basura un vaso de café que ha utilizado el individuo de quien se quiere obtener una muestra.

Sin embargo, y según las normas, queda prohibido cualquier esfuerzo sin consentimiento, ya sea por parte del profesional, del padre o de un representante o tutor legales. La única excepción son aquellas situaciones en las que las pruebas de ADN están específicamente obligadas por ley o por una orden judicial. Por ejemplo, algunos genealogistas colaboran habitualmente en casos en los que un individuo se niega a realizar una prueba, pero se ve obligado a participar de conformidad con una orden judicial.

NORMA N.º 3: **Datos sin tratar**

«Los genealogistas creen que las personas analizadas tienen un derecho inalienable sobre los resultados de sus pruebas de ADN y los datos sin tratar, aunque otra persona haya comprado la prueba de ADN».

Esta norma también aconseja que un genealogista debe poner los datos sin tratar a disposición de la persona que proporcionó la muestra de ADN. Por ejemplo, si un genealogista compra una prueba para una tía, el genealogista debe poner los datos sin tratar a disposición de su tía, aunque ésta no haya comprado la prueba. Esto promueve la transparencia y el intercambio entre quienes compran las pruebas y quienes proporcionan las muestras de ADN a analizar. Esto también refuerza la creencia de muchos genealogistas genéticos de que los individuos tienen derecho a su propia herencia genética.

Afortunadamente, las tres principales empresas de pruebas ponen a disposición de la persona analizada los datos sin procesar (por ejemplo, un resultado de GG en la posición rs13060385 en el cromosoma 3), por lo que las pruebas o recomendaciones de estas compañías se encuentran dentro de las normas. Sin embargo, las normas no abordan específicamente un escenario en el que un genealogista recomienda una prueba en una compañía que no devuelve datos sin tratar. ¿Recomendarías que esta prueba violara las normas?

NORMA N.º 4: **Almacenamiento de ADN**

«Los genealogistas son conscientes de las opciones de almacenamiento de ADN que ofrecen las compañías de pruebas y consideran las implicaciones de almacenar frente a no almacenar muestras de ADN para futuras pruebas. Entre las ventajas de almacenar muestras de ADN se incluyen reducir los costes de futuras pruebas y conservar el ADN que ya no se puede obtener de un individuo. Sin embargo, los genealogistas son conscientes de que ninguna compañía puede garantizar que se almacene suficiente ADN o que éste sea de la calidad suficiente para realizar más pruebas adicionales. Los genealogistas también entienden que una compañía puede cambiar su política de almacenamiento sin previo aviso».

Desarrollar un plan eficiente de pruebas de ADN, capaz de abordar el objetivo de investigación es un componente esencial de la investigación genealógica responsable e informada. A menudo, este plan de investigación incluirá decisiones sobre las pruebas de ADN actuales y futuras. Como veremos más adelante, actualmente sólo Family Tree DNA ofrece la posibilidad de encargar una prueba de ADN utilizando una muestra almacenada que haya quedado de una recogida de muestras o de una prueba anterior. Por consiguiente, si las pruebas futuras –como por ejemplo una actualización u otra prueba complementaria– son una opción, entonces se deben considerar las opciones de almacenamiento. Esto puede implicar, por ejemplo, realizar pruebas únicamente en Family Tree DNA o bien realizarlas en varias compañías, siendo una de ellas Family Tree DNA. Comprender todas las estrategias de pruebas y las opciones de almacenamiento disponibles es una faceta esencial de las pruebas de genealogía genética.

NORMA N.º 5: **Términos de servicio**

«Los genealogistas revisan y comprenden los términos y las condiciones a los que la persona interesada da su consentimiento al comprar una prueba de ADN».

Por desgracia, los consumidores no leen los términos de los contratos de servicio antes de aceptarlos, en parte debido al tiempo que se necesita para leerlos y en parte porque a menudo están redactados en términos legales apenas comprensibles. En 2005, la empresa de reparación de ordenadores PC Pitstop añadió una cláusula a su acuerdo de licencia de usuario final que ofrecía una importante recompensa económica a quien contactara con ellos en una dirección de correo electrónico determinada. Sorprendentemente, se necesitaron tres mil ventas y cinco meses antes de que la primera persona descubriera y respondiera a la cláusula reclamando su recompensa **(techtalk.pcpitstop.com/2012/06/12/it-pays-to-read-license-agreements-7-years-later)**. En el caso de los resultados de las pruebas de ADN, es importante que los genealogistas lean y comprendan las posibles implicaciones de las pruebas antes de comprar o recomendar una prueba.

NORMA N.º 6: **Privacidad**

«Los genealogistas sólo realizan pruebas con empresas que respetan y protegen la privacidad de las personas analizadas. Sin embargo, los genealogistas entienden que nunca se puede garantizar el anonimato total de los resultados de las pruebas de ADN».

De nuevo se hace hincapié en que la privacidad es un aspecto importante de las pruebas de ADN. Aunque casi está de más decir que un genealogista no debería hacer pruebas con una compañía que no proteja la privacidad de las personas analizadas, el comité consideró que era demasiado importante como para omitirlo. Sin embargo, también es de vital importancia que todas aquellas personas que acepten realizar una prueba de ADN comprendan que nadie puede garantizar el anonimato completo de los resultados de las pruebas de ADN, incluso aunque la persona analizada use un pseudónimo. De hecho, el objetivo de la mayoría de pruebas de ADN es encontrar coincidencias genéticas. Por lo tanto, no debe sorprender que los resultados de las pruebas de ADN puedan usarse para identificar a la persona analizada, incluso si la prueba es anónima o está desidentificada por la compañía de pruebas.

NORMA N.º 7: **Acceso por terceras personas**

«Los genealogistas entienden que una vez que los resultados de las pruebas de ADN se hacen públicos, una tercera persona puede acceder a ellos, copiarlos y analizarlos sin permiso. Por ejemplo, los resultados de las pruebas de ADN publicados en la página web de un proyecto de ADN están disponibles públicamente».

Una vez que la persona que realiza la prueba acepta hacer público su ADN, no hay más protección para ese ADN. La publicación de resultados en una página web de un proyecto de apellidos, por ejemplo, significa que cualquier persona puede copiar y usar esos resultados; es probable que los datos de ADN sin tratar no tengan protección de derechos de autor. Además, cuando alguien accede a los resultados de la prueba de ADN en una página web pública con la que no tiene ningún acuerdo contractual, no hay restricciones sobre cómo se pueden usar esos resultados. Así pues, es importante que los genealogistas comprendan las consecuencias de hacer públicos los resultados de las pruebas de ADN.

Los beneficios de las pruebas de ADN siempre se deben equilibrar con las preocupaciones sobre la privacidad tanto de la persona que se hace la prueba como de sus familiares genéticos y genealógicos. Si bien la única manera de mantener el ADN completamente privado es evitando las pruebas de ADN –y ni así la garantía es absoluta–, no se puede sacar provecho de su poder para revelar información genealógica si no se llevan a cabo dichas pruebas.

NORMA N.º 8: **Compartir resultados**

«Los genealogistas respetan todas las limitaciones a la hora de revisar y compartir los resultados de las pruebas de ADN impuestas a petición de la persona analizada. Por ejemplo, los genealogistas no comparten ni revelan los resultados de las pruebas de ADN (más allá de las herramientas ofrecidas por la compañía de pruebas) ni otra información personal (nombre, dirección, etc.) sin el consentimiento por escrito u oral de la persona analizada».

Preguntar a los familiares por su ADN puede suponer todo un reto. A menudo las personas tienen preocupaciones razonables sobre la privacidad y el mal uso de los resultados de las pruebas que les impiden realizarlas. Para calmar sus preocupaciones, es posible ofrecer las restricciones relativas a compartir los resultados de sus pruebas. Por ejemplo, es frecuente usar un pseudónimo o las iniciales cuando se hace la prueba a un familiar.

Una vez que un individuo ha aceptado someterse a una prueba, debe respetarse cualquier restricción que ponga a esa prueba, a menos que se contacte con él –o tal vez con un heredero o un representante legal– para modificar los términos del acuerdo original. Esto es cierto incluso si las restricciones originales obstaculizan la investigación futura. Por ejemplo, si un familiar pidió usar un pseudónimo, su nombre no puede compartirse con las coincidencias genéticas a menos que se haya obtenido el consentimiento. Ni los datos sin tratar ni los resultados de las pruebas pueden cargarse en una página web para terceros como GEDmatch (**www.gedmatch.com**), por ejemplo, a menos que se haya obtenido el consentimiento del familiar.

Las normas no abordan una situación en la que una persona analizada da su consentimiento genealógico a la prueba de ADN con ciertas restricciones y después fallece. ¿Se debe obtener el consentimiento futuro de los herederos de la persona que se ha hecho la prueba o por el contrario la persona que ha fallecido ya no tiene ningún derecho sobre el ADN? Estas preguntas aún están sin respuesta, y es posible que no tengan una respuesta correcta o incorrecta directa.

NORMA N.º 9: **Estudios y trabajos académicos**

«Al dar clases o publicar sobre genealogía genética, los genealogistas respetan la privacidad de los demás. Los genealogistas privatizan o eliminar los nombres de personas vivas que tengan coincidencias genéticas, a menos que estas personas hayan su dado permiso previo o hecho públicos sus resultados. Los genealogistas comparten los resultados de las pruebas de ADN en un trabajo académico sólo si la persona analizada ha dado su consentimiento o si previamente ha hecho públicos esos resultados. Los genealogistas pueden compartir de manera confidencial los resultados de las pruebas de ADN con un editor o un revisor de pares de una obra académica».

Los genealogistas han reconocido durante mucho tiempo la importancia de privatizar o eliminar los nombres de las personas vivas. Sin embargo, en el ámbito del ADN, los genealogistas genéticos han tardado en adoptar la privatización. Resulta demasiado fácil hacer un pantallazo de los resultados y compartirlo de manera inocente *online* o en una presentación sin eliminar los nombres de las coincidencias. Las coincidencias sólo deben ser reveladas si han dado un permiso explícito para ello. Aunque esto puede resultar poco práctico en el caso de una larga lista de coincidencias, es necesario proteger la privacidad. Puede haber algunas excepciones a esta regla, como por ejemplo un autor que comparte los resultados de las pruebas con un editor o con un revisor de pares en un trabajo académico no publicado.

Sin embargo, hay una zona indefinida cuando los resultados se comparten con otra persona o con un pequeño grupo de personas. Por ejemplo, si un genealogista revisa sus resultados con un amigo o con un familiar, ¿debería codificar antes de alguna manera la lista de coincidencias genéticas? ¿Qué pasa si un genealogista muestra sus resultados durante una reunión a un pequeño grupo de personas interesadas en el ADN? Estas preguntas no están resueltas, pero la mayoría de los genealogistas cree que puede haber un equilibrio entre privacidad y exploración de resultados con otros.

NORMA N.º 10: Información sobre la salud

«Los genealogistas entienden que las pruebas de ADN pueden tener implicaciones médicas».

Es fácil decirle a una persona que se hace la prueba de ADN en AncestryDNA o Family Tree DNA, por ejemplo, que estas compañías no revelan información sobre la persona analizada (23andMe analiza y revela intencionalmente información sobre la salud). Sin embargo, ésta es una explicación imprecisa. Como veremos en los capítulos sobre ADN-Y y ADNmt, algunas pruebas pueden revelar información sobre salud. Los resultados de ADN-Y, ADNmt y ADN autosómico no sólo se pueden explotar para obtener información sobre determinados problemas médicos conocidos, sino que estos resultados pueden conducir a más descubrimientos en los próximos años a medida que los científicos conozcan mejor el ADN. Un resultado hoy inocente puede indicar mañana una propensión a un problema médico.

En consecuencia, lo máximo que un genealogista puede prometer a las personas analizadas es que una prueba realizada a través de AncestryDNA o Family Tree DNA no busca deliberadamente información sobre salud y que por lo general no revela información sobre la salud de la persona analizada.

NORMA N.º 11: Resultados inesperados

«Los genealogistas entienden que los resultados de las pruebas de ADN, al igual que los registros genealógicos tradicionales, pueden revelar información inesperada sobre la persona analizada y su familia más cercana, antepasados y descendientes. Por ejemplo, tanto los resultados de las pruebas de ADN como los registros genealógicos tradicionales pueden revelar evento de no paternidad, adopción, información sobre salud, familiares desconocidos anteriormente y errores en árboles genealógicos bien investigados, entre otros resultados inesperados».

Entender antes de hacer la prueba que los resultados de las pruebas de ADN pueden alterar las relaciones existentes y descubrir otras nuevas puede evitar muchos de los problemas éticos que surgen. A medida que crece el tamaño de las bases de datos de pruebas comerciales de ADN, cada vez resulta más fácil detectar y resolver estas relaciones alteradas o nuevas. Se trata de un desarrollo decididamente positivo para cualquiera que intente descubrir su herencia genética, pero también puede plantear cuestiones éticas que hemos analizado en detalle en este capítulo.

Aplicar normas éticas en investigación

Ahora que hemos examinado algunos potenciales problemas éticos que pueden surgir por culpa de las pruebas de genealogía genética (y las normas éticas incentivadas por los miembros de la comunidad de genealogía genética), ¿cómo deberías comportarte éticamente mientras investigas? Muchas personas no experimentarán ningún resultado inesperado en su trabajo, mientras que otras ya se pueden encontrar con un problema ético con los resultados de su primera prueba. Esto no significa que las personas deban temer a la genealogía genética; más bien, simplemente significa que las personas deben ser conscientes de las posibilidades y prepararse para ello. En la práctica, hay una serie de pasos sencillos que puedes seguir para mitigar o evitar el impacto de estos problemas éticos:

1. **Entiende las posibilidades.** Está al tanto de los posibles resultados de las pruebas de ADN, incluida la posibilidad de descubrir nuevos parientes cercanos que no sabías que existían o de descubrir que familiares cercanos en realidad no están relacionados contigo. Este capítulo explica en detalle muchas de estas posibilidades.

2. **Estudia los Genetic Genalogy Standards y asegúrate de que tu planificación de la prueba de ADN cumple todas las normas.** Por ejemplo, ¿entiendes los términos y condiciones de la compañía de pruebas que has elegido? Cuando tengas los resultados de la prueba, ¿planeas respetar la privacidad de tus coincidencias?

3. **Incentiva a que los demás sean éticos compartiendo los Genetic Genealogy Standards cuando les pidas que se hagan pruebas, y explícales los riesgos que conllevan las pruebas de ADN.** Comenta con ellos los posibles resultados y pregúntales si les gustaría estar informados en caso de que los resultados no se ajusten a las expectativas. Aunque quizá algunas personas se nieguen a hacer las pruebas, esto es preferible a que no entiendan del todo los resultados potenciales y por lo tanto acaben teniendo una experiencia negativa con las pruebas de genealogía genética.

4. **Responde a las preguntas de una manera responsable.** Cuando surja un problema ético, prepárate para ello y sé capaz de responder de manera discreta. Si por ejemplo

le has preguntado a un familiar si desea que le informes de un resultado inesperado, ya tendrás controlada en gran parte su respuesta: o bien no querrá que le informes, o bien querrá que le informes y tendrás que pensar un modo inteligente de hacerlo.

5. **Prepárate para lo inesperado.** Por desgracia, pueden surgir problemas éticos incluso con la mejor planificación. Por ejemplo, podrías recibir el aviso de una nueva coincidencia genética de un primo hermano, lo que significa que un tío o una tía tuyos –que no se han hecho la prueba de ADN– tuvo un hijo que no conoces. Responder a este problema requerirá conocer la dinámica de tu familia y un enfoque responsable para ayudar –o no, según la situación– al nuevo familiar.

Al seguir estos sencillos pasos, es posible anticipar y estar preparado para la mayoría de los problemas éticos que pueden surgir de las pruebas de genealogía genética, y asegurar así que las pruebas de ADN sean lo más gratificantes posible para todos.

No hay duda de que las normas éticas, como los Genetic Genealogy Standards, suponen un obstáculo para el reclutamiento, las pruebas y la investigación. Sin embargo, para promover y respaldar una herramienta que beneficie a todos, es necesario crear estos obstáculos para aquellas personas que no conocen todos los resultados potenciales de las pruebas de ADN.

Los Genetic Genealogy Standards no pueden anticipar, prevenir o resolver todos los problemas éticos con los que se puede encontrar un genealogista o una persona que se somete a una prueba de ADN. Sin embargo, las normas –y una comprensión de las pruebas de ADN en general– pueden ayudar a instruir a las personas analizadas sobre los posibles resultados de las pruebas de ADN. Armados con estos conocimientos, los potenciales clientes pueden tomar de manera informada las decisiones sobre las pruebas de ADN, evitando así muchos de los problemas que pueden surgir.

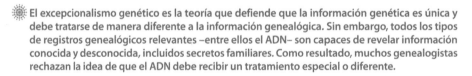

CONCEPTOS BÁSICOS: ÉTICA Y GENEALOGÍA GENÉTICA

🔅 El excepcionalismo genético es la teoría que defiende que la información genética es única y debe tratarse de manera diferente a la información genealógica. Sin embargo, todos los tipos de registros genealógicos relevantes –entre ellos el ADN– son capaces de revelar información conocida y desconocida, incluidos secretos familiares. Como resultado, muchos genealogistas rechazan la idea de que el ADN debe recibir un tratamiento especial o diferente.

🔅 La única manera de evitar la divulgación involuntaria de información genealógica –como los secretos ocultos u olvidados durante mucho tiempo que potencialmente pueden revelar las pruebas de ADN– es evitar toda investigación genealógica.

🔅 Los Genetic Genealogy Standards se redactaron para aportar orientación ética a los genealogistas y posibles personas analizadas. Estas normas ayudan a establecer las mejores prácticas para los genealogistas que utilizan pruebas de ADN, y están pensadas para garantizar que todos los participantes en un estudio de ADN hayan dado su consentimiento, así como para proteger la privacidad y los datos personales.

SEGUNDA PARTE

Elegir una prueba

4

Prueba del ADN mitocondrial (ADNmt)

¿Te sientes frustrado por todas esas antepasadas de las que desconoces su apellido de soltera o no estás seguro de que Edith sea tu tatarabuela? No busques más allá de las respuestas que te proporciona el ADNmt. Una de las herramientas más poderosas de que disponen los genealogistas genéticos, el ADNmt ofrece un vistazo de las líneas maternas de tus antepasados más exigentes. El ADNmt es tan poderoso que los militares lo utilizan para identificar los restos de soldados recuperados, los científicos para identificar los restos de reyes y zares, y los genealogistas para resolver innumerables misterios genealógicos. Así pues, ¿cómo te puede ayudar el ADNmt?

ADN mitocondrial

Las mitocondrias son diminutas «fábricas» de energía situadas en el interior de prácticamente todas las células. Estas fábricas pasan cada hora de cada día produciendo energía que el cuerpo utiliza para proporcionar energía a cosas como los músculos. Tienes cientos o miles de mitocondrias en cada célula, y cada una contiene cientos de copias de ADNmt. ¡Hay mucho ADNmt en cada célula!

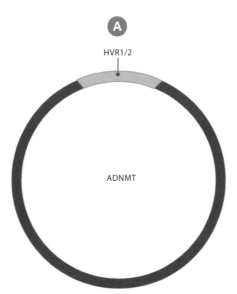

El ADNmt es circular, y la prueba de ADNmt examina tanto las secciones de ADNmt especialmente propensas a la mutacion (HVR1 y HVR2, en gris) como la secuencia completa de ADN (en verde).

El **ADNmt** (imagen A) es un pequeño fragmento circular de ADN formado por una cadena de aproximadamente 16.569 pares de moléculas especiales llamadas nucleótidos. El ADN codifica 37 genes, muchos de los cuales están directamente implicados en ayudar a las mitocondrias a obtener energía para la célula. Aunque el ADNmt es un bucle ininterrumpido de ADN, los científicos y las compañías de pruebas han dado diferentes nombres a las partes del bucle basándose en el ADN encontrado en esos fragmentos. La primera y la segunda porciones, llamadas **región hipervariable 1 (HVR1)** y **región hipervariable 2 (HVR2)**, son regiones del ADNmt que acumulan cambios de manera relativamente rápida, y, por lo tanto, tienden a ser hipervariables (es decir, es más probable que cambien) de un individuo a otro, a menos que estos individuos estén estrechamente relacionados. La tercera porción, la **región codificante (CR)**, acumula muchos menos cambios y contiene la secuencia de pares de bases de nucleótidos para los genes mitocondriales.

Las posiciones exactas de start y stop para estas porciones pueden variar de una compañía de pruebas a otra, pero las posiciones de start y stop más frecuentemente utilizadas para estas regiones son:

- HVR1: pares de bases 16.001-16.569
- HVR2: pares de bases 001-574
- CR: pares de bases 575-16.000

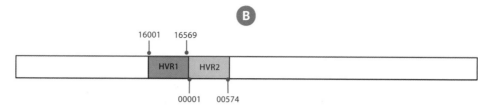

HVR1 y HVR2 son grupos de pares de bases del ADNmt que es más probable que muten que el resto de la molécula.

Como se muestra en la imagen **B**, las regiones HVR se encuentran a ambos lados del primer par de bases numeradas (00001) de la secuencia del ADNmt. No hay nada especial en este par de bases, aunque siempre se ha contado como el primer par de bases, ya que fueron identificadas así en la primera secuencia de ADNmt obtenida y se ha mantenido la designación.

Tradicionalmente, las pruebas de ADNmt sólo secuenciaban las regiones HRV1 y HRV2. Pero a medida que el precio de la secuenciación ha ido cayendo, la mayoría de las pruebas actuales de ADNmt secuencian los 16.569 pares de bases. La secuenciación completa del ADNmt ofrece varias ventajas sobre la secuenciación de HVR1/HVR2, como una mejor información sobre el origen antiguo y una coincidencia de parientes más precisa. Leer y comparar toda la secuencia de ADNmt aporta el máximo de información que se puede obtener de este tipo de ADN. Dicho con otras palabras, hacer una prueba con las regiones HVR1/HVR2 sería como leer una guía de estudio abreviada de Moby Dick, mientras que hacer la prueba con las regiones HVR1/HVR2 y CR sería como leer toda la novela.

La herencia única del ADNmt

El ADNmt tiene un patrón único de herencia que lo hace particularmente valioso para las pruebas de genealogía genética. A diferencia de otros tipos de ADN, que se puede mezclar en un proceso llamado recombinación (se aborda con más detalle más adelante), el ADNmt siempre se transmite de una madre a sus hijos, tanto varones como mujeres, sin mezclarse. La madre hace copias exactas de su ADNmt y las pasa al óvulo.

Aunque las madres transmiten el ADNmt tanto a sus hijos como a sus hijas, sólo las hijas lo transmitirán a la siguiente generación. Si bien todo varón tiene ADNmt que ha heredado de su madre y por lo tanto puede hacerse la prueba, este ADNmt termina con él; él no lo transmitirá a la siguiente generación.

La imagen **C** muestra la ruta de herencia del ADNmt en un árbol genealógico corto. Joan decide hacerse una prueba de ADNmt y le gustaría determinar de quién heredó ese fragmento concreto de ADN en su árbol genealógico. Ella heredó el ADNmt de su madre, Karen, quien a su vez lo heredó de su madre, Lisa, quien a su vez lo heredó de su madre, Marie. En cada generación, sólo un antepasado llevó el ADNmt. Y gracias a este patrón de herencia,

Joan sabrá exactamente qué antepasado le transmitió su ADNmt, a pesar de que no sepa el nombre de ese antepasado. Por ejemplo, Joan tiene 1024 antepasados en diez generaciones (512 varones y 512 mujeres), pero únicamente una de esas 512 mujeres le transmitió su ADNmt a Joan.

Conocer el patrón de herencia del ADNmt también brinda a los genealogistas la capacidad de rastrear este fragmento de ADN en el otro sentido del árbol familiar. Joan es bisabuela y quisiera saber cuál de sus descendientes lleva su ADNmt. La imagen D es el árbol genealógico de Joan, en el que todos los individuos con etiquetas moradas llevan el ADNmt de Joan. Por supuesto, los cuatro hijos de Joan –un varón y tres mujeres, llevan su ADNmt. En la siguiente generación, cuatro de los cinco nietos de Joan llevan su ADNmt; su hijo no lo pasó a la siguiente generación. A nivel de bisnietos, sólo dos de los cinco bisnietos de Joan llevan su ADNmt, los bisnietos 3 y 4.

Aunque los cuatro descendientes masculinos de Joan indicados en la tabla que llevan su ADNmt (los cuatro cuadrados morados) puedan hacerse una prueba de ADNmt, ninguno de estos varones pasará este fragmento de ADN a la siguiente generación. En el caso del ADNmt, un varón es un callejón sin salida, una vía muerta, aunque nunca debe pasarse por

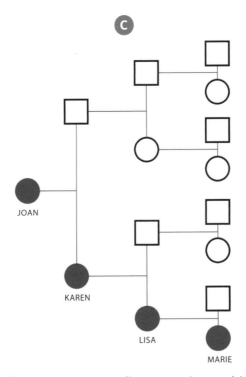

El ADNmt se transmite por línea materna (en morado).

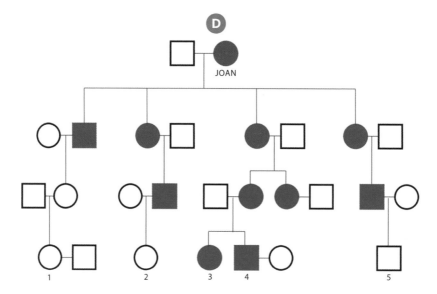

Los descendientes de Joan que tienen su ADNmt aparecen en color morado; fíjate en que los bisnietos 3 y 4 tienen el ADNmt de Joan, pero no así los bisnietos 1, 2 y 5.

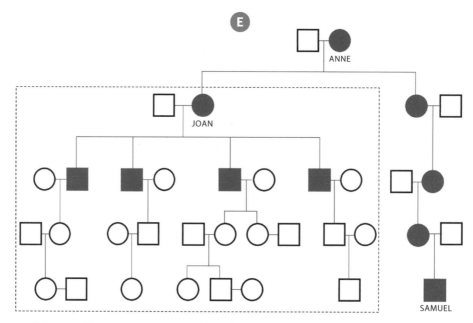

Si tienes problemas para encontrar un descendiente vivo que tenga el ADNmt de tu antepasado pero aun así estás dispuesto a hacer una prueba de ADNmt, busca en otra generación para encontrar un pariente más lejano que pueda ayudarte. En este caso, Samuel tiene el mismo ADNmt que Joan, aunque no es uno de sus descendientes directos.

alto como posible fuente de estudio. De hecho, en algún caso, un varón puede ser el único individuo vivo disponible para hacer una prueba de ADNmt para un antepasado específico.

Encontrar un descendiente con ADNmt: retroceder para avanzar

Para encontrar un descendiente vivo de un antepasado que pueda hacerse una prueba de ADN, un genealogista debe rastrear la línea del ADNmt a través de las generaciones que separan al antepasado y los descendientes vivos. Sin embargo, a veces puede pasar que un antepasado no tenga descendientes que lleven su ADNmt, aunque tenga numerosos descendientes. Por ejemplo, como se muestra en la imagen E, Joan tuvo cuatro hijos varones (todos ellos fallecidos), y por lo tanto no hay descendientes vivos con el ADNmt de Joan y nadie a quien el genealogista pueda pedirle que se haga la prueba. Pero el genealogista aún puede encontrar un familiar con el ADNmt de Joan retrocediendo una generación y avanzando por otra rama para determinar si hay algún descendiente vivo con su ADNmt. En este ejemplo, Samuel tiene el mismo ADNmt que su tatarabuela Anne y su tía-bisabuela Joan. Como resultado, puede pedirle que se haga la prueba de ADNmt porque coincide con el de Joan.

Si Samuel no quiere o no puede hacerse la prueba de ADN, el genealogista se verá obligado a encontrar otro descendiente de Anne o remontarse otra generación más y mirar entre los descendientes de la madre de Anne. A veces es posible que tenga que retroceder generaciones antes de identificar un descendiente con el ADNmt adecuado. No hay límite al número de generaciones que un genealogista puede retroceder para encontrar un pariente con el ADNmt, aunque la dificultad de investigar la línea materna puede suponer una barrera, ya que el apellido puede cambiar con cada generación.[3]

Cómo funciona la prueba

Hay dos tipos de prueba de ADNmt (imagen F). la primera es la **secuenciación del ADNmt**, que consiste en secuenciar un fragmento o todo el genoma del ADNmt. Una sección secuenciada del ADN es una larga de serie de sólo cuatro letras diferentes (A, C, G y T). que representan los cuatro nucleótidos diferentes (adenina, citosina, guanina y timina) que conforman el ADN. Todo el ADNmt, por ejemplo, es una secuencia de 16.569 pares de bases representadas por los cuatro nucleótidos (A, C, G y T) que conforman los pares de bases. Las pruebas de ADNmt de baja resolución secuencian sólo los aproximadamente 1143 pares de bases de las regiones HVR1 y HVR2, mientras que las pruebas de ADNmt de alta resolución secuencian cada uno de los 16.569 pares de bases.

El segundo tipo de prueba de ADNmt, llamada **prueba de SNP**, examina polimorfismos de nucleótido único (SNP, del inglés *single nucleotide polymorphisms*) en cientos o miles de posiciones a lo largo del ADNmt circular. Un **SNP** es un nucleótido único de ADN que puede variar de un individuo a otro. Por ejemplo, el nucleótido de la posición 15.833 del ADNmt puede ser una citosina (C) en una persona o una timina (T) en otra persona. Los

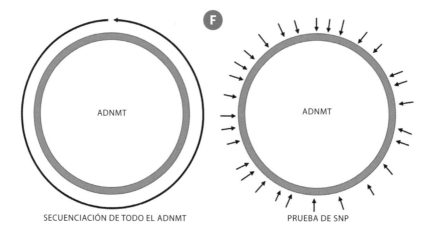

SECUENCIACIÓN DE TODO EL ADNMT   PRUEBA DE SNP

Los genealogistas tienen dos tipos de prueba de ADNmt para elegir: la secuenciación del ADNmt, que mira todo el genoma del ADNmt, y la prueba de SNP, que examina fragmentos específicos.

individuos que están estrechamente emparentados deberían tener el mismo SNP en cada posición. Cuanto más distante sea la relación genealógica entre dos individuos en la línea materna, más diferencias habrá en las posiciones de SNP analizadas.

Una vez analizado el ADNmt con uno de estos dos métodos, se compara con una secuencia de ADNmt de referencia, y se identifican y enumeran las diferencias entre el ADNmt del individuo analizado y la secuencia del ADNmt de referencia. Los investigadores pueden utilizar tres secuencias de referencia diferentes con las que comparar el ADNmt del individuo analizado:

- La **secuencia de referencia Cambridge** (CRS, *Cambridge Reference Sequence*) es la primera secuencia de ADNmt que se publicó. La primera secuencia de ADNmt se obtuvo de la placenta de una mujer europea y se publicó en 1981. Durante décadas fue la única secuencia de ADNmt de referencia.

- La **secuencia de referencia Cambridge revisada** (rCRS, *revised Cambridge Reference Sequence*) es una actualización de la CRS. En los casi veinte años posteriores a la creación de la CRS, los investigadores descubrieron varios errores, como la falta de nucleótidos, que se corrigieron en la rCRS.

- La **secuencia de referencia sapiens reconstruida** (RSRS, *Reconstructed Sapiens Reference Sequence*) es un esfuerzo reciente para representar un genoma ancestral único de todos los seres humanos vivos. La RSRS se dio a conocer en 2012 y los genetistas aún están debatiendo si seguir con la rCRS o bien adoptar la RSRS. Ambas secuencias tienen ventajas y se utilizan en algunas pruebas. En Family Tree DNA (**www.familytreedna.com**), por ejemplo, se compara el ADNmt del individuo analizado con ambas secuencias (rCRS y RSRS).

Cualquier diferencia entre el ADNmt del individuo analizado y la secuencia de referencia elegida se identifica y se anota como una mutación. Aunque a veces la palabra puede tener una connotación negativa, para los genetistas las «mutaciones» simplemente son cambios. El cambio puede implicar que un nucleótido cambie a otro, que aparezca un nucleótido adicional o que desaparezca un nucleótido, entre otras posibilidades. Casi todos estos cambios son completamente benignos e inocuos, aunque ocasionalmente una mutación puede afectar a la salud del individuo, la capacidad de funcionar o el aspecto.

Las diferencias entre el ADNmt del individuo analizado y una secuencia de referencia, que se utilizan para determinar cuán emparentados están dos individuos en sus líneas maternas, se pueden presentar de varias maneras diferentes. Por ejemplo, las diferencias entre el ADNmt del individuo analizado y la rCRS se reconocen de las siguientes maneras:

- Cuando el ADNmt contiene un nucleótido diferente al de la secuencia de referencia, la diferencia de nucleótido se indica con *la posición y el nucleótido abreviado*, como *538C* para una citosina que ha sustituido al nucleótido de referencia en la posición 538. A veces el resultado indica el nucleótido de referencia que se ha sustituido, como *A538C* para una citosina que ha reemplazado la adenina de la secuencia de referencia en la posición 538.

- Cuando el ADNmt carece de un nucleótido que está presente en la secuencia de referencia, la diferencia de nucleótido se indica con la posición y un signo –, como por ejemplo 522– para indicar un nucleótido que falta en la posición 522 de la secuencia de referencia.

- Cuando el ADNmt tiene un nucleótido de más en comparación con la secuencia de referencia, la mutación se indica con la posición y un .1. Por ejemplo, 315.1C indica una citosina adicional localizada después del nucleótido en la posición 315 de la secuencia de referencia.

Mutación	Qué significa
263G	A diferencia de la secuencia de referencia, el ADNmt analizado tiene una *G* (guanina) en la posición 263.
A263G	El ADNmt analizado tiene la *A* (adenina) de la posición 263 de la secuencia de referencia reemplazado por una *G* (guanina).
309.1C	En comparación con la secuencia de referencia, el ADNmt analizado tiene una *C* (citosina) extra después del nucleótido 309
309.2C	En comparación con la secuencia de referencia, el ADNmt analizado tiene una segunda *C* (citosina) extra después del nucleótido 309.
522-	En el ADNmt analizado se ha perdido el nucleótido presente en la posición 522 de la secuencia de referencia.

Cuando obtiene el listado de diferencias, la compañía de pruebas puede utilizar la información para conocer los antepasados del individuo analizado y encontrar familiares maternos, como veremos en la sección siguiente.

Después de haber analizado el ADNmt de varios cientos de miles de clientes, Family Tree DNA es la principal compañía de pruebas de ADNmt. La compañía sólo secuencia ADNmt y, aunque solía ofrecer la secuenciación HVR1/HVR2, la principal prueba disponible en la actualidad es la secuencia completa del ADNmt. Tras obtener los resultados de la secuenciación, Family Tree DNA compara la secuencia con una de las secuencias de referencia y proporciona a la persona analizada el listado de diferencias, o mutaciones. En la imagen **G**, por ejemplo, se han comparado los resultados de la secuenciación con la rCRS y se han indicado las diferencias.

Family Tree DNA también utiliza la RSRS como secuencia de referencia. La imagen **H** enumera las diferencias entre la RSRS y el mismo individuo analizado del ejemplo rCRS. Esto muestra la importancia de saber con qué secuencia de referencia se está comparando el ADNmt de un individuo.

23andMe (**www.23andme.com**) también analiza el ADNmt, aunque utiliza la secuenciación SNP en vez de HVR1/HVR2 o la secuenciación del genoma mitocondrial completo. La versión actual de 23andMe examina aproximadamente tres mil SNP localizados a lo largo de todo el ADNmt. La compañía no proporciona el listado de diferencias entre el ADNmt del individuo analizado y la secuencia de referencia, aunque los individuos analizados pueden revisar o descargar la información de su ADNmt para poderlo comparar por sí mismos con una secuencia de referencia.

Aplicar los resultados de la prueba de ADNmt en la investigación genealógica

¿Cómo puede ayudar una prueba de ADNmt a tu investigación? Una prueba de ADNmt tiene varios usos importantes para los genealogistas. Por ejemplo, los resultados se pueden utilizar para determinar los orígenes antiguos del ADNmt y para determinar si dos individuos están o no relacionados en su línea materna. Los resultados de la prueba de ADNmt también se pueden utilizar para estimar el tiempo, dado que los dos individuos analizados compartieron un **antepasado común más reciente** (MRCA, *most recent common ancestor*). En esta sección analizaremos cada uno de estos usos en profundidad.

Determinar un haplogrupo de ADNmt

Independientemente del tipo de prueba de ADNmt que se haya utilizado, los resultados revelarán información sobre la posición de su línea materna hace miles de años. Por ejemplo, conocer el origen de tu ADNmt –es decir, si tu línea materna es europea, asiática, africana o nativa americana– a menudo aportará pistas sobre el muro de ladrillos materno que sin duda ha aparecido en tu investigación.

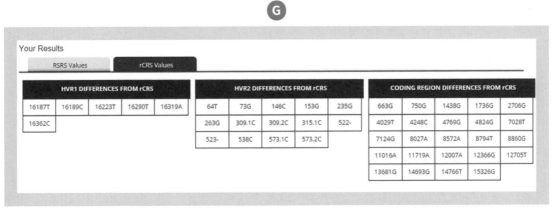

Family Tree DNA aporta un listado de diferencias específicas entre el ADNmt del individuo analizado y la rCRS.

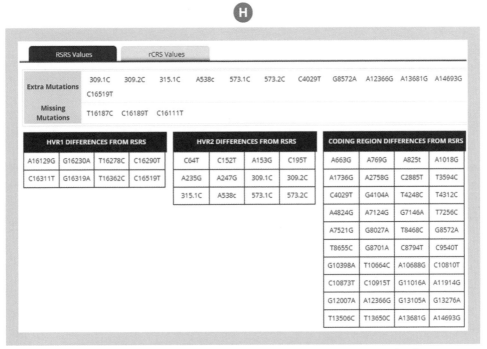

La rCRS y la RSRS no son lo mismo, por lo que es importante saber con qué plantilla se está comparando tu ADN.

HETEROPLASMIA

Algunos resultados de la prueba mitocondrial indican que el ADNmt del individuo analizado es heteroplásmico y puede crear problemas para los investigadores que recurren al ADNmt para probar una relación con otro individuo.

La heteroplasmia es la presencia de más de una secuencia de ADNmt en una célula o en un organismo. Dado que las células humanas tienen cientos o miles de mitocondrias, algunos ADNmt de esa célula pueden tener una mutación que el resto de ADNmt de esa misma célula no tiene. Las personas o las células individuales con dos o más secuencias diferentes de ADNmt son heteroplásmicas, mientras que las personas o las células individuales con una única secuencia de ADNmt son homoplásmicas.

Cuando una célula heteroplásmica se divide, el ADNmt se separa aleatoriamente en dos células hijas. Con el tiempo, una célula heteroplásmica puede dar lugar a una célula homoplásmica, aunque se pueden necesitar muchísimas generaciones para que esto suceda.

La heteroplasmia se puede detectar con una prueba comercial de genealogía genética en las células bucales (de la mejilla), de donde se obtiene el ADNmt para la prueba. De todos modos, la heteroplasmia del individuo analizado se puede detectar o no en sus resultados debido a la segregación aleatoria de las mitocondrias. Además, una heteroplasmia presente en las células de la mejilla de la madre puede no estar presente en el óvulo que dio origen al niño, y a la inversa. En consecuencia, el hijo de una progenitora heteroplásmica puede tener ADNmt con uno de estos tres resultados:

- **Heteroplásmico.** El óvulo que da lugar al hijo tiene algunas mitocondrias con la mutación heteroplásmica y algunas mitocondrias sin la mutación. Si el hijo se hace la prueba, se podrán detectar ambos tipos de ADNmt.
- **Homoplásmico con la mutación.** En este resultado, todas las mitocondrias del óvulo fecundado que da lugar al niño tenían la mutación o (si el niño es en realidad heteroplásmico) las células bucales del hijo sólo tienen la versión de la mitocondria con la mutación.
- **Homoplásmico sin la mutación.** Aunque las células bucales de la madre sean heteroplásmicas, el niño ha heredado sólo las mitocondrias sin la mutación. Como alternativa, si el niño es en realidad heteroplásmico, sus células bucales sólo tienen mitocondrias sin la mutación.

Una heteroplasmia se escribe con el valor original en la secuencia de referencia, la posición de la heteroplasmia y un símbolo que indica qué nucleótidos encuentran en esa posición. Por ejemplo, una heteroplasmia de C o G en la posición 263 se escribiría como A263S. La tabla siguiente incluye los símbolos utilizados para representar varias combinaciones de nucleótidos para resultados heteroplásmicos.

La heteroplasmia puede afectar las coincidencias de ADNmt con Family Tree DNA. Por ejemplo, si dos individuos tienen genomas mitocondriales idénticos con la excepción de la presencia de una mutación heteroplásmica en uno de ellos, pueden mostrar una distancia genética de uno. Por lo tanto, si Bill tiene la mutación 16230A y John tiene la mutación 16230W (que indica una *A* o una *T* en esta posición), no mostrarán una coincidencia genética exacta.

El ejemplo más famoso de heteroplasmia es el del zar Nicolás II de Rusia (1868-1918). La prueba de sus restos esqueléticos reveló una heteroplasmia de *C* y *T* en la posición 16169. (Si los resultados se hubiesen introducido en Family Tree DNA, esta heteroplasmia sería hoy 16169Y). Originalmente, la heteroplasmia confundió a los investigadores que intentaban demostrar que los restos del esqueleto pertenecían al zar, ya que no se encontró heterioplasmia en los parientes maternos del zar con los que se comparó la secuencia. Sin embargo, más tarde se identificó la misma heteroplasmia en los restos del gran duque Jorge Aleksándrovich (1871-1899), hermano del zar Nicolás II. La ratio de la mutación heteroplásmica difería en los dos hermanos, ya que el zar tenía principalmente *C/t*, mientras que su hermano Jorge tenía sobre todo *T/c*. (La letra mayúscula representa el resultado predominante para el par de bases analizado en la posición 16169, mientras que la letra minúscula representa el resultado minoritario en esa posición).

Símbolo	Significado
B	*C* o *G* o *T*
D	*A* o *G* o *T*
H	*A* o *C* o *T*
K	*G* o *T*
M	*A* o *C*
N	*G* o *A* o *T* o *C*
R	*A* o *G*
S	*C* o *G*
U	*U*
V	*A* o *C* o *G*
W	*A* o *T*
X	*G* o *A* o *T* o *C*
Y	*C* o *T*

EVA MITOCONDRIAL

Si todos los seres humanos de la Tierra pudieran rastrear su línea materna lo más atrás posible, se encontrarían en un único individuo, una mujer llamada «Eva mitocondrial», que es el ancestro de ADNmt de todos los seres humanos vivos. Es el antepasado común más reciente de todos los humanos en su línea materna. En efecto, es probable que todos los seres humanos vivos tengan un antepasado común de ADN

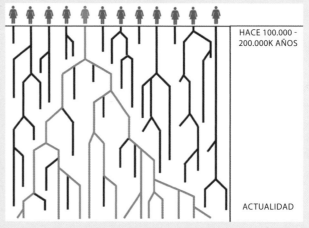

HACE 100.000 - 200.000K AÑOS

ACTUALIDAD

autosómico mucho más reciente, probablemente del orden de unos pocos miles de años atrás.

Aunque nunca sabremos el verdadero nombre de esta Eva mitocondrial, sabemos algunas cosas sobre ella:

1. Probablemente vivió hace unos 200.000 mil años. La fecha se basa en la variación –las mutaciones– que se encuentra en el ADNmt de todos sus descendientes. Usando información actual sobre la tasa de mutación del ADNmt (aproximadamente una mutación cada 3.500 años por nucleótido), se necesitarían unos 150.000-200.000 años para que surgiera toda esta variación. Esto puede mover considerablemente la antigüedad estimada de esta Eva mitocondrial.

2. Es probable que viviera en el este de África, ya que todas ramas más antiguas del árbol del ADNmt se encuentran (y parece que se han originado) en el este de África.

3. Tuvo al menos dos hijas que dieron origen a diferentes líneas del árbol genealógico del ADNmt. Esto creó un punto de ramificación en el árbol genealógico del ADNmt, ya que la hipotética Eva mitocondrial aportó un tipo de ADNmt a una hija y un segundo tipo de ADNmt a una segunda hija.

Aunque esta Eva mitocondrial lleva el nombre de la Eva bíblica, no era la única mujer viva en ese momento y no fue la única de sus contemporáneas que tuvo descendientes vivos. Es probable que en esa época miles de mujeres tuvieran descendientes vivos, pero entre aquella fecha y la actualidad todas estas otras líneas se interrumpieron porque en algún momento no nació ninguna mujer.

Se pueden descubrir nuevas líneas de ADNmt que podrían hacer retroceder aún más la fecha de la Eva mitocondrial. Por ejemplo, si se descubriese un nuevo ADNmt que precede a la Eva mitocondrial basándose en el número de mutaciones en la secuencia, la fecha de dicha Eva mitocondrial tendría que retrasarse en el tiempo para que continuase siendo la antecesora de la línea recién descubierta.

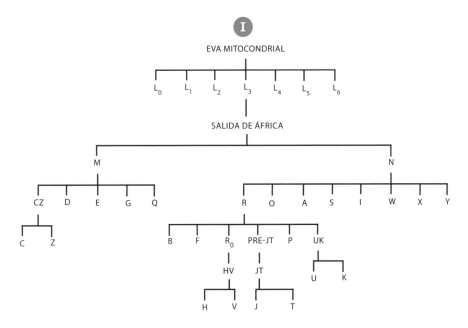

Los grupos principales de haplogrupos de ADNmt (llamados subclados) se pueden esquematizar de acuerdo con cómo evolucionaron a partir de la Eva mitocondrial.

Los resultados de una prueba de ADNmt se utilizan para determinar a qué **haplogrupo** pertenece ese ADNmt. Un haplogrupo de ADNmt es un grupo de individuos relacionados por vía materna que tienen un antepasado común reciente en una rama particular del árbol genealógico del ADNmt, que se define por una mutación SNP particular. (Los genealogistas pueden tener un haplogrupo de ADN-Y, que analizaremos en el capítulo 5). Todos los miembros de un haplogrupo de ADNmt pueden rastrear su línea materna hasta un antepasado único que vivió en un lugar específico hace varios miles de años. En la mayoría de los casos, los científicos tienen una buena idea de la zona en la que vivieron los ancestros del haplogrupo de ADNmt.

Los haplogrupos se denominan con letras y números, y los individuos del mismo haplogrupo tendrán la misma lista de mutaciones (o una muy similar). Por ejemplo, el haplogrupo *A2w* es un subgrupo dentro del haplogrupo *A*. El haplogrupo *A2w* es uno de los cinco haplogrupos de ADNmt encontrados en los pueblos indígenas de América del Norte y del Sur (los otros son *B, C, D* y *X*).

Si todas las secuencias de ADNmt de la Tierra se representaran en un árbol genealógico gigante, se remontarían hasta la Eva mitocondrial (imagen **I**; *véase* la barra de lateral de Eva mitocondrial). A partir de la Eva mitocondrial, las ramas principales del árbol genealógico indican nuevos haplogrupos y las ramas secundarias indican subgupos, o subclados, de ese nuevo haplogrupo. Cada rama, ya sea principal o secundaria, se define por una mutación SNP particular. Aunque algunas mutaciones SNP se encuentran en varias ramas, por lo general una rama contiene un número de mutaciones tal que una secuencia de ADNmt puede asignarse correctamente al haplogrupo correcto.

Cada haplogrupo está asociado a un momento y un lugar aproximados en los que surgió el fundador de ese haplogrupo. Esta información se basa en las tasas de mutación y en las distribuciones actuales del haplogrupo, no en muestras antiguas de ADNmt, aunque los científicos están utilizando ADN antiguo para hacer estudios más extensos y refinar la información sobre varios haplogrupos.

Por ejemplo, se estima que el haplogrupo mitocondrial *J* surgió hace unos 45.000 años en Oriente Próximo o la región del Cáucaso. En cambio, el haplogrupo mitocondrial T es un haplogrupo más reciente que probablemente se originó hace unos 17.000 años en o cerca de Mesopotamia.

Cuando los individuos analizados reciben su asignación de haplogrupo, pueden buscar más información sobre ese haplogrupo y sus orígenes antiguos. Por ejemplo, la página «mtDNA Haplogroups» en WorldFamilies (**www.worldfamilies.net/mtdnahaplogroups**) es un gran recurso con información sobre cada una de las ramas principales del árbol genealógico del ADNmt.

Buscar parientes de ADNmt

Otro uso popular de las pruebas de ADNmt consiste en buscar parientes de ADNmt. En Family Tree DNA, por ejemplo, se compara el ADNmt del individuo analizado con todas las muestras de ADNmt almacenadas en la base de datos. Con los resultados, el individuo analizado recibirá un listado de todos aquellos individuos de la base de datos que tengan un ADNmt idéntico o casi idéntico. Estos individuos son parientes de ADNmt y están relacionados con la persona analizada por línea materna. Algunos pueden tener un ADNmt idéntico, mientras que otros pueden diferir en una o dos mutaciones. Por lo general, cuantas menos diferencias existan entre las dos secuencias, más estrechamente relacionados estarán estos dos individuos.

Por ejemplo, en la imagen **J**, seis individuos con datos guardados en la base de datos de Family Tree DNA tienen un ADNmt similar al ADNmt del individuo analizado. Sin embargo, todos estos individuos tienen una **distancia genética** de 1 o más, lo que significa que ambas secuencias de ADNmt no son idénticas, sino que difieren en una o más mutaciones. En esta interfaz no es posible comparar directamente tu ADN con el ADNmt de las coincidencias. Sin embargo, para una distancia genética de 1, o bien el ADNmt del individuo analizado tiene una mutación que el ADNmt del otro individuo no tiene, o bien falta una mutación que el otro sí tiene. Por ejemplo, tu ADNmt puede ser idéntico al ADNmt de la coincidencia genética excepto que tienes una mutación *T16362C* que la coincidencia no tiene, o quizás la coincidencia genética tiene una mutación *G16319A* que tú no tienes. De manera similar, en el caso de una distancia genética de 2 hay diversas explicaciones posibles: puedes tener dos

HVR1, HVR2, CODING REGIONS - 6 MATCHES			
Genetic Distance	Name		mtDNA Haplogroup
1	Riley Gibson	FMS FF	A2w
1	John Johnson	FMS FF	A2w
1	Mary Roberts	FMS FF	A2w
2	Gwen Matthews	FMS FF	A2w
2	Ian Philips	FMS FF	A2w
3	Hiram Culpepper	FMS	A2w

Aquellas coincidencias de ADNmt cuyo ADN difiera poco del tuyo tendrán una distancia genética baja respecto a ti, lo que significa que probablemente esos individuos están más estrechamente relacionados contigo que aquellas otras coincidencias con más diferencias (una distancia genética más alta respecto a ti).

mutaciones que no tiene la coincidencia genética, la coincidencia puede tener dos mutaciones que tú no tienes, o ambos podéis tener una mutación que el otro no tiene.

De todos modos, resulta difícil determinar cuán estrechamente relacionados están dos individuos con coincidencias en el ADNmt. Dado que el ADNmt muta de manera relativamente lenta, los individuos con ADNmt idéntico pueden tener una relación muy reciente o bien de hace varios miles de años. Por ejemplo, dos personas con una coincidencia exacta de HVR1 y HVR2 tuvieron un antepasado común en algún momento entre 0 y 1500 años atrás. Éste es uno de los motivos por los que es mejor secuenciar todo el genoma mitocondrial en vez de únicamente las regiones HVR1/HVR2; una coincidencia total en la secuencia completa significa que muy probablemente estas dos personas tengan un antepasado común que vivió hace tan sólo unos quinientos años.

Tipo de coincidencia	Región de ADN comparada en Family Tree DNA	Tiempo transcurrido desde el antepasado común más reciente
Coincidencia exacta de HVR1	16.001–16.569 (HVR1)	50 % de posibilidades de un antepasado común en unas 52 generaciones (1300 años)
Coincidencia exacta de HVR1 y HVR2	16.001–16.569 (HVR1) y 1–574 (HVR2)	50 % de posibilidades de un antepasado común en unas 28 generaciones (700 años)
Coincidencia exacta de toda la secuencia	16.001-16.569 (HVR1), 1-574 (HVR2) y 500-16.000 (CR)	95 % de posibilidades de un antepasado común en unas 22 generaciones (550 años)

Para encontrar el antepasado materno compartido con una coincidencia de ADNmt, el individuo analizado puede revisar el árbol genealógico *online* de coincidencias o bien ponerse en contacto con esa coincidencia y preguntarle si está interesado en compartir información. Si la coincidencia está dispuesta a cooperar, la persona que se ha hecho la prueba puede determinar si los dos individuos comparten algún apellido o alguna ubicación en sus líneas maternas. A veces, las coincidencias de ADNmt mostrarán un ancestro materno más lejano de la coincidencia, que la persona que se hace la prueba podría usar para aplicar ingeniería inversa sobre su línea materna si no está interesada en compartir información con otros.

Además de la lista de coincidencias de ADNmt que proporciona la compañía, una persona que se hace la prueba también puede buscar en MitoSearch (**www.mitosearch.org**) otros individuos que comparten su ADNmt. MitoSearch es una base de datos gratuita y pública que incluye miles de registros de diferentes compañías de pruebas. Las personas que han hecho la prueba pueden introducir su ADNmt en MitoSearch para buscar coincidencias que ya están en la base de datos, así como comparar sus resultados con las nuevas coincidencias que se van cargando en MitoSearch.

Analizar cuestiones genealógicas

Aparte de aprender sobre los orígenes de la línea materna y encontrar parientes de ADNmt, puedes utilizar los resultados de una prueba de ADNmt para ayudar en tareas genealógicas específicas, como confirmar líneas conocidas o analizar misterios familiares. La investigación documental tradicional combinada con los resultados de la prueba de ADNmt puede ser una poderosa combinación para los genealogistas.

Dado que el ADNmt se hereda por línea materna, es muy bueno para determinar si dos individuos están relacionados a través de sus líneas maternas. Por lo tanto, muchas aplicaciones genealógicas de ADNmt utilizan los resultados de la prueba de ADNmt de dos o más individuos para examinar si los antepasados de los individuos analizados podrían estar emparentados por línea materna.

Por ejemplo, puedes usar la prueba de ADNmt para determinar si estás emparentado por línea materna con una coincidencia de ADN autosómico. Como veremos más adelante, puedes encontrar una coincidencia de ADN autosómico en cualquiera de tus líneas ancestrales y resulta complicado identificar el antepasado común compartido a partir de una coincidencia de ADN autosómico. Si una coincidencia de ADN autosómico también comparte tu ADNmt, podrás reducir significativamente en qué líneas buscar un antepasado común.

Como otro ejemplo, los adoptados a veces utilizan las pruebas de ADNmt para ayudarse en la búsqueda de su familia biológica. Potencialmente, encontrar una coincidencia exacta de ADNmt puede orientar al adoptado hacia la familia de la madre biológica, siempre y cuando la coincidencia esté estrechamente relacionada con el adoptado y tenga un árbol genealógico bien investigado.

Recuerda tanto los beneficios como las limitaciones de las pruebas de ADNmt cuando apliques los resultados a una pregunta genealógica. Por ejemplo, la prueba de ADNmt sólo puede determinar si dos personas están emparentadas por línea materna por su línea matrilineal directa. En consecuencia, probablemente una prueba de ADNmt no sea la primera opción cuando la pregunta genealógica es si dos varones nacidos en el siglo XIX eran hermanos. Además, una prueba de ADNmt sólo puede revelar que dos personas están emparentadas por línea materna, pero no puede determinar la naturaleza exacta de la relación. Como consecuencia, dos personas con ADNmt coincidente podrían ser hermanas, madre/hija, tía/sobrina, primas hermanas, etc, durante muchas generaciones.

De todos modos, estas limitaciones deben contrastarse con algunos de los poderosos beneficios de las pruebas de ADNmt. A diferencia del ADN autosómico, por ejemplo, el ADNmt pasa a la siguiente generación sin cambios y por lo tanto no se diluye como el ADN autosómico: una mujer que se hace la prueba tiene el 100 % del ADNmt de la madre de la madre de la madre de su madre (su tatarabuela) pero sólo el 6,25 % de su ADN autosómico. En consecuencia, a pesar de sus limitaciones, el ADNmt puede ser una poderosa herramienta para los genealogistas.

CONCEPTOS BÁSICOS: PRUEBA DEL ADN MITOCONDRIAL (ADNMT)

☼ El ADNmt es un fragmento circular de ADN localizado dentro de las mitocondrias de la célula.

☼ Aunque tanto hombres como mujeres heredan el ADNmt de sus madres, sólo las mujeres transmiten el ADNmt a la siguiente generación. Como consecuencia de este patrón de herencia único, el ADNmt sólo se utiliza para analizar la línea materna de la persona que se hace la prueba.

☼ La prueba de ADNmt se realiza o bien mediante la secuenciación de fragmentos de ADNmt (o del ADNmt completo), o bien mediante el análisis de los llamados SNP del ADNmt. La secuenciación del ADNmt completo es la prueba que aporta más información.

☼ Los resultados de cualquier prueba de ADNmt se pueden utilizar para determinar el haplogrupo, o los orígenes antiguos, de la línea materna miles de años atrás.

☼ Se pueden utilizar los resultados de la prueba de secuenciación del ADNmt para buscar parientes genéticos. Sin embargo, dado que ADNmt muta muy lentamente, no es tan útil para encontrar parientes genéticos aleatorios en una base de datos de una compañía de pruebas: una coincidencia exacta en el ADNmt puede significar que esas dos personas estén muy estrechamente emparentadas o simplemente que su antepasado materno viviera hace cientos de años.

☼ Los resultados de una prueba de ADNmt pueden ser útiles para examinar preguntas genealógicas específicas, como por ejemplo si dos personas están emparentadas o no por línea materna.

El **ADN** en acción

¿Son hermanas?

Un genealogista ha identificado a tres mujeres históricas (Mary, Jane y Prudence), hermanas en potencia si nos basamos en evidencias en papel. Para determinar si estas tres mujeres eran hermanas o no, el genealogista ha buscado descendientes de Mary, de Jane y de Prudence, y les ha pedido que se sometan a una prueba de ADNmt. Los tres descendientes estuvieron de acuerdo y el genealogista ya puede revisar los resultados. Ten en cuenta que no importa el sexo de los tres descendientes (pueden ser tanto hombres como mujeres) pero la línea de las tres mujeres hasta llegar al descendiente vivo tiene que ser una línea materna ininterrumpida de madre a hija.

Los resultados (simplificados) de la tabla muestran que los descendientes de Mary y de Prudence tienen el ADNmt idéntico, pero el descendiente de Jane tiene una distancia genética de 3; es decir, hay tres diferencias entre el ADNmt del descendiente de Jane y los otros resultados de ADNmt. Como muestran los resultados, al descendiente de Jane le faltan dos mutaciones presentes en los otros dos analizados y tiene una mutación adicional que no se encuentra en los otros dos. Dado que han pasado tan pocas generaciones entre las tres mujeres y cada descendiente respectivo, es muy poco probable que haya habido suficiente tiempo para que surja una distancia genética de 3.

Descendiente de Mary Smith	Descendiente de Jane Smith	Descendiente de Prudence Smith
73A	73A	73A
146T	146T	146T
315.1C	315.1C	315.1C
16129G	-	16129G
16223C	-	16223C
-	16311T	-

¿Los resultados de la prueba de ADNmt demuestran por sí solos que Mary y Prudence eran hermanas? Por desgracia, los resultados únicamente establecen que podrían haber sido hermanas. También podrían haber sido madre/hija, tía/sobrina, primas hermanas o cualquier otro tipo de relación materna. De hecho, incluso podrían haber sido primas por línea materna muy lejanas. La evidencia de ADNmt se tendrá que combinar con la evidencia documental tradicional para crear un argumento potente que demuestre que Mary y Prudence eran hermanas.

Del mismo modo, los resultados tampoco demuestran de manera definitiva que Jane no puede ser hermana de Mary y de Prudence. Es posible, aunque muy poco probable, que se haya producido un evento de no paternidad en la línea entre Jane y su descendiente. Por ejemplo, podría haber habido una adopción no documentada en esa línea. También es posible que en el tiempo transcurrido se hubieran acumulado los tres cambios observados. En otras palabras, esta línea podría haber adquirido aleatoriamente las mutaciones *16129G* y *16223C*, y haber añadido la mutación *16311T*, aunque es estadísticamente improbable. Finalmente, el genealogista puede haber cometido un error y haber identificado erróneamente a una persona a quien hacerle la prueba que en realidad no es un descendiente de Jane.

El **ADN** en acción

¿Es el rey? Primera parte

En 2012, investigadores financiados por la Richard III Society (**www.richardiii.net**) descubrieron un esqueleto en un aparcamiento en Leicester, Inglaterra. Basándose en la datación del enterramiento, la edad estimada del esqueleto en el momento del fallecimiento (unos 30 años) y las características físicas, incluidas heridas de batalla y escoliosis grave, los investigadores supusieron que el esqueleto podría pertenecer a Ricardo III de Inglaterra.

Ricardo III fue el último monarca de la dinastía Plantagenet. El 22 de agosto de 1485, murió a los 32 años en la batalla de Bosworth Field y fue enterrado en la iglesia de Greyfriars Friary, en Leicester. Sin embargo, con el tiempo se acabó perdiendo la ubicación exacta de la tumba de Ricardo.

Para determinar si realmente eran los restos de Ricardo III, los investigadores quisieron comparar el ADNmt obtenido del esqueleto con el ADNmt obtenido de descendientes por línea materna de Ricardo. Los genealogistas rastrearon los descendientes de la hermana de Ricardo, Ana de York, a lo largo de diecisiete y diecinueve generaciones para identificar a dos descendientes vivos, Michael Ibsen y Wendy Duldig, respectivamente, quienes se hicieron la prueba del ADNmt. Los resultados de la prueba de secuenciación completa del ADNmt mostraron que Ibsen y Duldig tenían un ADNmt casi idéntico, que difería únicamente en una mutación a pesar de que ambas líneas maternas divergieron hace casi quinientos años. Su haplogrupo era el *J1c2c*, relativamente raro.

Cuando los resultados de la secuenciación completa del ADNmt del esqueleto se compararon con los resultados de Ibsen y Duldig, observaron que los tres eran idénticos con la excepción de la mutación única encontrada en el ADNmt de Duldig. Junto con la otra evidencia, los investigadores concluyeron definitivamente que los restos eran los del rey Ricardo III. El sitio de la exhumación es ahora el King Richard III Visitor Centre, donde los visitantes pueden ver la tumba a través de un cristal.

Para más información sobre las pruebas de ADN del rey Ricardo, puedes consultar el artículo publicado por Turi E. King *et al.*, «Identification of the Remains of King Richard III», publicado en Nature *Communications* (**www.nature.com/ncomms/2014/141202/ncomms6631/full/ncomms6631.html**).

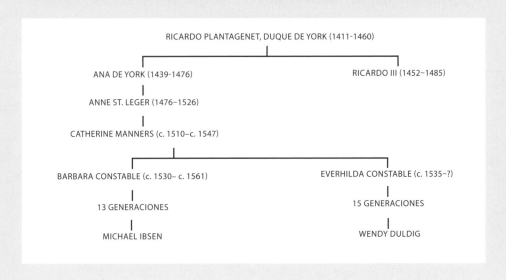

5

Prueba del ADN del cromosoma Y (ADN-Y)

¿Es ese antepasado Smith nacido en Virginia en 1718 el hijo de John Smith o de Hiram Smith? ¿Cuántos hombres tienes en tu árbol genealógico que no tienen un padre identificado o que después de décadas de investigación estás convencido de que los extraterrestres los dejaron caer en la Tierra? El ADN del cromosoma Y (ADN-Y; imagen Ⓐ) puede ayudarte a resolver algunos de estos misterios. Dado que en la mayoría de las culturas occidentales el cromosoma Y se transmite junto con el apellido, es excepcionalmente útil para examinar y superar las dificultades que se presentan en nuestras líneas paternas. En este capítulo estudiaremos el ADN-Y y cómo añadir este tipo de pruebas a tu caja de herramientas genealógicas.

El cromosoma Y

El cromosoma Y es uno de los 23 pares de cromosomas que se encuentran en el núcleo de una célula y es uno de los dos cromosomas sexuales (el otro es el cromosoma X). Mientras que una mujer tiene dos cromosomas X (*véase* el capítulo 7 para más información sobre el cromosoma X), un hombre tiene un cromosoma X de su madre y un cromosoma de Y de su padre. Como resultado de ello, el cromosoma Y se encuentra únicamente en los varones, que lo heredan prácticamente sin cambios de los padres.

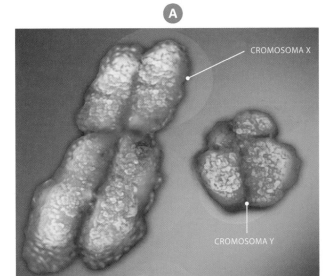

A

CROMOSOMA X

CROMOSOMA Y

El cromosoma Y (derecha) es más pequeño que la mayoría de los otros cromosomas, incluido el cromosoma X (izquierda), pero contiene información genética muy valiosa para los genealogistas. Imagen cortesía de Jonathan Bailey del National Human Genome Research Institute.

El cromosoma Y tiene una longitud aproximada de 59 millones pares de bases, muy corto para un cromosoma. El cromosoma contiene unos 200 genes, una pequeña fracción de los 20.000-25.000 genes que se estima que hay en todo el genoma humano.

La herencia única del ADN-Y

Análogamente a lo que sucede con el ADNmt (capítulo 4), el ADN-Y tiene una herencia paterna única que lo hace muy valioso para las pruebas de genealogía genética. El cromosoma Y siempre se transmite de un padre a su hijo. Las células del padre hacen una copia exacta de este cromosoma Y y la transmiten a sus hijos a través de su esperma. Ten en cuenta que si un hombre sólo tiene hijas, su cromosoma Y no se transmite a la siguiente generación.

A diferencia de los demás cromosomas, el cromosoma Y siempre está desapareado, lo que significa que no intercambia ADN con otro cromosoma Y durante el proceso conocido como recombinación. Aunque a veces los extremos del cromosoma X y del cromosoma Y se recombinan, estas regiones del cromosoma Y no se utilizan para la investigación genealógica o para la determinación de haplogrupos. Como consecuencia de ello, el cromosoma Y que tiene un padre será casi idéntico al cromosoma Y de sus hijos.

La imagen B muestra la herencia del ADN-Y en un árbol genealógico. John decide analizar su ADN-Y y revisa su árbol genealógico para ver de quién ha heredado ese fragmento

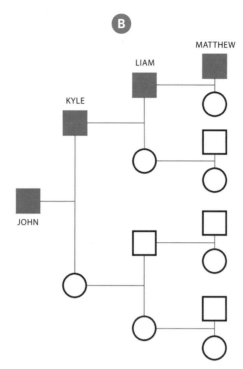

El ADN-Y se transmite por línea paterna (en azul).

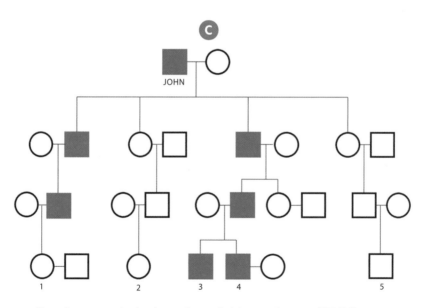

En azul se representan los descendientes de John que tienen su ADN-Y; fíjate en que los bisnietos 3 y 4 tienen el ADN-Y de John, pero no así los bisnietos 1, 2 y 5.

de ADN. John heredó el ADN-Y de su padre, Kyle, quien a su vez heredó el mismo ADN-Y de su padre, Liam, quién lo heredó de su padre, Matthew.

En cada generación, sólo un antepasado llevaba el ADN-Y de John, y gracias al patrón de herencia única, John puede saber exactamente qué antepasado es ése, aunque desconozca su nombre o su identidad. Por ejemplo, en diez generaciones, John tiene 1024 antepasados, 512 varones y 512 mujeres. Aunque cada uno de esos 512 antepasados masculinos tenía un cromosoma Y, sólo uno de ellos transmitió su cromosoma Y a John.

Conocer el patrón de herencia del ADN-Y también les da a los genealogistas la capacidad de rastrear este fragmento de ADN en un árbol genealógico. John es bisabuelo y quiere saber cuál de sus descendientes lleva su ADN-Y. La imagen ⓒ es el árbol genealógico de John, en el que los individuos marcados en azul llevan el ADN-Y de John. Sólo dos de los hijos de John, sus dos hijos varones, llevan el ADN-Y de John. En el grado de bisnieto, dos de los bisnietos de John (3 y 4) llevan su ADN-Y. En el caso del ADN-Y, una mujer siempre representa un callejón sin salida.

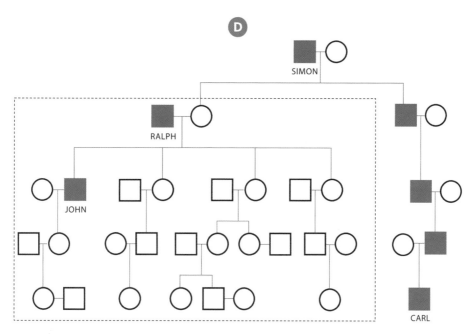

Si tienes problemas para encontrar un descendiente vivo que tenga el ADN-Y de tu antepasado pero aun así estás dispuesto a hacer una prueba de ADN-Y, busca en otra generación para encontrar un pariente más lejano que pueda ayudarte. En este caso, Carl tiene el mismo ADN-Y que John, aunque no es uno de sus descendientes directos.

EL ADÁN CROMOSOMAL-Y

En el capítulo anterior hemos aprendido que si todos los seres humanos de la Tierra pudieran rastrear su línea materna, se fusionarían en un único individuo, una mujer llamada «Eva mitocondrial», el ancestro del ADNmt de todos los seres humanos vivos. Del mismo modo, si cada hombre de la Tierra pudiera rastrear su línea paterna, se encontrarían en un individuo, un hombre conocido como «Adán cromosomal-Y». Es el antepasado común más reciente de todos los seres humanos en su línea paterna (pero no en todas las líneas).

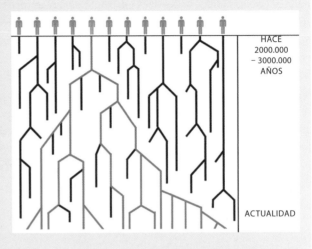

HACE 2000.000 – 3000.000 AÑOS

ACTUALIDAD

La identidad de este Adán cromosomal-Y había sido olvidada durante tiempo, pero sabemos algunas cosas de él. En primer lugar, sabemos que probablemente vivió hace entre 200.000 y 300.000 años, en función del número de mutaciones que se encuentran en los cromosomas Y de hoy en día. Usando información actual sobre la tasa de mutación del ADN-Y, se habrían necesitado entre 200.000 y 300.000 años para que surgieran todas las variaciones observadas. En segundo lugar, sabemos que probablemente este Adán cromosomal-Y vivió en África, y que tuvo al menos dos hijos, cada uno de los cuales dio origen a diferentes líneas del árbol del ADN-Y.

Al igual que la Eva mitocondrial, el Adán cromosomal-Y tiene el origen de su nombre en la Biblia. Sin embargo, no fue el único hombre que vivió en ese momento, ni tampoco fue el único de sus contemporáneos que tuvo descendientes vivos. Es muy probable que en aquel momento vivieran miles de hombres y que tuvieran descendientes vivos, pero en algún momento entre esa fecha y la actualidad sólo tuvieron hijas o bien tuvieron un descendiente final con ADN-Y que por algún motivo no tuvo un hijo varón.

La antigüedad del Adán cromosomal-Y no es un punto fijo en el tiempo. Incluso hoy en día están desapareciendo viejas líneas de ADN-Y y están apareciendo otras de nuevas, que pueden desplazar la fecha del Adán cromosomal-Y. Además, se pueden descubrir nuevas líneas de ADN-Y que podrían retrasar la fecha del Adán cromosomal-Y. Por ejemplo, un artículo publicado en 2012 revelaba que se había descubierto un haplogrupo raíz totalmente nuevo en afroamericanos, lo que retrasó la fecha del Adán cromosomal-Y. Esta nueva raíz, llamada A00, es más antigua que el Adán cromosomal-Y original, y por lo tanto se pudo identificar un nuevo Adán cromosomal-Y. Es posible que se identifiquen otros haplogrupos raíz a medida que se analicen más hombres en todo el mundo, en especial en África, por lo que la fecha del Adán cromosomal-Y se tendrá que ir retrasando aún más en el tiempo.

Daugthering out

Un hombre puede hacerse una prueba de ADN-Y para examinar su propia línea de ADN-Y. En cambio, una mujer tendrá que pedirle a su hermano, a su padre o a su tío (o bien a otro familiar masculino) que se hagan la prueba de ADN-Y. Y cualquier genealogista que rastree otro fragmento de ADN-Y tendrá que encontrar un descendiente varón vivo que esté dispuesto a hacerse la prueba de ADN-Y. A veces, sin embargo, puede pasar que un antepasado no tenga descendientes que lleven su ADN-Y, aunque haya tenido muchos descendientes. En este caso, se dice que el ADN-Y ha sufrido *daughtering out*.[4]

En el ejemplo de la imagen **D**, Ralph no tiene descendientes vivos que tengan su cromosoma Y. Ralph tuvo un hijo y tres hijas, y su hijo sólo tuvo una hija. En consecuencia, el ADN-Y de Ralph ha sufrido *daughtering out*.

De todos modos, aún es posible encontrar a un familiar que tenga el ADN-Y de Ralph. Remontándose una generación y mirando otra rama del árbol para determinar si hay descendientes vivos con el ADN-Y, un genealogista puede encontrar un pariente masculino vivo que esté dispuesto a hacerse la prueba de ADN-Y. En este ejemplo, el padre de Ralph, Simon, tenía el mismo ADN-Y que Ralph y se lo transmitió al hermano de Ralph, de quien lo acabó heredando por línea paterna su bisnieto Carl, un descendiente masculino vivo.

Si Simon no hubiese tenido descendientes masculinos vivos con su ADN-Y o no hubiese habido ningún descendiente vivo dispuesto a hacerse la prueba de ADN, el genealogista podría remontarse aún otra generación y revisar otras ramas. No hay límite a la cantidad de generaciones que un genealogista puede remontarse para encontrar un pariente de ADN-Y, aunque, como veremos más adelante, debería considerar la posibilidad cada vez mayor de evento de no paternidad con cada generación adicional.

Cómo funciona la prueba

Por lo general, el cromosoma Y se transmite de una generación a la siguiente casi sin cambios. Sin embargo, con el tiempo el cromosoma Y puede acumular mutaciones que, aunque suelen ser inofensivas y no afectan a la salud del varón, se pueden detectar con una prueba y ser útiles para un análisis genealógico.

Hay dos pruebas de ADN-Y disponibles: **pruebas de Y-STR** y **pruebas de Y-SNP** (imagen **E**). Las pruebas de Y-STR, del inglés Short Tandem Repeat, secuencian entre 12 y 111 (a veces incluso más) segmentos de ADN-Y muy cortos situados a lo largo de todo el cromosoma Y. De manera similar, la prueba de Y-SNP, del inglés Single Nucleotide Polymorphism, examina entre uno y centenares de puntos individuales situados a lo largo del cromosoma Y. En esta sección veremos cómo funcionan estas pruebas, y los pros y contras de cada una de ellas.

Los genealogistas pueden elegir entre dos pruebas para analizar el ADN-Y: la prueba de Y-STR, que secuencia el número de segmentos repetidos, y la prueba de Y-SNP, que analiza puntos específicos del ADN.

Prueba de Y-STR

Los marcadores Y-STR, fundamentales para este tipo de prueba, se identifican por su DYS (DNA Y-chromosome Segment) y se miden por el número de repeticiones de una secuencia concreta de ADN en una posición determinada. Los resultados de la **prueba de Y-STR** suelen presentarse con las siglas DYS y el número de repeticiones para ese marcador particular.

El nombre DYS identifica qué posición específica del cromosoma Y se está analizando, mientras que el número de repeticiones identifica cuántas repeticiones de una secuencia de nucleótidos hay en la posición específica. Por ejemplo, *DYS393* es una STR situada en una posición específica del cromosoma Y, y suele tener entre nueve y dieciocho repeticiones de la secuencia *AGAT*, siendo trece repeticiones el número más frecuente. Un resultado de *DYS393* de 9, por ejemplo, significa que hay nueve repeticiones de la secuencia *AGAT* en esa ubicación:

... ATAC**AGATAGATAGATAGATAGATAGATAGATAGAT**ACTA ...

1 2 3 4 5 6 7 8 9

Normalmente se presentan en una tabla los resultados de varios marcadores Y-STR con el nombre del marcador DYS en la fila superior y el número de repeticiones para cada marcador en la fila inferior.

DYS#	393	390	19	391	385	426	388	439	389I	392	389II
Repeti-ciones	14	23	15	11	11-15	11	13	12	13	13	29
El haplogrupo estimado es *R1b1b*											

Juntos, los resultados de los marcadores Y-STR analizados de un individuo representan el **haplotipo** de dicho individuo, la colección de resultados del marcador específico que caracterizan al individuo que se hace la prueba. Cada hombre tiene un haplotipo específico de ADN-Y, y por lo general, cuanto más similares sean los haplotipos de dos varones, más estrechamente emparentados están.

La mayoría de las pruebas de Y-STR analizan entre 37 y 111 marcadores STR. Hoy en día, Family Tree DNA ofrece pruebas de Y-STR de 37 marcadores, 67 marcadores y 111 marcadores. La prueba de 67 marcadores, por ejemplo, incluye todos los marcadores de la prueba de 37 marcadores más otros 30 marcadores adicionales, mientras que la prueba de 111 marcadores incluye todos los marcadores de la prueba de 67 marcadores y otros 44 marcadores adicionales. Cuantos más marcadores Y-STR se analicen, mayor será la resolución de la relación estimada entre dos varones comparados.

El número de repeticiones en un Y-STR concreto puede cambiar con el tiempo a una tasa relativamente constante, lo que permite que los genealogistas puedan rastrear linajes patrilineales a lo largo del tiempo. Un padre y un hijo, por ejemplo, tendrán casi siempre el mismo haplotipo ADN-Y, aunque ocasionalmente se produce una mutación en uno o más de los marcadores Y-STR entre una generación y la siguiente. Por ejemplo, nueve repeticiones en DYS393 pueden convertirse en diez o incluso en once repeticiones debido a un error aleatorio. La tasa de errores es relativamente constante, lo que significa que las diferencias entre dos haplotipos funcionan como un «reloj» que permite estimar cuántas generaciones han transcurrido desde que dos hombres tuvieron un antepasado común. DYS393 tiene una tasa de mutación muy lenta, de 0,00076, es decir, aproximadamente una mutación cada 1315 eventos de transmisión en promedio. Sin embargo, a pesar de esta tasa de mutación tan lenta, aleatoriamente puede producirse una mutación en DYS393 en cualquier momento, lo que lleva a que un padre y un hijo difieran en este marcador.

Algunos marcadores Y-STR tienen una tendencia a cambiar más rápidamente que otros. En comparación con la tasa de mutación tan lenta de DYS393, por ejemplo, DYS439 tiene una tasa de mutación de 0,00477, es decir, una mutación cada 210 eventos de transmisión de promedio. Cuando compares los resultados Y-STR de dos hombres, considera si difieren en los marcadores rápidos o en los marcadores lentos. Por ejemplo, si los dos hombres difieren sólo en marcadores «rápidos», es probable –aunque no seguro– que su antepasado común sea significativamente más reciente que si difieren sólo en marcadores «lentos». Family Tree DNA identifica los «marcadores STR que cambian más rápido» en los proyectos de apellidos de ADN-Y resaltándolos en rojo. Consulta **www.familytreedna.com/learn/project-administration/gap-reference/colors-y-dnaresults-chart-heading** para más información.

Los resultados de la muestra también han identificado el haplogrupo de ADN-Y del hombre analizado como *R1b1b*, aunque esto es sólo una estimación basada en los resultados de la prueba de Y-STR. (Al igual que los haplogrupos de ADNmt, los haplogrupos de ADN-Y se nombran con letras del alfabeto y un resultado de un haplogrupo de ADN-Y en particular puede aportar información sobre los orígenes antiguos de la línea patrilineal del hombre analizado. Sin embargo, con pruebas de Y-STR sólo se pueden estimar los haplogrupos, que en realidad se definen con la prueba de Y-SNP).

¿Y qué pueden hacer estas pruebas por ti? Las pruebas de Y-STR son esenciales para estimar la relación entre dos hombres. Dado que las Y-STR muestran una tasa de mutación relativamente constante, se puede utilizar el número de diferencias entre el perfil Y-STR de dos hombres (sus haplotipos) para estimar el tiempo transcurrido desde que estos dos hombres compartieron un ancestro masculino común. Una mutación significará un ancestro masculino común más reciente, mientras que diez mutaciones significarán un ancestro masculino común muy lejano. En consecuencia, los resultados de la Y-STR son extremadamente útiles para analizar dudas genealógicas que afecten a líneas masculinas.

Prueba de Y-SNP

La prueba de Y-SNP examina centenares o miles de SNP –nucleótidos variables *A, T, C* y *G*– a lo largo de todo el cromosoma Y. Tradicionalmente, los Y-SNP se utilizan para determinar un haplogrupo del ADN-Y y los ancestros antiguos del hombre que se hace la prueba, pero en cambio no son tan útiles para encontrar parientes genéticos en las bases de datos de las compañías de pruebas. Sin embargo, las nuevas pruebas identifican SNP que pueden ser útiles en un período de tiempo genealógicamente relevante. Estos llamados «SNP familiares» son mutaciones que se desarrollaron en los últimos cientos de años. Si bien en el momento de la publicación de este libro no hay ninguna prueba específica para los SNP familiares, es probable que este tipo de pruebas estén disponibles en un futuro no muy lejano.

Los resultados de una prueba de Y-SNP pueden tener varios usos importantes. Por ejemplo, la prueba de Y-SNP determina con precisión el haplogrupo de ADN-Y del individuo que se hace la prueba y revela información sobre los ancestros antiguos de la línea patrilineal. Dado que los SNP se utilizan para definir los haplogrupos de ADN-Y, los resultados de una prueba de Y-SNP también pueden confirmar o redefinir un haplogrupo que se basa únicamente en los resultados de Y-STR.

Además, cada resultado de SNP ayuda a ubicar al varón analizado en una rama del árbol del ADN-Y humano. Cada resultado de SNP será o bien **ancestral**, lo que significa que el varón analizado no tiene una mutación en ese SNP, o bien **derivado**, lo que significa que presenta una mutación en ese SNP. Los SNP y su clasificación como ancestrales o derivados ayudan a definir la posición del varón analizado dentro de los haplogrupos del ADN-Y humano. Por ejemplo, un individuo será derivado para los SNP que definen la rama del árbol de haplogrupos de ADN-Y al que pertenecen.

En la tabla siguiente, por ejemplo, los resultados de la prueba de SNP-Y revelan que el ADN-Y del varón analizado pertenece al haplogrupo *R1b1a2a1a1*, uno de los haplogrupos de ADN-Y más comunes en Europa. En este ejemplo, el primer resultado de SNP, *M269+*, indica que el varón analizado es derivado para ese SNP. En cambio, para *L277* es ancestral (por consiguiente, *L277-*).

Haplogrupo	Resultados de SNP	SNP terminal
R1b1a2a1a1	M269+ L23+ L151+ U106+ L277-	R-U106

En este árbol simplificado de haplogrupos de ADN-Y, la rama más lejana a la que se puede asignar el varón que se hace la prueba es *R-U106*, también conocido como *R1b1a2a1a1* (imagen). Constantemente se descubren nuevas ramas a medida que más hombres se

M269+	R1b1a2
L23+	R1b1a2a
L151+	R1b1a2a1a
U106+	R1b1a2a1a1
L277-	R1b1a2a2b

Los haplogrupos de ADN-Y (como estos que comienzan con la letra *R*) se asignan en función de si un individuo es ancestral o derivado para diversos segmentos de ADN (SNP).

M269+	R1b1a2
L23+	R1b1a2a
L151+	R1b1a2a1a
U106+	R1b1a2a1a1
NEWSNP+	R1b1a2a1a1a
L277-	R1b1a2a2b

Constantemente se están añadiendo nuevas ramas (como *R1b1a2a1a1a*) al árbol de haplogrupos del ADN-Y.

someten a pruebas de ADN-Y. Volviendo al ejemplo anterior, si se descubriera una nueva rama en el árbol de ADN-Y por debajo de U106 y el varón analizado fuera derivado para el SNP que ha definido esa nueva rama, su SNP terminal cambiaría por el de la rama más distante del árbol (*R-NEWSNP*, imagen **G**).

La ISOGG mantiene un extenso índice de Y-SNP (**www.isogg.org/tree/ISOGG_YDNA_SNP_Index.html**), así como un árbol detallado de haplogrupos de Y-ADN (**www.isogg.org/tree/index.html**) con una página separada para cada haplogrupo. Además de un mapa del árbol para cada haplogrupo, la página de ISOGG incluye una breve descripción del origen de cada haplogrupo, una lista de referencias principales y una lista de recursos adicionales.

Cómo aplicar los resultados de la prueba de ADN-Y en la investigación genealógica

Las pruebas del ADN-Y tienen muchas aplicaciones importantes para tu investigación genealógica. Por ejemplo, los resultados de una prueba de ADN-Y se pueden utilizar para determinar el haplogrupo del ADN-Y de una línea particular, encontrar antepasados paternos o parientes de ADN y responder a cuestiones genealógicas. El ADN-Y también permite calcular el tiempo transcurrido desde que dos hombres compartieron el antepasado común más reciente en su línea patrilineal directa, así como determinar si dos hombres podrían haber sido hermanos o padre/hijo, entre otras relaciones. En esta sección analizaremos en profundidad cada uno de estos usos.

Determinar un haplogrupo de ADN-Y

Los resultados de una prueba de Y-STR aportarán una estimación de haplogrupo, mientras que los resultados de la prueba de Y-SNP aportarán una determinación de haplogrupo más precisa. Todos los haplogrupos de ADN-Y, que se nombran con números y letras, derivan del Adán cromosomal-Y. A partir del Adán cromosomal-Y, las ramas principales del árbol genealógico del ADN-Y indican nuevos haplogrupos, mientras que las ramas secundarias indican subgupos (o subclados) de ese nuevo haplogrupo (imagen **H**). Cada rama, ya sea principal o secundaria, se define por una o más mutaciones del SNP. Aunque algunas mutaciones del SNP se encuentran en varias ramas, por lo general una rama incluye varias mutaciones, por lo que una secuencia de ADN-Y se puede asignar propiamente al haplogrupo correcto.

El varón que se hace la prueba puede utilizar la designación de haplogrupo para conocer los orígenes antiguos de la línea directa patrilineal. Por ejemplo, la página de haplogrupos de ADN-Y en World Families (**www.worldfamilies.net/yhaplogroups**) es un buen recurso, con una breve información introductoria sobre los diferentes haplogrupos de ADN-Y. Algunos

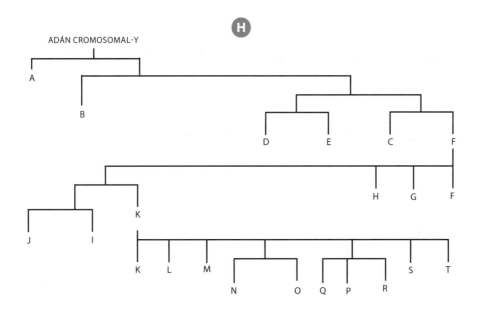

Los principales grupos de haplogrupos del ADN-Y (llamados subclados) se pueden esquematizar según cómo evolucionaron a partir del Adán cromosomal-Y.

haplogrupos de ADN-Y tienen diversas fuentes de información disponibles. Ocasionalmente, la información de estas fuentes parecerá contradecirse, aunque esto no debería ser motivo de alarma puesto que los investigadores aún están descubriendo cosas sobre el árbol del ADN-Y humano. Las descripciones de los haplogrupos del ADN-Y seguirán cambiando mientras los científicos vayan conociendo más y mejor el árbol del ADN-Y.

Buscar parientes de ADN-Y

Se pueden utilizar los resultados de una prueba de Y-STR para encontrar parientes genéticos que compartan un ancestro patrilineal directo. Para ello se compara el haplotipo Y-STR del hombre que se hace la prueba –la colección de resultados numéricos para cada uno de los marcadores analizados– con todos los haplotipos Y-STR almacenados en la base de datos, y se identifican todos aquellos hombres con resultados similares que previamente se han hecho la prueba. Por lo general, la compañía de pruebas establece un umbral mínimo para poder considerar que dos haplotipos son lo suficientemente cercanos y que por lo tanto esos individuos son parientes genéticos. Cuanto más similares son el haplotipo del hombre analizado y el haplotipo del pariente patrilineal, más cercano en tiempo y distancia generacional estaba el ancestro patrilineal.

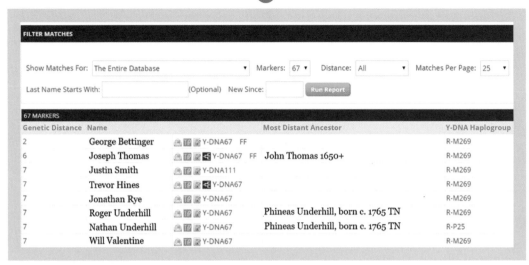

Estos resultados de Family Tree DNA describen las relaciones entre el hombre analizado y sus coincidencias de ADN, incluyendo distancia genética, haplogrupo y (en el caso de algunas coincidencias) ancestro más lejano.

Sólo Family Tree DNA ofrece la capacidad de comparar los resultados de la prueba de Y-STR del hombre analizado con una potente base de datos de Y-STR. Con más de 500.000 hombres analizados en la base de datos de la compañía, cada vez resulta más probable encontrar un pariente patrilineal al realizar una prueba de Y-STR.

Un hombre que se hace una prueba de Y-STR en Family Tree DNA recibe una lista con aquellos individuos de la base de datos que tienen un ADN-Y idéntico o muy similar. Estos individuos son parientes de ADN-Y y están emparentados con el hombre analizado por línea patrineal. Algunos pueden tener un ADN-Y idéntico, mientras que otros pueden tener algunas diferencias en las STR. Por lo general, cuanto más parecidos sean los perfiles de Y-STR de dos hombres, más estrechamente emparentados estarán.

Por ejemplo, en la imagen ❶ un hombre se ha hecho analizar 67 marcadores Y-STR en Family Tree DNA y ha recibido un listado con el nombre de ocho hombres de la base de datos de Family Tree DNA que tienen un ADN-Y lo suficientemente parecido al suyo. Sin embargo, estos individuos tienen una distancia genética de 2 o más, lo que significa que los resultados del ADN-Y, o haplotipos, no son idénticos, sino que difieren en dos o más mutaciones.

La distancia genética se calcula sumando la diferencia entre los resultados para cada uno de aquellos marcadores en que difieren los dos analizados. En el ejemplo siguiente, los dos analizados difieren en un valor de 1 en dos marcadores diferentes, por lo que tienen una distancia genética de 2.

Nombre	DYS#	393	390	19	391	385a	385b	426	388	439
Thaddeus Alden	Resultados	14	22	15	11	11	15	11	13	9
Thomas Alden	Resultados	14	23	15	11	11	15	11	12	9

En este otro ejemplo, los dos hombres analizados difieren en un valor de dos en un marcador, y por lo tanto tienen una distancia genética de 2.

Nombre	DYS#	393	390	19	391	385a	385b	426	388	439
Thaddeus Alden	Resultados	14	23	15	11	11	15	11	13	9
Thomas Alden	Resultados	14	23	15	11	11	17	11	13	9

La distancia genética aporta información sobre el tiempo y el número de generaciones que han transcurrido desde que dos analizados compartieron un ancestro patrilineal común. Por ejemplo, con 67 marcadores Y-STR, una distancia genética de 0 indica un antepasado común más reciente, mientras que una distancia genética de 7 indica un antepasado común muchísimo más antiguo.

La siguiente tabla, adaptada de «Expected Relationships With Y-DNA STR Matches» (relaciones esperadas a partir de las coincidencias en las STR del ADN-Y) (**www.familytreedna.com/learn/y-dna-testing/y-str/expectedrelationship-match**), desglosa el grado de proximidad, según distancia genética, que tienen dos individuos para diversas pruebas de ADN-Y:

	37 marcadores Y-STR	67 marcadores Y-STR	111 marcadores Y-STR	Interpretación
	Distancia genética			
Muy estrechamente relacionados	0	0	0	La relación entre los dos analizados es extremadamente cercana; muy pocos individuos encuentran un pariente con esta distancia genética
Estrechamente relacionados	1	1–2	1–2	La relación entre los dos analizados es muy cercana; pocos individuos encuentran un pariente con esta distancia genética
Relacionados	2–3	3–4	3–5	La relación entre los dos analizados cae dentro del rango de la mayoría de los linajes de apellidos bien establecidos en la Europa occidental, pero encontrar un antepasado común puede suponer todo un reto
Más lejanamente relacionados	4	5–6	6–7	Sin evidencias adicionales, es poco probable que los dos analizados compartan un antepasado común en un período de tiempo genealógicamente relevante

FTDNATiP de Family Tree DNA calculará la probabilidad de
que compartas un ancestro con tu coincidencia.

In comparing Y-DNA 67 marker results, the probability that Joseph U. Alden and Allen W. Alden II
shared a common ancestor within the last...

COMPARISON CHART	
Generations	Percentage
4	44.43%
8	84.11%
12	96.58%
16	99.37%
20	99.89%
24	99.98%

FTDNATiP proporciona estimaciones porcentuales de que tú y una coincidencia
de ADN-Y compartáis un antepasado en un cierto número de generaciones.

Si el individuo analizado sólo ha hecho la prueba de 37 marcadores (o incluso una prueba más antigua con menos marcadores), ampliar la prueba a 67 o 111 marcadores podría aportar una nueva perspectiva a la relación entre los dos hombres. Por ejemplo, es posible que una distancia genética de 2 con 37 marcadores siga siendo de 2 cuando se amplíe a 67 marcadores, lo que sugiere una relación genealógica mucho más cercana que la observada con 37 marcadores. Por el contrario, también es posible que la distancia de 2 con 37 marcadores aumente a 3 o más cuando se amplíe a 67 marcadores, lo que sugiere una relación genealógica más distante que la observada con 37 marcadores. La distancia genética puede aumentar, pero nunca debería disminuir con pruebas de Y-STR adicionales.

Family Tree DNA también proporciona un análisis estadístico de la distancia entre dos individuos analizados que tienen haplotipos Y-STR similares. Este análisis estadístico se conoce como Family Tree DNA Time Predictor (FTDNATiP) y se puede aplicar sobre cualquiera de las listas de individuos con un ADN-Y similar, y se puede encontrar haciendo clic en el cuadro naranja que pone «TiP» en la página de coincidencias (imagen **J**).

FTDNATiP compara los resultados del individuo examinado y de su coincidencia iden-tificada, y calcula el tiempo para el antepasado común más reciente (TMRCA) utilizando un algoritmo patentado que usa la tasa de mutación específica para cada uno de los marcadores en los que hay una diferencia entre los dos hombres.

En el ejemplo siguiente (imagen Ⓚ), los dos individuos analizados tienen una distancia genética de 2 en la prueba de 67 marcadores. La calculadora TiP estima un 44,43 % de pro-babilidad de que los individuos analizados compartan un antepasado común en las últimas ocho generaciones y un 84,11 % de probabilidad de que compartan un antepasado común en las últimas ocho generaciones. De hecho, se sabe que los dos individuos analizados en este ejemplo comparten un antepasado común en seis generaciones.

Dado que el cálculo TiP se basa en tasas de mutación individuales para marcadores específicos, la misma distancia genética puede tener estimaciones de TiP ligeramente diferentes.

Un individuo analizado también puede buscar en una base de datos pública y gratuita de Y-STR llamada Ysearch (**www.ysearch.org**). El sitio web fue creado y es mantenido por Family Tree DNA, y contiene miles de registros de hombres analizados en el pasado en otras compañías diferentes. Ysearch ofrece otra posibilidad de encontrar hombres con haplotipos Y-STR similares.

Unirse a un proyecto de apellidos o geográfico

Un proyecto de ADN-Y es un esfuerzo de colaboración para responder a preguntas genea-lógicas utilizando los resultados de las pruebas de ADN-Y. Un proyecto de apellidos, por ejemplo, reúne a individuos con el mismo apellido (o similar), mientras que un proyecto geográfico agrupa a los individuos según su ubicación geográfica en vez de por familias o apellidos. Otros proyectos agrupan a los individuos según su designación de haplogrupo. Los administradores responsables de organizar los resultados, compartir información e inscribir nuevos miembros en el grupo mantienen y gestionan estos grupos de ADN. Family Tree DNA alberga más de 8000 proyectos de ADN diferentes, incluidos proyectos de ADNmt y ADN-Y. El Williams DNA Project (**www.familytreedna.com/groups/williams-dna**), por ejemplo, tiene más de 1300 miembros; en cambio, otros proyectos pueden tener sólo unos pocos hombres analizados.

Encontrar un proyecto de ADN suele ser muy sencillo. He aquí cuatro lugares en los que puedes empezar tu investigación:

- Family Tree DNA (**www.familytreedna.com**) tiene una casilla para buscar por apellido, por localidad o por país. Como alternativa, puedes encontrar proyectos comprobando un listado alfabético.

- World Families (**www.worldfamilies.net/surnames**) aloja numerosos proyectos de ape-llidos y tiene un buscador muy eficiente. World Families también tiene un listado de todos aquellos proyectos de ADN con al menos 50 miembros (**www.worldfamilies.net/content/surname-projects-50-members**).

- Cyndi's List proporciona un listado parcial de proyectos y estudios sobre ADN y apellidos (**www.cyndislist.com/surn-dna.htm**).

- Los motores de búsqueda son una de las maneras más sencillas de encontrar un proyecto de apellido. Es probable que si buscas *[APELLIDO] DNA PROYECT* identifiques proyectos relevantes en los resultados de la búsqueda.

En potencia, los proyectos de ADN pueden cumplir una serie de objetivos, como son:

- Calcular las relaciones entre individuos del proyecto.
- Confirmar o rechazar la relación de las variantes del apellido.
- Explorar el país o los países de origen del apellido.
- Aprender sobre la migración del apellido a lo largo del tiempo.
- Unirse a una comunidad de otros genealogistas con objetivos similares.

Aparte de estos beneficios, tendrás un incentivo financiero para unirte a un proyecto de apellidos o geográfico incluso antes de solicitar una prueba de ADN-Y. Family Tree DNA ofrece un descuento de prueba para cada miembro de un proyecto de ADN.

Analizar cuestiones genealógicas

Al igual que sucede con los resultados de ADNmt, se pueden utilizar los resultados de una prueba de ADN-Y para examinar cuestiones genealógicas, incluida la confirmación de líneas conocidas, el análisis de misterios familiares y la posibilidad de superar algunos muros de ladrillos. La investigación documental tradicional puede combinarse con los resultados de las pruebas de ADN-Y para obtener una poderosa herramienta para los genealogistas.

Dado que el ADN-Y se hereda por vía paterna, es muy bueno para determinar si dos individuos están relacionados por sus líneas paternas. Y a diferencia del ADNmt, el ADN-Y puede estimar cuánto tiempo ha pasado aproximadamente desde que dos individuos compartieron un ancestro patrilineal común. Y a diferencia del ADN autosómico, el ADN-Y se transmite a la siguiente generación casi sin cambios y no se recombina con otro ADN. El cromosoma Y de un hombre vivo es virtualmente idéntico al cromosoma Y de su tatarabuelo paterno.

Aunque tiene numerosos beneficios, la prueba de ADN-Y también tiene muchas limitaciones importantes cuando se aplica a cuestiones genealógicas. Por ejemplo, la prueba de ADN-Y sólo puede determinar si dos individuos están relacionados por vía paterna a través de su línea patrilineal directa. Además, una prueba de ADN-Y sólo puede revelar si dos hombres están relacionados de alguna manera por vía paterna, pero no puede determinar qué tipo de relación tienen esos dos hombres. Por ejemplo, podrían haber sido hermanos, padre e hijo, primos hermanos o bien tener una relación mucho más lejana, como primos quintos.

También es posible utilizar la prueba de ADN-Y para determinar si estás relacionado por vía paterna con un individuo con el que tienes coincidencias en el ADN autosómico. Como veremos más adelante, puedes encontrar una coincidencia en el ADN autosómico en cualquiera de tus líneas ancestrales, pero es difícil identificar el antepasado común que compartes con ese individuo con el que tienes esa coincidencia en el ADN autosómico. Si este individuo también comparte tu ADN-Y (o el ADN-Y de un pariente paterno), entonces puedes reducir significativamente en qué líneas buscar un antepasado común.

Como otro ejemplo, los adoptados a menudo utilizan las pruebas de ADN-Y para ayudarse en su búsqueda de la familia biológica. Potencialmente, encontrar una coincidencia cercana en el ADN-Y puede orientar al adoptado hacia la familia del padre biológico, e incluso puede proporcionarle un posible apellido biológico.

Encontrar antepasados biológicos

Un uso cada vez más común del ADN-Y es recuperar un apellido biológico desconocido. Para un hombre adoptado, por ejemplo, el ADN-Y conserva un vínculo a una familia biológica que los registros en papel no tienen, o bien que pueden estar escondidos detrás de un muro de privacidad. Según mi experiencia con el programa, aproximadamente un 30 % de los hombres que se hacen la prueba de ADN-Y a través del Adopted DNA Project de Family Tree DNA (**www.familytreedna.com/public/adopted**) pueden identificar su apellido biológico probable.

Por ejemplo, supón que un adoptado llamado Riley Graham ha realizado una investigación exhaustiva, pero no ha encontrado ningún registro accesible que revele su apellido biológico. En un intento de contactar con sus padres biológicos, Riley realiza una prueba de 67 marcadores y los resultados revelan un patrón interesante.

Distancia genética	Nombre	Antepasado más lejano	Haplogrupo de ADN-Y	SNP terminal
0	Roger Davis	Joshua Davis, n. h. 1765 MD	R-L1	
0	Philip Davis	Joshua Davis, n. h. 1765 MD	R-L1	
1	Frederick Davis	Nathaniel Davis, n. 1772 MD	R-P25	P25
2	John Thomas		R-L1	

Riley comparte todos los marcadores con Roger y Philip Davis, lo que significa que está muy relacionado con estos individuos en su línea patrilineal. Es muy probable, por lo tanto, que su padre, su abuelo o cualquier otro antepasado biológico reciente tuviera el apellido Davis. Riley y Frederick Davis tienen una distancia genética de 1, por lo que potencialmente su relación es un poco más distante. Roger y John Thomas tienen una distancia genética de 2. Esto representaría un evento de no paternidad, o situación de falsa paternidad. El evento de no paternidad puede suceder si un antepasado Thomas adoptó un hijo Davis, si la esposa de un antepasado Thomas tuvo un *affaire* con un hombre Davis, o si un hombre Thomas decidió por algún motivo cambiar su apellido a Davis.

La prueba de ADN-Y no siempre revelará el apellido como sucede en este ejemplo. A menudo, la lista de coincidencias no permitirá obtener un resultado definitivo. Por ejemplo, los resultados pueden mostrar una lista de coincidencias con varios apellidos diferentes, o bien puede suceder que haya pocos individuos en la lista de coincidencias, o bien que todos ellos estén muy lejanamente emparentados. En este caso, el hombre que se ha hecho la prueba puede esperar a que otros hombres (posibles nuevas coincidencias) se hagan la prueba de ADN-Y, o bien puede identificar posibles candidatos y preguntarles si estarían dispuestos a someterse a una prueba de ADN-Y.

CONCEPTOS BÁSICOS: PRUEBA DE ADN DEL CROMOSOMA Y (ADN-Y)

- El cromosoma Y es uno de los dos cromosomas sexuales. Sólo los hombres tienen el cromosoma Y, y un padre sólo transmite su cromosoma Y a sus hijos varones. Como resultado de este patrón de herencia único, el ADN-Y sólo se utiliza para analizar la línea paterna del individuo analizado.

- La prueba de ADN-Y consiste en la secuenciación de regiones cortas del cromosoma Y (prueba de Y-STR) o mediante la prueba de SNP (prueba de Y-SNP) del cromosoma Y.

- Los resultados de cualquier prueba de ADN-Y se pueden utilizar para determinar el haplogrupo paterno o los orígenes antiguos de la línea paterna de hace miles de años. Las pruebas de Y-STR estiman el haplogrupo paterno, mientras que las pruebas de Y-SNP determinan de forma definitiva el haplogrupo paterno.

- Los resultados de una prueba de secuenciación Y-STR se pueden utilizar para buscar parientes genéticos. Dado que el cromosoma Y muta relativamente rápido y a una tasa bien caracterizada, la prueba de Y-STR es muy útil para encontrar coincidencias genéticas aleatorias y estimar cuántas generaciones han transcurrido desde que dos hombres compartieron un ancestro paterno común.

- Las pruebas de ADN-Y pueden ser útiles para examinar cuestiones genealógicas específicas, tales como si dos individuos están relacionados por vía paterna o no.

El **ADN** en acción

¿Son hermanos?

En el diagrama de abajo, un genealogista ha identificado a dos hombres históricos, Philip y Joseph, como potenciales hermanos basándose en pruebas documentales. Para determinar si los dos hombres podrían haber sido hermanos, el genealogista ha identificado a sus descendientes y les ha pedido que se hagan una prueba de Y-STR. Ambos descendientes estuvieron de acuerdo y ahora el genealogista puede revisar los resultados.

Los resultados de la prueba de Y-STR con 67 marcadores a que se sometieron ambos descendientes, un breve resumen de los cuales se muestra a continuación, revelan que son idénticos para los 67 marcadores.

DYS#	393	390	19	391	385a	385b	426	388	439
Descendiente de Philip	13	24	14	10	11	14	12	12	12
Descendiente de Joseph	13	24	14	10	11	14	12	12	12

Si bien el descendiente de Philip y el descendiente de Joseph tienen resultados idénticos para las pruebas de ADN-Y, esto no demuestra que Philip y Joseph fueran hermanos. Al igual que el ADNmt, el ADN-Y no puede determinar una relación exacta, y por lo tanto los resultados sólo aportan un apoyo complementario a la hipótesis de que Philip y Joseph podrían haber sido hermanos. Sin embargo, también podrían haber sido padre e hijo, tío y sobrino, primos hermanos por vía paterna o una variedad de otras posibles relaciones, con la condición de que compartan una línea paterna. De todos modos, es factible explorar la posibilidad de que Philip y Joseph fueran hermanos, en particular vista la evidencia documental.

Ahora supongamos que llegan los resultados y que no son similares o que incluso ambos descendientes pertenecen a haplogrupos completamente diferentes. Eso significaría que al menos uno de los siguientes escenarios es cierto: (1) en realidad no eran hermanos, o (2) en algún momento en la línea patrilineal entre Philip y su supuesta descendencia de ADN-Y o entre Joseph y su supuesta descendencia de ADN-Y se produjo una «ruptura» en la línea, como por ejemplo una adopción.

Como se ha mencionado anteriormente en este capítulo, una ruptura en una línea de ADN-Y se conoce como evento de no paternidad. Estos eventos de no paternidad se producen en una tasa de aproximadamente el 1-2% de la población, y pueden deberse a diversos factores, como una adopción, un cambio de nombre o una infidelidad, entre otros. Aunque los eventos de no paternidad son raros, siempre deben tenerse en cuenta al revisar los resultados de las pruebas de ADN-Y.

El **ADN** en acción

¿Es el rey? Segunda parte

Como se ha comentado en el capítulo anterior, en 2012 se encontraron unos restos óseos atribuibles al rey Ricardo III en un aparcamiento de Leicester, Inglaterra. El rey murió a los 32 años en la batalla de Bosworth Field y fue enterrado en la iglesia de Greyfriars Friary. Sin embargo, la ubicación de la tumba de Ricardo acabó perdiéndose con el tiempo. La prueba de ADN de los restos determinó que el ADNmt relativamente raro del esqueleto era idéntico o casi idéntico al ADNmt de dos descendientes muy lejanos de Ana, la hermana del rey Ricardo III.

Para apoyar aún más la hipótesis de que los restos óseos eran los de Ricardo III, los investigadores querían comparar el ADN-Y extraído del esqueleto con el ADN-Y de algunos de los parientes paternos de Ricardo III. Dado que Ricardo III no tuvo hijos, los genealogistas tuvieron que retroceder hasta el tatarabuelo de Ricardo III, Eduardo III, y seguir a sus descendientes para encontrar un candidato que compartiera el ADN-Y con el de Ricardo III. Los genealogistas finalmente identificaron a cinco descendientes que se sometieron a pruebas de ADN-Y (etiquetados de la A a la E).

Las pruebas de Y-SNP de los individuos A a E revelaron que cuatro de ellos pertenecían al haplogrupo de ADN-Y *R1b-U152* (un único grupo patrilineal). Sin embargo, uno de ellos pertenecía al haplogrupo *I-M170*, y por lo tanto no era un pariente patrilineal de los otros cuatro en el lapso de tiempo considerado, lo que indica que se había producido una ruptura en las últimas cuatro generaciones. Por el contrario, el ADN-Y secuenciado a partir de los restos óseos pertenecía al haplogrupo *G-P287*, con un haplotipo Y-STR correspondiente. Por lo tanto, y sorprendentemente, el ADN-Y de las líneas de los dos hermanos (la línea de Juan de Gante y la línea de Eduardo de York) no coinciden.

En resumen, las evidencias (como los resultados del ADN-Y y los resultados de la prueba del ADNmt, que se mencionan en el capítulo 4) concluyeron de manera abrumadora que los restos del esqueleto eran los de Ricardo III. Los resultados del ADN-Y también sugieren que hay un caso de evento de no paternidad en algún momento entre Ricardo III y los individuos A a E. Dado que cuatro individuos analizados tenían el mismo ADN-Y, es casi seguro que el caso de evento de no paternidad se dio en o antes de Enrique Somerset. Diecinueve generaciones separan a Ricardo III y Enrique Somerset, y, suponiendo una tasa de evento de no paternidad de entre el 1 y el 2 % por generación, la probabilidad de que se produzca un evento de no paternidad en este número de generaciones es del 19 %.

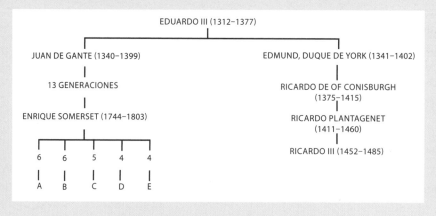

90   El árbol genealógico. Guía para el uso de las pruebas de ADN y la genealogía genética

6

Prueba del ADN autosómico

E nviaste una muestra de saliva o un hisopo bucal a una o más de las principales compañías de pruebas –23andMe (www.23andme.com), AncestryDNA (**www.dna.ancestry. com**) y Family Tree DNA (**www.familytreedna.com**)– para una prueba de ADN autosómico y acabas de recibir los resultados. ¿Qué haces ahora? ¿Qué significan estos resultados y cómo los puedes usar para avanzar en tu investigación genealógica?

En los últimos años, varios millones de personas se han hecho pruebas de ADN en 23andMe, AncestryDNA y Family Tree DNA. Y con más personas haciéndose estas pruebas y entrando los resultados en las bases de datos de las compañías, resulta más fácil que nunca encontrar coincidencias genéticas y buscar antepasados comunes. En este capítulo revisaremos los conceptos fundamentales necesarios para entender los resultados de las pruebas de ADN y algunas de sus funciones. También revisaremos las herramientas de ADN autosómico que ofrecen las compañías de pruebas y cómo usar estas herramientas para encontrar antepasados comunes y responder a cuestiones genealógicas.

¿Qué es el ADN autosómico?

El ADN autosómico se refiere a los 22 pares de cromosomas no sexuales que se encuentran dentro del núcleo de cada célula. Los cromosomas de ADN autosómico, o autosomas,

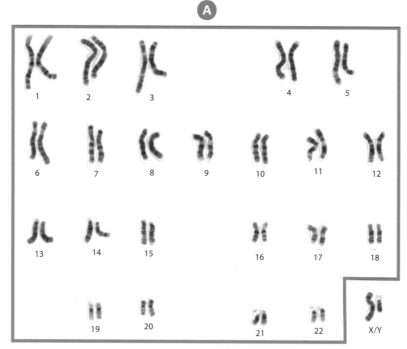

Veintidós pares de cromosomas humanos se consideran ADN autosómico. El vigesimotercer par, los cromosomas sexuales, determinan el sexo, entre otros rasgos.

varían en tamaño, y cuando se visualizan (como en la imagen Ⓐ), se ordenan aproximadamente en función de sus tamaños, siendo el autosoma 1 el más grande y el autosoma 22 el más pequeño.

Herencia del ADN autosómico

A diferencia del ADNmt y del ADN-Y, el ADN autosómico se hereda por igual de ambos progenitores. En consecuencia, un individuo recibe un cromosoma de cada par de cromosomas de mamá y un cromosoma de cada par de cromosomas de papá (imagen Ⓑ). Por desgracia, dado que los cromosomas no están marcados de una manera que identifique fácilmente de qué progenitor provienen, los resultados de una única prueba de genealogía genética de ADN autosómico no permiten identificar la fuente específica de un fragmento de ADN.

Un niño hereda todo su ADN de sus padres, aproximadamente el 50 % de su ADN de su madre y otro 50 % de su ADN de su padre. Sin embargo, el niño no hereda todo el ADN de sus padres, sino que sólo hereda la mitad del ADN total de sus padres y deja atrás la mitad. Esto ocurre en cada generación, lo que significa que a medida que retrocedemos en el tiempo, heredamos menos ADN de nuestros antepasados en cada generación.

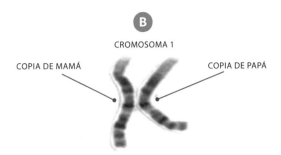

CROMOSOMA 1

COPIA DE MAMÁ   COPIA DE PAPÁ

Sólo recibes una copia de cada cromosoma de cada progenitor.

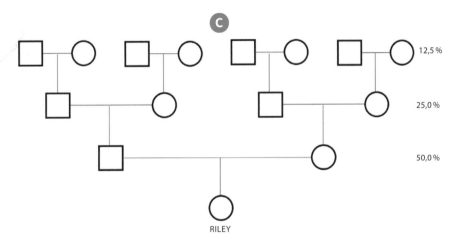

En cada generación se hereda menos ADN ancestral, lo que significa que el ADN autosómico «desaparece» con el tiempo.

En la imagen **C**, Riley ha heredado sólo la mitad del ADN de sus padres, el 25 % del ADN de sus abuelos y el 12,5 % del ADN de sus bisabuelos. Aunque no se muestra en el árbol, Riley sólo ha heredado el 6,25 % del ADN de sus tatarabuelos, y así sucesivamente.

Cabe señalar que los porcentajes son una media dentro de la población, y no los valores absolutos para cada individuo. Así, si bien en promedio un individuo hereda el 25 % de su ADN de cada abuelo, en la práctica los porcentajes varían. Por ejemplo, abajo se muestra una tabla de los porcentajes observados del ADN recibido de cuatro abuelos por dos nietos hermanos.

	Abuelo paterno	Abuela paterna	Abuelo materno	Abuela materna
Esperado	25,0 %	25,0 %	25,0 %	25,0 %
Nieto 1	28,0 %	22,0 %	26,6 %	23,4 %
Nieto 2	23,7 %	26,3 %	17,7 %	32,3 %

Aunque cada uno tendrá un promedio del 25 %, el rango para el nieto 1 es del 22,0 al 28,0, y para el nieto 2 aún es mayor: del 17,7 al 32,3.

Debido al patrón de herencia visto arriba, es posible determinar cuánto ADN es probable que un individuo comparta con sus parientes cercanos. Por ejemplo, si un nieto y un abuelo se hacen una prueba de ADN autosómico, en promedio deberían compartir aproximadamente el 25 % de su ADN. Del mismo modo, si un sobrino y su tía se hacen una prueba de ADN autosómico, deberían compartir en promedio aproximadamente el 25 % de su ADN.

La imagen D muestra cuánto ADN, en porcentajes, se predice que un individuo compartirá con familiares cercanos. En los cuadros rojos se muestra el porcentaje para cada relación. Al igual que con los porcentajes anteriores, esta tabla únicamente representa el porcentaje promedio de ADN compartido con familiares; en realidad, la cantidad real de ADN compartido con un familiar puede variar bastante.

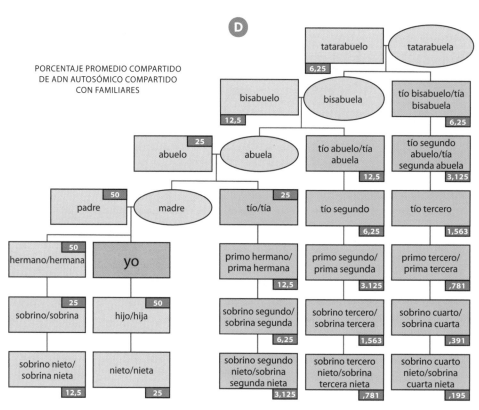

Puedes predecir qué porcentaje de ADN es probable que compartas con tus familiares en función de los patrones de herencia del ADN autosómico.

Recombinación

Un factor importante a tener en cuenta al hacer pruebas de ADN autosómico e interpretar los resultados el proceso de **recombinación**. Antes de que un cromosoma pase a la siguiente generación, sufre una recombinación en la cual un par de cromosomas parentales intercambian opcionalmente fragmentos de ADN durante la **meiosis**, un proceso natural especializado en el cual las células se dividen para dar lugar a óvulos y espermatozoides.

Antes de profundizar en la recombinación, podría ser útil revisar la meiosis como un todo, y cómo y cuándo puede darse la recombinación. La meiosis tiene lugar para que las células puedan dividir su ADN entre sus células hijas durante la producción de gametos (espermatozoides y óvulos) y las células duplican sus cromosomas muy pronto en la meiosis. Normalmente, cada célula tiene 23 pares de cromosomas (22 pares de autosomas y un par de cromosomas sexuales), es decir, 46 cromosomas. Sin embargo, en el primer paso de la meiosis los cromosomas se duplican, dando como resultado un total de 92 cromosomas. Usando la imagen **E** como ejemplo, la célula duplica su ADN, de modo que tiene cuatro copias del cromosoma 1 (dos copias del cromosoma de la madre del individuo y dos copias del cromosoma de su padre). Igualmente, la célula tiene cuatro copias del cromosoma 2, cuatro del cromosoma 3, y así sucesivamente.

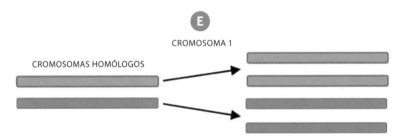

E

CROMOSOMA 1

CROMOSOMAS HOMÓLOGOS

Durante la meiosis, cada par de cromosomas (una copia procedente de la madre y otra copia procedente del padre) se duplica, dando lugar a cuatro copias de cada cromosoma. En esta imagen, el ADN heredado del padre se representa en azul y el ADN de la madre, en rosa.

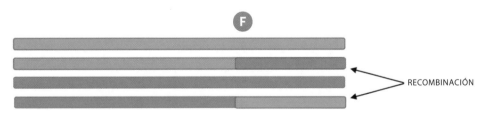

F

RECOMBINACIÓN

La recombinación se produce cuando el ADN de dos cromosomas vecinos se entrecruza intercambiando así información genética.

A medida que los cromosomas ahora duplicados se alinean para separarse en las células hijas, se puede producir recombinación entre cualquiera de las cuatro copias de un cromosoma (como el cromosoma 1) a medida que las hebras se superponen. En caso de que el material genético de los cromosomas se entrecruce, se puede producir cierto intercambio de ADN, lo que posiblemente genere variación genética. Y una vez se haya completado la meiosis (y cualquier evento de recombinación), las células hijas recibirán aleatoriamente sólo una de las cuatro copias del cromosoma, lo que significa que se dejarán atrás tres copias, dos de ellas idénticas.

Ten presente que los eventos de recombinación pueden o no ser detectables, en función (en parte) de qué cromosomas entrecruzan información. Si se produce recombinación entre las dos copias paternas del cromosoma o entre las dos copias maternas del cromosoma 1 (entre **cromátidas hermanas**, es decir, entre los dos cromosomas paternos azules o entre los dos cromosomas maternos rosa), no hay cambio detectable, porque se trata de copias idénticas. En cambio, si se produce recombinación entre un cromosoma paterno y uno materno (entre **cromátidas no hermanas**, es decir, entre un cromosoma paterno azul y un cromosoma materno rosa), se produce un entrecruzamiento detectable (imagen **F**).

La recombinación ocurre al azar y cada división celular puede dar como resultado una cantidad diferente de eventos de recombinación (o ningún evento de recombinación). De todos modos, es inusual que en un cromosoma se produzcan más de un puñado de eventos de recombinación. Curiosamente, las mujeres tienden a sufrir más eventos de recombinación en el conjunto de 22 autosomas que los hombres.

El siguiente ejemplo (imagen **G**) muestra el paso de ADN autosómico desde una abuela paterna (Agatha) a su nieta (Courtney). Esto representa un único evento de recombinación, cuando el padre (Benny) fabricó el esperma. (Nota: Aunque el ADN de Agatha se recombinó cuando se formó el óvulo que se convertiría en su hijo Benny, esa recombinación sólo se puede detectar si se compara su ADN con el de sus antepasados). La imagen **H** compara

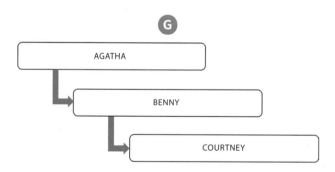

El ADN autosómico se transmite de una generación a la siguiente, independientemente del sexo del miembro de cada familia.

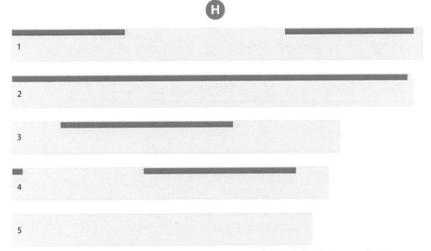

La prueba de ADN autosómico permite comparar el ADN del individuo analizado con el de un antepasado suyo. En este caso se indica en verde el ADN de los cinco primeros cromosomas que Courtney comparte con su abuela Agatha.

los cinco primeros cromosomas de Courtney con los cinco primeros cromosomas de Agatha, con el ADN compartido por ambas en verde.

Comparar el ADN autosómico de las dos mujeres nos puede decir mucho acerca de cómo se hereda y se recombina el ADN autosómico a lo largo de las generaciones, ya que la recombinación debe haber ocurrido en regiones en las que las mujeres no comparten ADN. El cromosoma 1, por ejemplo, sugiere que hubo dos eventos de recombinación en cada lugar del cromosoma donde las dos mujeres difieren, como se indica en la imagen ⓘ. También se pudo haber producido una tercera recombinación al final del cromosoma 1, ya que las dos mujeres tampoco comparten esa región.

Así pues, ¿cómo explicamos las diferencias entre ellas y dónde tuvieron lugar los eventos de recombinación? Antes de que el padre transmitiera una copia del cromosoma 1 a su hija, sus copias maternas y paternas del cromosoma 1 se entrecruzaron al menos en dos puntos diferentes. Y cuando el ADN de Benny se dividió en sus células hijas, la copia con el material genético que coincidía con el de su madre en las zonas en verde pasó a la célula que se convirtió en Courtney. (Nota: La otra copia del cromosoma tendría el aspecto opuesto en comparación con el ADN de Agatha, con el segmento verde compartido en el centro; sin embargo, Courtney no heredó esta copia del cromosoma).

El ADN compartido también ayuda a los investigadores a determinar qué parte del cromosoma se ha heredado de otros antepasados. En concreto, dado que el segmento del centro del cromosoma 1 no coincide con el de Agatha, tiene que coincidir con el del abuelo paterno de Courtney (es decir, el padre de Benny). El ADN de Benny, como el de Courtney, sólo puede provenir de dos de sus antepasados: de su madre, Agatha (la abuela paterna de Courtney), o de su padre (el abuelo paterno de Courtney).

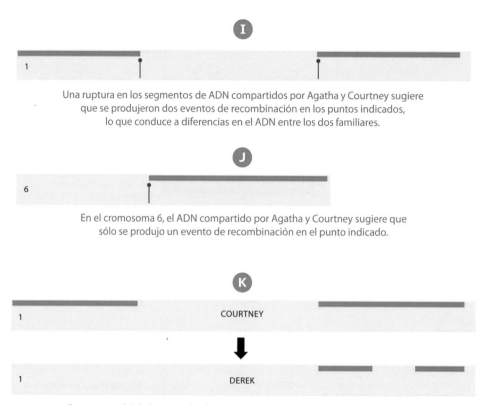

Una ruptura en los segmentos de ADN compartidos por Agatha y Courtney sugiere
que se produjeron dos eventos de recombinación en los puntos indicados,
lo que conduce a diferencias en el ADN entre los dos familiares.

En el cromosoma 6, el ADN compartido por Agatha y Courtney sugiere que
sólo se produjo un evento de recombinación en el punto indicado.

Courtney podría haber pasado el ADN autosómico de Agatha (indicado en verde)
a su hijo Derek de diversas maneras, incluida la de arriba.

Fijémonos en unos cuantos cromosomas más y veamos qué podemos dar por sentado. En los cromosomas 2 y 5 no hubo recombinación entre los cromosomas no hermanos y Courtney heredó la *copia completa* del cromosoma 2 de Agatha, pero nada del cromosoma 5 de Agatha. Por descarte, Courtney debe de haber heredado la copia completa del cromosoma 5 de su abuelo paterno. En el cromosoma 6 sabemos que hubo un solo evento de recombinación hacia la mitad del cromosoma, ya que ya que Agatha y Courtney no comparten una parte significativa del ADN del cromosoma 6 (imagen **J**).

Es importante destacar que el ADN de Agatha que no se transmitió debido a la recombinación, se ha perdido en Courtney y en todas las generaciones futuras (a menos que vuelva a través de otras líneas). Por ejemplo, ninguno de los descendientes de Courtney heredará el ADN del cromosoma 5 de Agatha. Por lo tanto, todos los genes, los marcadores de etnicidad y otra información contenida en la copia del cromosoma 5 de Agatha se pierden en esta línea particular de la familia (aunque de nuevo puede recuperarse esta información en otros parientes o descendientes de Agatha).

Courtney puede haber transmitido sólo una pequeña cantidad del ADN autosómico de Agatha a Derek.

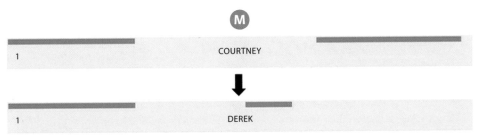

Aunque el ADN autosómico puede haberse transmitido de muchas maneras, la de arriba no es una de estas maneras. Courtney no puede transmitir ADN de Agatha que ella misma no tiene. La única forma de que esto ocurra es que el padre de Derek también esté emparentado de algún modo con Agatha.

Observa que, dado que la recombinación de ADN puede darse en cualquier generación, la cantidad de ADN entre un ancestro y sus descendientes a menudo se reduce de una generación a otra. Por ejemplo, el ADN del cromosoma 1 de Agatha que se transmitió a Courtney podría «romperse» en fragmentos más pequeños cuando Courtney se lo transmita a sus hijos. El ADN del cromosoma 1 de Courtney podría recombinarse cuando se formen las células que se convertirán en su hijo Derek. En la imagen ⓚ, en la que se indica en verde el ADN del cromosoma 1 que comparten con Agatha tanto Courtney (arriba) como Derek (abajo), el gran fragmento de ADN de Agatha del extremo izquierdo no se transmitió a su bisnieto, mientras que el fragmento del extremo derecho experimentó dos eventos de recombinación que dieron lugar a una pérdida importante. La recombinación también podría dar lugar a que sólo una pequeñísima parte del cromosoma 1 de Agatha pasase a la siguiente generación, como se muestra en la imagen ⓛ.

Como ya hemos indicado en esta sección, el ADN que no se transmite de una generación a la siguiente no se puede transmitir a generaciones futuras. Como consecuencia, Derek y Agatha no podrán compartir los fragmentos del cromosoma 1 que se muestran en la imagen ⓜ, ya que Courtney no heredó ese segmento de ADN de su padre y por lo tanto no pudo pasárselo a Derek. La única excepción a esta regla sería si Derek heredara de su padre ese segmento de ADN del cromosoma 1 de Agatha, lo que probablemente significaría que el padre de Derek también está emparentado de algún modo con Agatha.

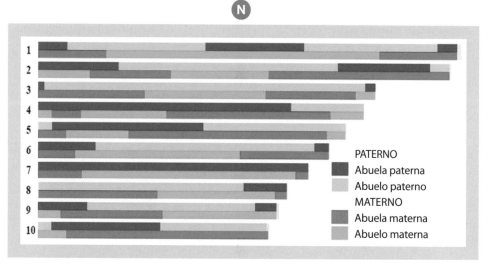

Herramientas como Kitty Cooper's Chromosome Mapper permiten mostrar cómo hereda un individuo el ADN autosómico de sus antepasados. Arriba se indica qué fragmentos del ADN autosómico recibió un nieto de cada uno de sus abuelos.

Veamos ahora un ejemplo real: comparemos el ADN de un nieto con el de sus cuatro abuelos, con el origen de cada fragmento de ADN (para los diez primeros cromosomas) identificado (imagen 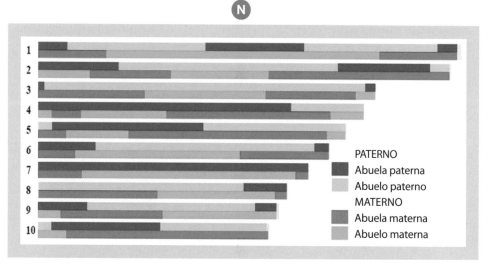). El gráfico, elaborado con Chromosome Mapper de Kitty Cooper **(www.kittymunson.com/dna/ChromosomeMapper.php)**, muestra cómo se compara cada fragmento del ADN del nieto con el de cada uno de sus abuelos: los abuelos maternos se representan en rojo y naranja, y los abuelos paternos en azul claro y oscuro. Los eventos de recombinación tuvieron lugar allí donde cambia el color. A lo largo de cada cromosoma paterno (azul claro y oscuro), por ejemplo, el nieto coincide o bien con la abuela paterna (azul oscuro) o bien con el abuelo paterno (azul claro). Según este gráfico, se produjeron entre cero y cuatro eventos de recombinación en cada cromosoma. En el cromosoma 7, por ejemplo, el nieto recibió una copia completa del cromosoma de la abuela paterna, lo que significa que en el caso de este cromosoma concreto no comparte ADN con su abuelo paterno.

Dos árboles familiares

Como hemos visto en el capítulo 1, los genealogistas deben considerar dos árboles familiares diferentes al realizar una investigación genética. El primero, el árbol genealógico, contiene todos los padres, abuelos y bisabuelos de la historia. Es el árbol al que los genealogistas dedican su tiempo a investigar, a menudo utilizando registros en papel, como partidas de nacimiento y de defunción, registros censales o periódicos para rellenar vacíos. El segundo árbol familiar es el árbol genético, un subconjunto del árbol genealógico que incluye sólo aquellos ancestros que han contribuido al ADN del individuo analizado. No todos los individuos que aparecen en el árbol genealógico han contribuido con un fragmento de su ADN al genoma del analizado. De hecho, sólo se garantiza que el árbol genético incluya a ambos padres biológicos, a cada uno de los cuatro abuelos biológicos y a cada uno de los ocho bisabuelos biológicos, pero con cada generación es mucho menos probable que todos los individuos de esa generación hayan contribuido con un fragmento de su ADN al ADN del analizado.

La diferencia entre los dos árboles da lugar a hechos importantes a tener en cuenta cuando se rastrea la herencia del ADN autosómico, como:

- **Los hermanos tienen árboles genéticos diferentes.** Con la excepción de los gemelos idénticos, los hermanos carnales comparten sólo alrededor del 50 % de su ADN (y los medio hermanos comparten alrededor del 25 % de su ADN). Como resultado de ello, los hermanos tienen muchos ancestros genéticos en común, pero hay muchos ancestros distantes representados en el ADN de un hermano que no aparecen representados en el ADN del otro hermano. Si bien los hermanos carnales tienen el mismo árbol genealógico, tienen árboles genéticos diferentes.

- **Los parientes genealógicos no siempre están genéticamente relacionados.** Los primos hermanos comparten vínculos tanto genéticos como genealógicos muy fuertes. Ambos descienden de abuelos compartidos y ambos han heredado parte del mismo ADN de estos abuelos compartidos. En cambio, es mucho menos probable que unos primos quintos tengan ADN en común, dado que quizá uno de ellos, o los dos, no ha heredado ADN del antepasado compartido. De hecho, hay una probabilidad de entre el 10 y el 30 % de que unos primos quintos compartan un segmento de ADN de su(s) antepasado(s) compartido(s).

- **La etnicidad es casi imposible de predecir.** Uno de los usos más populares de las pruebas del ADN autosómico es estimar la herencia étnica de un individuo, también conocida como «etnicidad» o «estimación biogeográfica»). El capítulo 9 está dedicado a este uso. Sin embargo, dado que un individuo no tiene *todo* el ADN de sus antepasados, no representa necesariamente toda la etnicidad de sus antepasados.

Cómo funciona la prueba

Las pruebas de ADN autosómico que actualmente ofrecen 23andMe, AncestryDNA y Family Tree DNA son pruebas de SNP, lo que significa que se muestrean cientos o miles de SNP –variación de los nucleótidos *A, T, C* y *G*– localizados en los 22 cromosomas autosómicos. Aunque la secuenciación de todo el ADN de un individuo (la llamada **secuenciación del genoma completo**) pronto será tan económica como las pruebas de SNP, hasta el momento su elevado precio ha impedido que estas compañías lo ofrezcan comercialmente. En el futuro es probable que los genealogistas genéticos compren la secuenciación del genoma completo en lugar de las pruebas de SNP.

Cuando la compañía de pruebas recibe la muestra de saliva del individuo a analizar, extrae el ADN y hace muchas copias. Luego la compañía utiliza el ADN amplificado para calcular el valor de los nucleótidos en cada una de las 700.000 posiciones o más en el ADN del individuo analizado. Los resultados de la prueba a menudo se muestran así:

rsID	Cromosoma	Posición	Resultado
rs3094315	1	752566	AA
rs12124819	1	776546	AG

Cada línea de la tabla representa un SNP en algún lugar del genoma del individuo analizado. «rsID» significa «Reference SNP cluster ID» y es una referencia general para un SNP. Las columnas «Cromosoma» y «Posición» revelan en qué parte del genoma se encuentra el resultado. Finalmente, la columna «Resultado» es el valor de los cromosomas paterno y materno en esa posición. Sin más información, sin embargo, no es posible determinar qué resultado es el cromosoma paterno y qué resultado es el cromosoma materno.

Como veremos a lo largo de este capítulo, los resultados de una prueba de ADN autosómico pueden tener varios usos importantes. Por ejemplo, los resultados se utilizan con mayor frecuencia para encontrar parientes genéticos, individuos que comparten un segmento de ADN con la persona que se hace la prueba.

Uso del ADN autosómico: encontrar parientes genéticos

Además de utilizar el ADN para superar obstáculos genealógicos, los investigadores a menudo utilizan el ADN para encontrar coincidencias genéticas entre los individuos analizados. Y aunque muchas compañías de pruebas hacen el trabajo pesado por ti, aún tendrás que considerar una serie de factores cuando intentes encontrar y confirmar parientes genéticos. En esta sección analizaremos algunos de los factores que influyen en si los dos individuos son parientes genéticos y te ayudaremos a analizar los parientes de ADN que proporciona cada compañía de pruebas.

Longitud mínima del fragmento

Cada compañía de pruebas ha establecido un umbral de longitud mínima del fragmento que debe coincidir para considerar que dos individuos de la base de datos de pruebas comparten ADN, y este umbral puede ser clave para interpretar tus resultados. Si el umbral se establece demasiado bajo, algunos de los individuos identificados por la compañía serán en realidad falsos positivos, lo que significa que ambos individuos no están emparentados ni tienen un antepasado común compartido que vivió hace unos miles de años. Si el umbral se establece demasiado alto, puede haber falsos negativos, lo que significa que los individuos analizados comparten suficientes segmentos de ADN para ser verdaderos parientes genéticos, pero se los excluye arbitrariamente de la lista de individuos que comparten su ADN.

Teóricamente, la compañía de pruebas debería identificar sólo a aquellos individuos que comparten un antepasado común en los últimos 300 o 400 años (lo que se puede llamar «período de tiempo de genealógico relevante») y excluir a todos aquellos que comparten un antepasado común de hace más de 500 años. Si bien el umbral de longitud mínima del fragmento ayuda a este objetivo, no es perfecto.

23ANDME

En 23andMe, dos individuos se identifican como coincidencia genética si comparten al menos un segmento de al menos 7 centimorgan (cM) y 700 polimorfismos de nucleótido único (SNP). Aparte del segmento inicial de 7 cM, se identifican otros segmentos adicionales como compartidos por los dos individuos si estos segmentos comparten al menos 5 cM y 700 SNP. Por lo tanto, si los resultados de ambos individuos en 23andMe muestran que sólo comparten un único segmento de 6,5 cM y 750 SNP, no se considerarán coincidencia genética, dado que el segmento no llega a los 7 cM necesarios.

Para el cromosoma X, en 23andMe hay diferentes umbrales dependiendo del sexo de ambos individuos analizados:

- Varón frente a varón: 1 cM y 200 SNP
- Mujer frente a varón: 6 cM y 600 SNP
- Mujer frente a mujer: 6 cM y 1.200 SNP

En particular, 23andMe tiene un límite fijo de aproximadamente 2000 parientes genéticos para cada individuo analizado. Este valor de 2000 significa que para muchos individuos analizados se excluyen coincidencias válidas de la lista de parientes genéticos. De acuerdo con una estimación de la ISOGG (**www.isogg.org/wiki/Identical_by_descent**), el límite fijo de 2000 parientes genéticos excluye nuevas coincidencias por debajo de aproximadamente 17 cM compartidos por la mayoría de individuos con ascendencia americana colonial.

ANCESTRYDNA

En AncestryDNA, dos individuos se identifican como coincidencia genética si comparten al menos un segmento de 5 cM. Se trata de un umbral relativamente bajo, y este umbral incrementa las posibilidades de que aquellos individuos identificados como coincidencias lejanas en AncestryDNA sean en realidad falsos positivos (lo cual, de nuevo, indicaría que el antepasado común se encuentra mucho más allá de un período de tiempo genealógicamente relevante).

FAMILY TREE DNA

En Family Tree DNA se identifica a dos individuos como una coincidencia genética si comparten al menos un segmento de al menos 5,5 cM, tal y como explica la propia compañía en la web (**www.familytreedna.com/learn/autosomal-ancestry/universal-dna-matching/geneticsharing-considered-match**). Otras evidencias sugieren que el umbral podría situarse aproximadamente en 7,7 cM y en al menos 500 SNP para el primer segmento, y en un total de al menos 20 cM compartidos (incluidos todos los segmentos cortos de coincidencia de entre 1 cM y 7 cM).

En el caso de la prueba del cromosoma X (ADN-X) en Family Tree DNA, el criterio es doble: los individuos tienen que cumplir con el umbral para el ADN autosómico y tienen que compartir un segmento de al menos 1 cM y 500 SNP. El requisito de compartir un segmento de ADN autosómico antes de comparar el ADN-X significa que hay falsos negativos; los individuos que comparten ADN-X pero no comparten ADN autosómico no serán identificados como parientes genéticos. Además, el umbral tan bajo de 1 cM y 500 SNP para la coincidencia de ADN-X significa que los individuos analizados darán falsos positivos: individuos identificados como que comparten ADN-X en un período de tiempo genealógicamente relevante pero que probablemente no es así.

ADN COMPARTIDO CON LOS HERMANOS

Quizá creas que las comparaciones de ADN entre hermanos son sencillas, pero –al igual que muchos tópicos en genealogía genética– la respuesta es más complicada.

La cantidad de ADN que comparten los hermanos plantea una importante distinción en genealogía genética. Los individuos que comparten ADN pueden ser medio idénticos o idénticos. Una región medio idéntica *(half-identical region, HIR)* es una parte del genoma en la que dos individuos comparten un segmento de ADN en sólo uno de los dos cromosomas. Recuerda, todo el mundo tiene dos copias de cada cromosoma y es posible compartir ADN con otro en una de estas copias o, en casos más raros, (como sucede con los hermanos), en ambas copias. En consecuencia, una región idéntica *(fully identical region, FIR)* es una región en la que ambos individuos comparten segmentos de ADN en ambas copias de sus dos cromosomas. La imagen compara segmentos compartidos HIR y FIR en un individuo; los segmentos en azul corresponden al ADN que comparte el individuo analizado con otro individuo analizado.

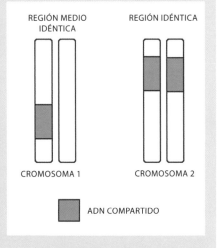

La mitad del ADN compartido por hermanos es de la HIR (1700 cM) y la mitad del ADN compartido por hermanos es de la FIR (850 cM, para un total de 1700 cM). La HIR y la FIR suman un total de 3400 cM. Sin embargo, 23andMe y Family Tree DNA sólo reportan la mitad del ADN de las FIR. Por lo tanto, estas compañías sólo informan de aproximadamente un 75 % de la cantidad real de ADN compartido por los hermanos.

En resumen, los hermanos son medio idénticos en el 50 % de su ADN (1700 cM) e idénticos en otro 25 % (850 cM).

Aunque estos umbrales de coincidencia se definen para maximizar la probabilidad de que los individuos identificados como que comparten un segmento de ADN son parientes genéticos recientes, es importante tener en cuenta que cada «lista de coincidencias» incluirá individuos que son falsos positivos. Por lo tanto, a menudo es mejor estrategia centrarse en aquellos individuos que comparten más ADN. Cuanto más largo sea el segmento compartido y más segmentos compartan los dos individuos, mayor será la probabilidad de que ambos individuos compartan un antepasado común reciente.

Probabilidad de compartir ADN

Como hemos comentado anteriormente, sólo un pequeño porcentaje de parientes genealógicos realmente comparten ADN. Transcurridas entre siete y nueve generaciones, el ADN no es heredado por todos los descendientes de una pareja ancestral. Además, no todos los descendientes de una pareja ancestral heredan los *mismos* fragmentos de ADN, incluso en la primera generación. En otras palabras, un tataranieto puede haber heredado un único fragmento de ADN de su tatarabuelo en el cromosoma 8, mientras que el único fragmento que ha heredado una tataranieta de ese mismo tatarabuelo está en el cromosoma 3. Aunque estos dos individuos son primos cuartos y ambos tienen ADN de sus antepasados compartidos, no tienen en común ningún segmento de ADN. Usando la terminología del capítulo 1 y de una sección anterior de este mismo capítulo, son parientes genealógicos, pero no parientes genéticos.

¿Cuál es la probabilidad de que los parientes genealógicos compartan el ADN? En el caso de parientes cercanos, la probabilidad es muy alta, pero disminuye rápidamente. Las tres compañías de pruebas han proporcionado la estimación de estas probabilidades:

	23andMe	AncestryDNA	Family Tree DNA
	<customercare.23and-me.com/hc/en-us/articles/202907230-The-probability-of-detecting-different-types-of-cousins>	<dna.ancestry.com/learn>	<www.familytreedna.com/learn/autosomal-ancestry/universal-dna-matching/probability-relative-share-enough-dna-family-finder-detect>
Más cercana que primos segundos	~100%	100%	>99%
Primo segundo	>99%	100%	>99%
Primo tercero	~90%	98%	>90%
Primo cuarto	~45%	71%	>50%
Primo quinto	~15%	32%	>10%
Primo sexto	<5%	11%	<5%

De acuerdo con estas estimaciones, queda prácticamente garantizado que los parientes de grado de primo segundo o más cercanos compartirán cantidades detectables de ADN. De hecho, nunca he tenido conocimiento de un caso confirmado en el que primos

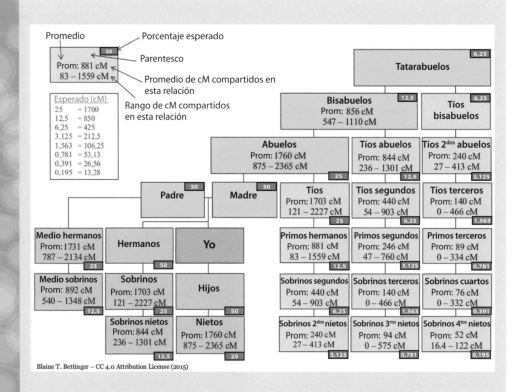

Promedio — Porcentaje esperado

Prom: 881 cM
83 – 1559 cM — Parentesco
— Promedio de cM compartidos en esta relación
— Rango de cM compartidos en esta relación

Esperado (cM)
25 = 1700
12,5 = 850
6,25 = 425
3,125 = 212,5
1,563 = 106,25
0,781 = 53,13
0,391 = 26,56
0,195 = 13,28

Tatarabuelos 6,25

Bisabuelos 12,5 **Tíos bisabuelos** 6,25
Prom: 856 cM
547 – 1110 cM

Abuelos **Tíos abuelos** **Tíos 2dos abuelos**
Prom: 1760 cM Prom: 844 cM Prom: 240 cM
875 – 2365 cM 236 – 1301 cM 27 – 413 cM
25 12,5 3,125

Padre 50 **Madre** 50 **Tíos** **Tíos segundos** **Tíos terceros**
Prom: 1703 cM Prom: 440 cM Prom: 140 cM
121 – 2227 cM 54 – 903 cM 0 – 466 cM
25 6,25 1,563

Medio hermanos **Hermanos** **Yo** **Primos hermanos** **Primos segundos** **Primos terceros**
Prom: 1731 cM Prom: 881 cM Prom: 246 cM Prom: 89 cM
787 – 2134 cM 83 – 1559 cM 47 – 760 cM 0 – 334 cM
25 50 12,5 3,125 0,781

Medio sobrinos **Sobrinos** **Hijos** **Sobrinos segundos** **Sobrinos terceros** **Sobrinos cuartos**
Prom: 892 cM Prom: 1703 cM Prom: 440 cM Prom: 140 cM Prom: 76 cM
540 – 1348 cM 121 – 2227 cM 54 – 903 cM 0 – 466 cM 0 – 332 cM
12,5 25 50 6,25 1,563 0,391

Sobrinos nietos **Nietos** **Sobrinos 2dos nietos** **Sobrinos 3ros nietos** **Sobrinos 4tos nietos**
Prom: 844 cM Prom: 1760 cM Prom: 240 cM Prom: 94 cM Prom: 52 cM
236 – 1301 cM 875 – 2365 cM 27 – 413 cM 0 – 575 cM 16.4 – 122 cM
12,5 25 3,125 0,781 0,195

Blaine T. Bettinger – CC 4.0 Attribution License (2015)

PROYECYO CM COMPARTIDO

El proyecto cM compartido (Shared cM Project) (**www.thegeneticgenealogist.com/2015/05/29/the-shared-cm-project**) es un proyecto de colaboración que empecé en 2015 para recopilar datos sobre ADN compartido en relaciones genealógicas conocidas hasta el grado de primo tercero. Aunque las tablas disponibles en ese momento (y reproducidas en este capítulo) muestran cuánto ADN compartido se puede esperar en estas relaciones, no hubo una fuente de información suficientemente buena acerca de cuánto ADN compartido se observa realmente en estas relaciones. Por este motivo, el proyecto pidió a los genealogistas que enviaran datos sobre su relación genealógica, incluida la cantidad total de ADN que compartían con un pariente y el segmento más grande de ADN compartido con ese pariente. Se enviaron más de 6000 relaciones y la información fue recopilada en tablas y la imagen mostrada aquí. Para cada relación se indica la siguiente información, basada en los datos enviados para dicha relación: (i) cantidad media de ADN compartido, (ii) menor cantidad compartida y (iii) mayor cantidad compartida.

Por ejemplo, se predice que los tíos segundos o los sobrinos segundos compartirán el 6,25 %, o 425 cM, de su ADN. De acuerdo con los datos enviados al proyecto (que consistió en 606 relaciones de tíos segundos y sobrinos segundos), tíos segundos y sobrinos segundos comparten una media de 440 cM, siendo la cantidad más baja comunicada de 54 cM y la más alta de 903 cM.

segundos no compartieran ADN. Esto significa que si unos primos segundos se hacen una prueba de ADN autosómico y no comparten ADN, es muy probable que se trate de un caso de evento de no paternidad. Para más información, lee mi artículo «Are There Any Absolutes in Genetic Genealogy?» (**www.thegeneticgenealogist.com/2015/04/13/ are-there-any-absolutes-in-genetic-genealogy**).

Cantidad de ADN compartido

La cantidad de ADN que comparten dos individuos también puede ayudar a determinar la relación genealógica que hay entre ellos, aunque no se trata de un predictor perfecto. Por ejemplo, si dos individuos que se hacen la prueba comparten 1500 cM de ADN, es probable que su relación sea de abuelo/abuela y nieto/nieta, de tío/tía y sobrino/sobrina, o de medio hermanos. En cambio, si los dos individuos comparten 75 cM de ADN, no quedará claro si la coincidencia es de primo tercero, de sobrino tercero o de tío tercero, o bien una relación más complicada (por ejemplo, primos dobles). Normalmente, la predicción de relaciones funciona mejor cuando la relación es de primo tercero o más cercana.

La siguiente tabla, adaptada de la wiki de la ISOGG (**www.isogg.org/wiki/Autosomal_DNA_ statistics**), proporciona la cantidad esperada de ADN compartido entre los individuos que tienen una relación identificada:

Porcentaje	cM compartido	Relación
50%	3400,00	Progenitores/hijos
50%	2550,00	Hermanos (*véase* el cuadro «ADN compartido con los hermanos»)
25%	1700,00	Abuelos/nietos; tíos/sobrinos; medio hermanos
12,5%	850,00	Bisabuelos/bisnietos; primos hermanos; tíos abuelos/sobrinos nietos; medio tíos/medio sobrinos
6,25%	425,00	Tíos segundos/sobrinos segundos
3,125%	212,50	Primos segundos
1,563%	106,25	Tíos terceros/sobrinos terceros
0,781%	53,13	Primos terceros

Es importante recordar que, sin otra información, resulta imposible decir si dos individuos comparten ADN por una relación de una línea, de dos líneas o de múltiples líneas. En el ejemplo siguiente, dos individuos comparten tres segmentos de ADN, 58,2 cM en total, y la compañía de pruebas predice que son primos terceros.

Segmento	Cromosoma	Start	Stop	cM
1	3	10725423	18905001	9,5
2	11	7561324	25779385	30,1
3	14	5037045	6709246	18,6

Sin embargo, uno de los individuos analizados ha hecho la prueba a ambos progenitores y ha visto que ese segmento 2 de la tabla lo comparte con su madre, mientras que los segmentos 1 y 3 los comparte con su padre. Por consiguiente, es probable que el individuo analizado esté relacionado más lejanamente con el otro individuo, aunque a través de múltiples líneas diferentes. Si este individuo no hubiese hecho la prueba a sus padres, hubiese resultado mucho más complicado determinar la naturaleza exacta de esta relación y hubiese sido fácil asumir que su relación era más cercana, de primos terceros.

Navegadores cromosómicos

Family Tree DNA y 23andMe son las únicas compañías de pruebas que ofrecen un **navegador cromosómico**, una herramienta que permite ver a los individuos analizados exactamente qué segmentos de ADN comparten con otro individuo. Los navegadores cromosómicos pueden aportar más información que la que aportan los cM y los SNP compartidos. De todos modos, ambos navegadores cromosómicos tienen un aspecto diferente y se pueden utilizar de maneras ligeramente diferentes.

FAMILY TREE DNA

En Family Tree DNA, un individuo que se hace la prueba puede utilizar la herramienta del navegador cromosómico para observar aquellos segmentos que comparte con un individuo con quien se ha predicho que comparte ADN (y por lo tanto se muestran en la lista «Family Finder – Matches», «Buscador de familias – Coincidencias»).

La imagen ⊙ muestra los cinco primeros cromosomas en el navegador cromosómico de Family Tree DNA, con el ADN compartido por un grupo de primos hermanos. Las formas en azul oscuro representan cada cromosoma y la imagen completa incluye todos los cromosomas, desde el 1 hasta el 22. Cada uno de los bloques naranjas representa un segmento compartido de ADN. Fíjate que los segmentos no se representan perfectamente a escala en el navegador cromosómico, por lo que evaluar el tamaño de los segmentos sólo basándose en su aspecto visual puede resultar engañoso. Aparte de mostrar los segmentos compartidos en los cromosomas 1-22, Family Tree DNA también muestra segmentos compartidos en el cromosoma X.

Cuando el individuo analizado desplaza el ratón por encima de un segmento, verá una ventana emergente que muestra el número de cromosoma, la posición de start (por ejemplo, 53.624.479), la posición de stop (por ejemplo, 96.298.324 en la imagen) y el tamaño total de ese segmento.

Toda la información sobre el ADN compartido, incluidos el número de cromosoma y las posiciones de start y stop para cada segmento, se puede descargar a una hoja de cálculo. Y descargar la información a una hoja de cálculo le revelará la misma información para todos los segmentos compartidos. La siguiente tabla proporciona una selección de algunos de los segmentos de los cinco primeros cromosomas que se muestran en la comparación de primos hermanos de Family Tree DNA (imagen ⊙):

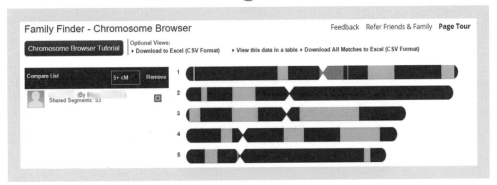

Family Tree DNA facilita a los usuarios un navegador cromosómico que te permite ver tu ADN con más detalle, desglosando tu ADN compartido por cromosoma.

Cromosoma	Posición de start	Posición de stop	cM	N.º de SNP correspondientes
1	165402360	190685868	22,36	5897
1	234808789	247093448	24,48	3789
2	39940529	61792229	21,54	6500
3	36495	10632877	25,72	4288
3	39812713	64231310	22,82	6100
4	140320206	177888785	39,99	7591
5	14343689	26724511	12.58	2499

23ANDME

En 23andMe, un individuo que se hace la prueba puede utilizar la herramienta del navegador cromosómico para observar aquellos segmentos que comparte con un individuo con quien «comparte genomas», lo que significa que ambos individuos han acordado compartir sus perfiles el uno con el otro. En 2016, 23andMe cambió completamente la experiencia de usuario con una interfaz de usuario renovada, nuevos gráficos y herramientas revisadas. El nuevo navegador cromosómico se encuentra en **you.23andme.com/tools/relatives/dna.** Allí, el usuario puede seleccionar dos individuos y comparar sus genomas.

La imagen **P** muestra los primeros diez cromosomas en el navegador cromosómico de 23andMe; se observa que los dos individuos comparten un total de dos segmentos. Las barras con el tramado gris representan cada cromosoma, mientras que cada uno de los bloques púrpura representa un segmento compartido de ADN. Al igual que con el navegador cromosómico de Family Tree DNA, los segmentos mostrados en el navegador de 23andMe no aparecen perfectamente a escala en el navegador cromosómico, por lo que evaluar el

El navegador cromosómico de 23andMe también permite una comparación
más detallada entre tu ADN y el ADN de tu ancestro.

tamaño de los segmentos únicamente por el aspecto visual puede ser engañoso. Aparte de mostrar los segmentos compartidos en los cromosomas 1-22, 23andMe también muestra los segmentos compartidos en el cromosoma X.

Si el individuo analizado clica sobre un segmento en el navegador cromosómico, verá una ventana emergente que muestra el número de cromosoma, las posiciones aproximadas de start y stop, el tamaño total de ese segmento y el número de SNP analizados en el segmento. Toda la información sobre el ADN compartido, incluidos el número de cromosoma y las posiciones de start y stop, se puede visualizar en una tabla o bien se puede descargar en una hoja de cálculo.

Análisis de parientes genéticos identificados por la compañía de pruebas

Cada una de las tres principales compañías de pruebas, 23andMe, AncestryDNA y Family Tree DNA, compara el ADN del individuo que se hace la prueba con el ADN del resto de los individuos guardados en la base de datos de la compañía. Si los dos conjuntos de ADN tienen un segmento con la misma secuencia y si la longitud de dicho segmento satisface los umbrales comentados anteriormente, los individuos se identificarán como parientes genéticos o «coincidencias».

Ten en cuenta que si bien las tres compañías y todas las herramientas de terceros utilizan la palabra «coincidencia» para referirse a dos o más individuos que se ha visto que comparten un segmento de ADN, la palabra «coincidencia» no significa necesariamente que dos individuos compartan un antepasado común reciente; por ejemplo, estos individuos pueden compartir ese segmento por casualidad o por un error de secuenciación o de interpretación.

En esta sección, comentaremos cómo evaluar cuidadosamente las «coincidencias» de cada compañía.

23ANDME

La lista de coincidencias en 23andMe se denomina «DNA Relatives» («Parientes de ADN») y muestra por orden los parientes genéticos más cercanos al individuo analizado, empezando por el individuo que comparte más ADN con el individuo analizado (Imagen Ⓠ).

A diferencia de AncestryDNA y Family Tree DNA, 23andMe tiene una barrera de privacidad predeterminada entre los individuos de la lista de parientes de ADN. Debido a esta barrera de privacidad, los individuos identificados como parientes genéticos no son revelados inmediatamente al individuo que se ha hecho la prueba. En vez de ello, el individuo analizado sólo verá el sexo de las personas identificadas, la relación predicha, el haplogrupo del ADNmt y el haplogrupo del ADN-Y (para varones). En el perfil de coincidencias anónimas, el individuo analizado encontrará el botón «Request to Share» («Solicitud para compartir»), que permite a los usuarios compartir datos genealógicos sólo si la coincidencia anónima verifica y acepta solicitudes para compartir.

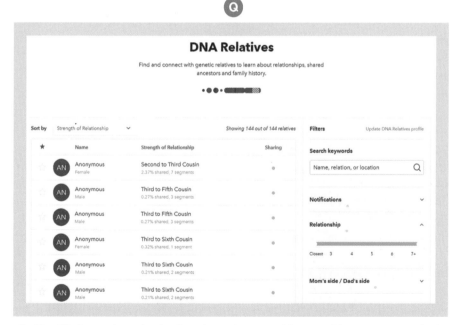

En 23andMe, los nombres y los detalles sobre parientes genéticos sugeridos se encuentran detrás de una barrera de privacidad. Para ver información de tu coincidencia, dicha coincidencia deberá aprobar una solicitud para compartir contigo sus datos genealógicos.

El individuo analizado también puede enviar un mensaje a las coincidencias anónimas clicando sobre la coincidencia y utilizando el cuadro de mensajes en la columna de la derecha del perfil. Otra manera de comunicarse con el pariente genético es enviando una comunicación personalizada, como un árbol genealógico *online* donde la coincidencia pueda obtener más información.

Dado el tamaño de la base de datos de 23andMe, la mayoría de las personas con ascendencia europea tendrán un número significativo de coincidencias genéticas, la mayoría de lugares coloniales como Estados Unidos, Canadá, Australia y Nueva Zelanda. Además, más recientemente, cada vez más individuos piden analizar su ADN desde Irlanda y el Reino Unido. En cambio, es probable que los individuos con ascendencia mayoritariamente asiática y africana encuentren muchos menos parientes genéticos, ya que las personas de esas regiones del planeta no han pedido pruebas genéticas generalizadas.

ANCESTRYDNA

En AncestryDNA, la «lista de coincidencias» se llama «DNA Matches» («Coincidencias de ADN») y no tiene un límite específico. Los parientes genéticos se listan en orden, comenzando por el individuo que comparte más ADN con la persona analizada. En el ejemplo de la imagen ®, la coincidencia más cercana con la persona analizada es un primo hermano.

Verás información relevante para cada coincidencia, incluidos el nombre de usuario, el grado de relación, el último inicio de sesión e información sobre si el individuo tiene un árbol genealógico vinculado a su cuenta. Al clicar sobre un nombre de usuario, se mostrará su perfil de usuario. Si el usuario tiene un árbol genealógico asociado con su prueba de ADN, sus parientes genéticos podrán revisar el árbol genealógico para buscar apellidos o lugares en común.

Si el individuo analizado tiene un árbol genealógico *público* asociado con los resultados de la prueba de ADN, AncestryDNA comparará ese árbol con el árbol de coincidencias genéticas para tratar de encontrar antepasados comunes. Si un potencial antepasado común que es lo suficientemente similar se identifica en los dos árboles, el pariente genético tendrá una *shaky leaf hint*.[5] Estas *shaky leaf hints* son raras y por lo general suelen ser más exitosas con árboles familiares más grandes y completos. Las sugerencias compartidas deben revisarse como eso, sugerencias, y no como una prueba o una evidencia de una relación. ¡El hecho de que dos individuos compartan ADN y compartan un antepasado común no necesariamente significa que el ADN compartido tenga que provenir de este antepasado compartido!

Al igual que sucede en 23andMe, los individuos que se hacen la prueba con antepasados europeos tendrán un número significativo de coincidencias genéticas identificadas en la lista. De todos modos, AncestryDNA se está publicitando activamente en países como Canadá, Australia y el Reino Unido (y está pensando entrar en otros mercados), y por lo tanto las bases de datos se ampliarán con individuos procedentes de otras regiones del mundo.

La página de coincidencias sugeridas de AncestryDNA se vincula directamente con los árboles genealógicos de los individuos, lo que te permite comparar y evaluar la historia familiar de una posible coincidencia para determinar si realmente estás relacionado con dicha coincidencia.
Se han borrado los nombres de las coincidencias por privacidad.

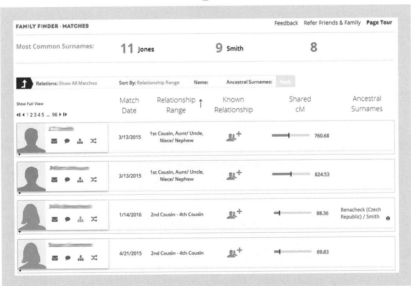

El «Family Finder – Matches» («Buscador de familias – Coincidencias») de Family Tree DNA te permite ver coincidencias genéticas con los usuarios con los que compartes más ADN arriba.
Se han borrado los nombres de las coincidencias por privacidad.

Family Tree DNA proporciona información específica sobre coincidencias, como por ejemplo cuántos cM de ADN comparten, el nombre y el apellido del individuo en su perfil (en negrita si un apellido coincide con el tuyo) y (en el caso de los varones) un haplogrupo de ADN-Y. Se han borrado los nombres de las coincidencias por privacidad.

FAMILY TREE DNA

En Family Tree DNA, la «lista de coincidencias» se llama «Family Finder – Matches» («Buscador de familias – Coincidencias») y, al igual que sucede en AncestryDNA, no tiene un límite específico. Los parientes genéticos se listan por orden, empezando por el individuo que comparte más ADN con el individuo analizado. En la imagen **S**, las coincidencias más cercanas del individuo analizado son sus dos nietos.

Family Tree DNA aporta una gran cantidad de información sobre cada pariente genético, especialmente si el pariente genético ha añadido determinados datos o un árbol genealógico al perfil de miembro. En la imagen **T**, se predice que el pariente genético será un primo de segundo a cuarto grado y que los dos comparten un total de 48,80 cM, de los cuales el segmento más largo mide 30,76. El usuario tiene algunos apellidos en su perfil (que aparecerán en negrita si coinciden con los apellidos que figuran en el perfil de otro individuo analizado) que pueden revisarse rápidamente al pasar el cursor por encima. Además, este usuario se ha hecho la prueba de ADN-Y y su haplogrupo de ADN-Y es R-M269 (su SNP terminal).

Al clicar sobre el nombre de usuario de un pariente genético en la lista de coincidencias, se abre una ventana emergente que aporta aún más información (si el usuario ha llenado estos campos), como los haplogrupos de ADN-Y y ADNmt, los ancestros paterno y materno más lejanos conocidos, y (lo que es más importante para la comunicación y la colaboración) una dirección de correo electrónico para poder contactar con la coincidencia.

La base de datos de Family Tree DNA está compuesta en gran parte por individuos analizados de Estados Unidos, Canadá, el Reino Unido y Australia, aunque (como sucede con las otras dos compañías) incluye personas de todo el mundo.

Uso de ADN autosómico: herramientas «In Common With»

Una de las herramientas más importantes de AncestryDNA y Family Tree DNA es la herramienta In Common With (ICW, «En común con»). Estas herramientas permiten a un individuo analizado ver cuáles de sus parientes genéticos identificados son comunes con una persona de la lista de coincidencias.

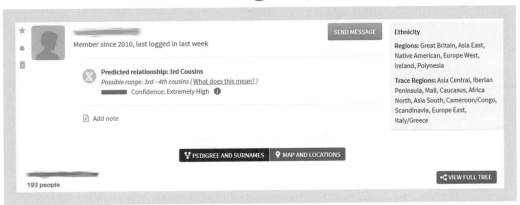

La herramienta Shared Matches («Coincidencias compartidas») de AncestryDNA te permite ver a otros usuarios que tengan coincidencias de ADN en común contigo y además predice una relación con un intervalo de confianza. Se ha borrado el nombre de este usuario por privacidad.

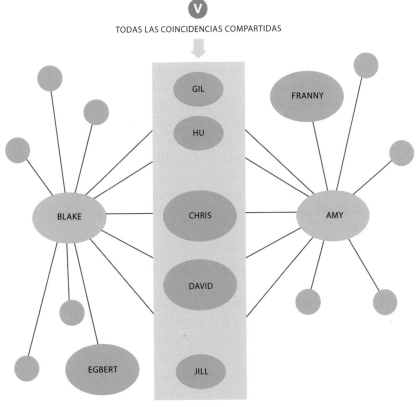

TODAS LAS COINCIDENCIAS COMPARTIDAS

Moverse por una red de coincidencias compartidas puede resultar complicado. Crear un diagrama de este estilo te puede ayudar a ordenar qué ancestros tenéis en común tú y otro individuo analizado en AncestryDNA.

AncestryDNA: Shared Matches

La herramienta ICW se llama Shared Matches («Coincidencias compartidas») y se accede a ella a través del botón «Shared Matches» en el perfil de un pariente genético (imagen **U**).

Esta herramienta tiene una importante limitación: sólo funciona para primos cuartos o más cercanos. En otras palabras, para que se muestre una coincidencia compartida, esta tiene que ser un primo cuarto o más cercano tanto del individuo que se hace la prueba como del pariente genético con quien el individuo está buscando coincidencias compartidas.

Pongamos un ejemplo. Supongamos que el individuo que se hace la prueba, Blake, tiene una tía abuela llamada Amy que se ha hecho una prueba en AncestryDNA. Blake ve a Amy en su lista de coincidencias, por lo que clica en el botón «View Match» («Ver coincidencia») para ver el perfil de Amy. Una vez allí, clica en el botón «Shared Matches» («Coincidencias compartidas») para ver las coincidencias de ADN que comparte con Amy. Obtiene una lista que incluye un tercer pariente genético identificado, Chris. Para poder aparecer en esta lista, tiene que satisfacer dos criterios: Chris tiene que ser un primo cuarto o más cercano de Blake y tiene que ser un primo cuarto o más cercano de Amy. Si Chris es un familiar lejano de Amy, no aparecerá en la lista de coincidencias compartidas aun cuando sea una coincidencia compartida con Amy y Blake.

En la imagen **V**, que se basa en el mismo ejemplo, tanto Blake como Amy tienen diversas coincidencias. Algunas de estas coincidencias se ponen en común, como se muestra en la región destacada en gris. De éstos, únicamente Chris y David son familiares de cuarto grado o más cercano tanto de Blake como de Amy, por lo que únicamente Chris y David aparecerán en la lista de coincidencias compartidas. Si bien (basándose en otras evidencias genealógicas) Blake y Amy también comparten a Gil, Hu y Jill, todas ellas son coincidencias más distantes y no se mostrarán en la lista de coincidencias compartidas. Aparte, coincidencias cercanas como Franny y Egbert tampoco aparecerán en la lista de coincidencias compartidas porque son coincidencias que no las comparten ambos. Evidentemente, los genealogistas sólo pueden usar muy raras veces la ausencia de una coincidencia en un grupo ICW como evidencia.

Family Tree DNA: las herramientas ICW y Matrix

Family Tree DNA ofrece dos herramientas ICW. La primera es la herramienta Common Matches («Coincidencias comunes»), a la que se puede acceder clicando la flecha doble de debajo del nombre de usuario de una coincidencia genética identificada. Esto proporcionará una lista de todos los individuos de la lista de coincidencias genéticas que comparten ADN tanto con el individuo analizado como con el individuo sobre el que se ha clicado en la doble flecha. A diferencia de AncestryDNA, no hay restricción en la predicción de la relación genética, por lo que en esta lista se identificarán todas las coincidencias entre los dos individuos comparados.

La segunda herramienta ICW de Family Tree DNA es la herramienta Matrix (imagen **W**). Esta herramienta le permite al individuo que se hace la prueba seleccionar hasta diez de sus parientes genéticos identificados y comparar su ADN autosómico común en una matriz.

FAM♦LY F♦NDER - MATRIX BETA   Feedback   Refer Friends & Family

The **Family Finder Matrix** page allows you to select up to 10 people and compare their Family Finder relationships in a grid (matrix).

The page defaults to two lists:
- Matches: These are Family Finder matches who can be added to the grid.
- Selected Matches: These are Family Finder matches who are currently included in the grid.

Add matches to the matrix by clicking a name or names on the Matches list and then clicking the Add button. Remove matches from the matrix by clicking a name or names in the Selected Matches list and then clicking the Remove button. The grid displays under the list as you begin to add matches to the Selected Matches list. The grid shows those who share a genetic relationship according to Family Finder results with a white check mark on a blue background. When two matches do not match each other, the grid shows a blank white square.

Matches   **Selected Matches**

[Add »]   [Move Up]
[« Remove] [Move Down]

La herramienta Matrix de Family Tree DNA permite que los usuarios seleccionen coincidencias y comparen su ADN compartido en una tabla. Se han borrado los nombres de las coincidencias por privacidad.

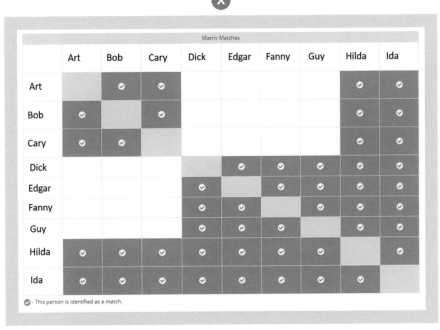

Matrix Matches	Art	Bob	Cary	Dick	Edgar	Fanny	Guy	Hilda	Ida
Art		✓	✓					✓	✓
Bob	✓		✓					✓	✓
Cary	✓	✓						✓	✓
Dick					✓	✓	✓	✓	✓
Edgar				✓		✓	✓	✓	✓
Fanny				✓	✓		✓	✓	✓
Guy				✓	✓	✓		✓	✓
Hilda	✓	✓	✓	✓	✓	✓	✓		✓
Ida	✓	✓	✓	✓	✓	✓	✓	✓	

✓ · This person is identified as a match.

Los individuos analizados pueden obtener mucha información de los datos de la matriz que genera la herramienta Matrix de Family Tree DNA. En esta matriz, las coincidencias que coinciden tanto con el individuo analizado como con cada uno de los demás se indican en azul. Fíjate en que algunos individuos «se agrupan», lo que sugiere que están relacionados entre sí y no necesariamente con las otras coincidencias.

En el siguiente ejemplo (imagen ⓧ), John, el individuo que se hace la prueba, ha añadido ocho individuos a la herramienta Matrix. Por cómo se agrupan los individuos, la herramienta revela tres patrones distintos. En un primer grupo aparecen Art, Bob y Cary, lo que significa que John se identifica como una coincidencia genética con Art, Bob y Cary, todos los cuales se identifican como coincidencias genéticas entre sí. El segundo grupo lo componen Dick, Edgar, Fanny y Guy. Y en el tercero, Hilda e Ida tienen ADN en común con John, Art, Bob, Cary, Dick, Edgar, Fanny y Guy. En este ejemplo concreto, Hilda e Ida son hijas de John, por lo que no debe sorprender que coincidan con todos en esta lista.

Ten en cuenta que esto no significa que todos los individuos de una matriz compartan un antepasado común con todos los demás miembros, ya que hay escenarios en los que un individuo analizado compartirá antepasados comunes con algunos individuos, pero no con otros. Por ejemplo, si John y Art comparten un antepasado común, mientras que John, Bob y Cary comparten un antepasado diferente, podría suceder que Art compartiera aún otro ancestro, que no está relacionado con John, con Bob y Cary.

Limitaciones de las herramientas ICW

Las personas no necesariamente comparten un antepasado común sólo porque el antepasado aparece en una herramienta ICW. En el siguiente ejemplo (imagen ⓨ), George hace un análisis de ICW en AncestryDNA y en Family Tree DNA para una coincidencia gené-

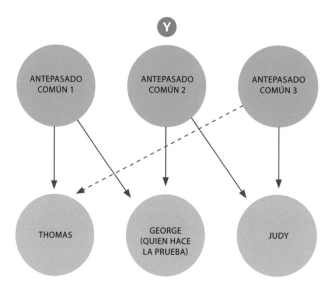

Las coincidencias compartidas pueden resultar engañosas. Tres individuos pueden compartir coincidencias, pero no necesariamente los tres comparten el mismo antepasado común, como sucede en este ejemplo.

tica identificada. George descubre que él y Thomas tienen en común una tercera coincidencia identificada: Judy. George se siente emocionado y concluye que los tres comparten un mismo antepasado común. Sin embargo, ha llegado a una conclusión inexacta.

De hecho, George y Thomas comparten el Antepasado común 1, mientras que George y Judy comparten el Antepasado común 2. Pero George no puede determinar sólo con las herramientas ICW si Thomas y Judy comparten el Antepasado común 1, el Antepasado común 2 o, como en este caso, un Antepasado común 3 completamente diferente. Fíjate que George no comparte el Antepasado común 3 con Judy ni con Thomas. Se necesitará más información para confirmar la hipótesis de George. Por ejemplo, si los tres individuos analizados tienen en común un mismo segmento de ADN, podría ser una evidencia más sólida de la conclusión de George. Como alternativa, George puede comparar los árboles genealógicos de los tres y descubriría la situación descrita arriba.

Otros usos de la prueba del ADN autosómico

Los genealogistas utilizan los resultados de la prueba del ADN autosómico para dos propósitos principales: la búsqueda de parientes (que ya hemos analizado en profundidad) y el análisis de etnicidad. Las estimaciones de etnicidad que proporcionan las compañías de pruebas intentan clasificar el ADN del individuo analizado por continentes o regiones. Aunque estas estimaciones son notoriamente pobres, pueden tener aplicaciones genealógicas, en especial si la pregunta de investigación afecta a un ancestro reciente de una etnia distinta. Por ejemplo, encontrar numerosos segmentos de ADN que la compañía de pruebas identifica como «africanos» puede respaldar la hipótesis de un antepasado reciente de ascendencia africana. En el capítulo 9 analizaremos más detalladamente las estimaciones de etnicidad.

Aparte de la búsqueda de coincidencias y el análisis de etnicidad, los resultados de la prueba de ADN autosómico pueden tener otras aplicaciones. Por ejemplo, los genealogistas utilizan las coincidencias y los árboles genealógicos para «mapear» o asignar segmentos de su ADN a sus antepasados. Si Aaron y Brenda saben que comparten un segmento en el cromosoma 7 y rastrean ese segmento hasta su bisabuelo Marshall, pueden asumir razonablemente que ese segmento del cromosoma 7 proviene de su bisabuelo. Por lo tanto, cuando las coincidencias genéticas futuras compartan ese segmento con ellos, sabrán que deben revisar la línea de su bisabuelo para encontrar un antepasado común.

Los genealogistas están comenzando a reconstruir fragmentos del genoma de un antepasado utilizando el ADN autosómico. Para ello, analizan el ADN de varios descendientes de un antepasado, quienes es poco probable que tengan ascendencia por otras líneas que no sean las de ese antepasado. Por lo tanto, los genealogistas presuponen que los segmentos de

ADN que comparten esos descendientes proceden del antepasado compartido y se pueden unir para reconstruir fragmentos del genoma de ese antepasado. Se pueden identificar más fragmentos del ADN del antepasado a medida que se analizan más descendientes.

Algunos genealogistas también utilizan los resultados de las pruebas de ADN autosómico para informarse sobre su estado de salud y su propensión a ciertas enfermedades y afecciones. Aunque la conexión entre el ADN y la salud aún no se comprende del todo bien –y lo que conocemos sugiere que el ADN desempeña un papel más pequeño en la mayoría de las afecciones de lo que se había predicho–, es posible analizar el ADN de un individuo con propósitos de salud. 23andMe, por ejemplo, proporciona a los individuos analizados información sobre su salud como parte de la prueba de ADN autosómico. Además, hay otras herramientas externas que analizan los datos del ADN sin tratar y proporcionan un informe sobre la propensión a determinados problemas de salud.

Éstos son sólo algunos de los potentes usos del ADN autosómico, y habrá más a medida que más personas se hagan la prueba del ADN autosómico y las compañías de pruebas y los programadores independientes desarrollen nuevas y mejores herramientas.

CONCEPTOS BÁSICOS: FUNDAMENTOS DE LA GENEALOGÍA GENÉTICA

El ADN autosómico se refiere a los 22 pares de cromosomas, llamados autosomas, que se encuentran en el núcleo de la célula.

Un niño hereda el 50% del ADN autosómico del padre y el 50% del ADN autosómico de la madre.

La prueba del ADN autosómico se hace analizando cientos de miles de SNP a lo largo de los 22 pares de cromosomas.

Los resultados de la prueba se utilizan para buscar parientes genéticos estimando cuántas generaciones han transcurrido desde que dos coincidencias compartieron un antepasado común. Cuanto más estrecha sea una relación, más precisa será la estimación.

No todos los parientes genealógicos compartirán ADN autosómico. Se espera que familiares con un grado de primo segundo o más cercano compartan ADN. Más allá de una relación de primo segundo, la probabilidad de compartir ADN con un familiar disminuye rápidamente.

Cada una de las compañías que analizan el ADN autosómico (23andMe, AncestryDNA y Family Tree DNA) utiliza los resultados de las pruebas de ADN autosómico para estimar la etnicidad y encontrar parientes genéticos. Cada una de las compañías ofrece herramientas para analizar los resultados de las pruebas y conectarse con los parientes genéticos.

Los resultados de las pruebas de ADN autosómico pueden ser muy útiles para examinar cuestiones genealógicas específicas, tales como si dos individuos comparten un antepasado reciente.

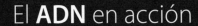

El **ADN** en acción

¿Cuál es la relación?

El genealogista Allen, de 25 años, ha hecho que las tres compañías de pruebas analizaran su ADN auto-sómico. Periódicamente accede a sus cuentas para comprobar nuevas coincidencias, y cuando entra en Family Tree DNA descubre una nueva coincidencia cercana con el nombre de usuario «NYgreen3». Esta coincidencia comparte 1025 cM con Allen y predice que son «primos hermanos, medio hermanos, abuelo y nieto, o tío y sobrino». Allen no reconoce el nombre de usuario ni la dirección de correo electrónico asociado con la cuenta, ni ninguna otra información aportada. La herramienta de coincidencias compartidas revela que NYgreen3 coincide con familiares maternos de Allen, en especial con los del linaje de su abuela materna.

Para descubrir cómo podría estar relacionado NYgreen3 con él, Allen recurre a la página de estadísticas de la ISOGG (**www.isogg.org/wiki/Autosomal_DNA_statistics**), que proporciona una tabla de la cantidad esperada de ADN compartido entre aquellos individuos que tienen determinadas relaciones genealógicas. A continuación se muestran las filas relevantes de la tabla:

Porcentaje	cM compartidos	Relación
25 %	1.700	Abuelos/nietos; tíos/sobrinos; medio hermanos
12.5 %	850	Bisabuelos/bisnietos; primos hermanos; tíos abuelos/sobrinos nietos; medio tíos/medio sobrinos
6.25 %	425	Tíos segundos/sobrinos segundos

Según esta tabla y los 1025 cM compartidos por las coincidencias genéticas, NYgreen3 está muy cerca del 12,5 %, y por lo tanto puede predecir que se trata de su bisabuelo, de un primo hermano, de un tío abuelo, de un sobrino nieto, de un medio tío o de un medio sobrino. Sin embargo, sin más información Allen no puede determinar la relación exacta, ni tan siquiera su sexo.

Allen logra contactar con el individuo y descubre que NYgreen3 es un varón de 75 años, y adoptado. Los 50 años de diferencia entre Allen y NYgreen3 (cuyo nombre real es Joseph) sugiere que no se trata de un primo hermano ni de un medio tío. También es poco probable que se trate de su bisabuelo, ya que se encontraba en un país diferente cuando los abuelos maternos de Allen fueron concebidos. Por lo tanto, esto sugiere que Joseph es probablemente el tío abuelo de Allen, el hermano de su abuela materna. De hecho, investigaciones adicionales muestran que Joseph fue criado cerca de la ciudad donde nació la abuela de Allen, lo que arrojó luz sobre los árboles genealógicos de Allen y de Joseph, y probablemente alimentó una nueva conexión familiar importante.

¿Era nativa americana?

Como muchas otras familias de Estados Unidos, en especial aquéllas con antepasados coloniales, la familia Cornwall tiene una larga tradición oral de un antepasado nativo americano. Andrea Cornwall está interesada en la genealogía y le pregunta a su abuelo paterno Caleb Cornwall sobre este antepasado. Él le explica que, según la tradición familiar, esta antepasada nativa americana salvó a su abuelo Cornwall de la muerte y luego se casó con él y tuvieron dos hijos.

A Andrea le gustaría confirmar –o rechazar– esta historia utilizando la prueba del ADN. Hace una pequeña investigación y descubre que su tatarabuela, la nativa americana según la leyenda familiar, se llamaba Abigail y murió joven durante el parto mientras daba a luz al padre de Caleb.

Por desgracia, dado que este antepasado no es ni un antepasado directo ni del ADN-Y ni del ADN mitocondrial, Andrea sólo puede hacer una prueba del ADN autosómico de su abuelo Caleb, de su madre Susan (la hija de Caleb) o de ella misma. Como Caleb tendrá más del ADN autosómico de su abuela, Andrea le pide que se someta a una prueba de ADN. Si Abigail era realmente una nativa americana como cuenta la leyenda familiar, entonces el ADN de Caleb debería reportar un porcentaje significativo de ADN nativo americano *(a priori,* hasta un 25 %, ya que aproximadamente el 25 % de su ADN provendrá de Abigail).

Cuando la compañía de pruebas le envía los resultados, Caleb recibe la siguiente estimación de etnicidad junto con su lista de coincidencias:

Etnicidad	Porcentaje
Africana	0 %
Asiática	0 %
Europea	97,5 %
Nativa americana	2,5 %

Según los resultados, es poco probable que Andrea fuera nativa americana, ya que el porcentaje de ascendencia nativa americana de Caleb es muy bajo. Pudo haber tenido antepasados nativos americanos, pero se necesitarán pruebas adicionales para examinar esta posibilidad.

7

Prueba del ADN del cromosoma X (ADN-X)

¿Qué significa compartir ADN del cromosoma X (ADN-X) con una coincidencia? Una de las ventajas más poderosas del ADN-Y y del ADNmt es que siempre sabes exactamente qué antepasado del árbol genealógico aportó ese fragmento de ADN. En cambio, en el caso del ADN autosómico, cualquiera de tus antepasados puede haber aportado un segmento de ADN. El ADN-X cae entre ambos extremos; si bien hay muchos antepasados que podrían haber contribuido a tu ADN-X, sólo constituyen un pequeño subconjunto de todo tu árbol genealógico. Por lo tanto, compartir ADN-X con una coincidencia significa que sólo tienes que buscar el antepasado común en ese subconjunto de tu árbol genealógico. En este capítulo estudiaremos el ADN-X y aprenderemos a utilizarlo para explorar la ascendencia común con tus coincidencias genéticas.

El cromosoma X

El cromosoma X (imagen Ⓐ) es uno de los 23 pares de cromosomas presentes en el núcleo celular y es uno de los dos cromosomas sexuales; el otro es el Y, que, como recordarás, se encuentra únicamente en los hombres. A diferencia del ADN-Y, tanto hombres como mujeres tienen ADN-X. Las mujeres tienen dos cromosomas X, uno heredado sin cambios de su padre y otro heredado de su madre; en cambio, los hombres tienen un solo cromosoma X, heredado de su madre.

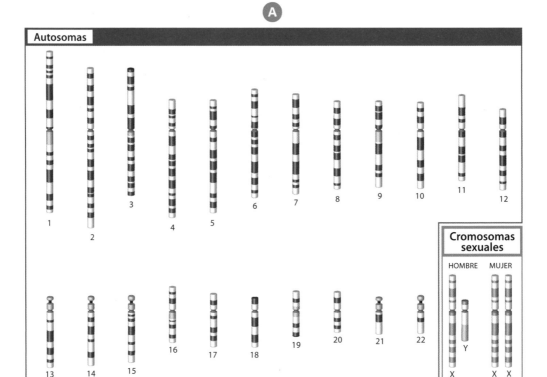

Autosomas

1 2 3 4 5 6 7 8 9 10 11 12

13 14 15 16 17 18 19 20 21 22

Cromosomas sexuales

HOMBRE MUJER

Y

X X X

Los cromosomas X e Y, los cromosomas sexuales, pueden aportar una información muy valiosa a los genealogistas. Fíjate que sólo se muestra una copia de cada uno de los cromosomas autosómicos; en realidad, cada persona tiene dos copias de cada uno de los 22 autosomas. Cortesía de Darryl Leja, National Human Genome Research Institute.

El cromosoma X es un cromosoma relativamente grande, de unos 150 millones de pares de bases, y contiene unos 2000 de los aproximadamente 20.000-25.000 genes presentes en todo el genoma humano.

La herencia única del ADN-X

Al igual que el ADNmt y el ADN-Y, el ADN-X tiene un patrón de herencia único que lo hace muy valioso para las pruebas de genealogía genética. Una madre *siempre* transmite un cromosoma X a todos sus hijos, ya sean hombres o mujeres. En cambio, un padre sólo transmitirá su cromosoma X a sus hijas. Como resultado de ello, un padre y un hijo siempre interrumpen la transmisión del ADN-X en un árbol genealógico.

Una mujer tiene dos cromosomas X: una copia que recibió de su madre y una copia que recibió de su padre. Si una mujer tiene hijos, transmitirá un cromosoma X, aunque esta herencia puede dar lugar a varios escenarios diferentes basándose en eventos aleatorios durante la creación del óvulo. A veces, una madre transmite a su hijo y sin ningún cambio la copia del cromosoma X que recibió de su padre o de su madre; en este caso, el niño compartirá el ADN-X con un solo abuelo materno. Otras veces, la madre recombinará las dos copias del cromosoma X y la copia que transmite a su hijo será una mezcla de ambos; en este caso, el niño compartirá al menos algo de ADN-X con ambos abuelos maternos. Ambos casos son igualmente posibles.

Un padre, en cambio, siempre transmite el cromosoma X sin recombinación. Aunque a veces los extremos del cromosoma X y del cromosoma Y se recombinan, estas regiones del cromosoma Y no se utilizan para buscar coincidencias genéticas. Así pues, el niño sólo compartirá ADN-X con la abuela paterna. Un niño sólo compartirá ADN-X con un abuelo paterno de manera indirecta, a través de otras líneas del árbol genealógico.

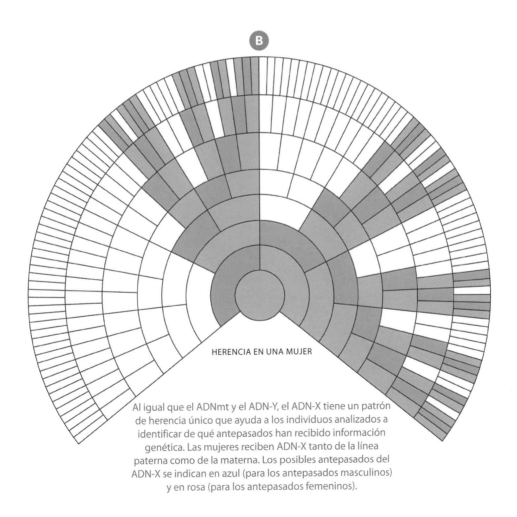

HERENCIA EN UNA MUJER

Al igual que el ADNmt y el ADN-Y, el ADN-X tiene un patrón de herencia único que ayuda a los individuos analizados a identificar de qué antepasados han recibido información genética. Las mujeres reciben ADN-X tanto de la línea paterna como de la materna. Los posibles antepasados del ADN-X se indican en azul (para los antepasados masculinos) y en rosa (para los antepasados femeninos).

La imagen **B** muestra las posibles fuentes de ADN-X dentro del árbol genealógico de una mujer. Este árbol resigue el camino posible del ADN-X de una mujer a través de siete generaciones, hasta los hexabuelos. En esa generación, un individuo tiene 128 antepasados como máximo (menos si hay matrimonios entre parientes). De esos 128 antepasados, una mujer tendrá 34 potenciales contribuyentes (13 hombres y 21 mujeres) en sus dos cromosomas X. Dado que se trata de una tabla para una mujer que ha heredado ADN-X de su padre y de su madre, hay posibles fuentes de ADN-X a ambos lados de su árbol genealógico: las posibles fuentes masculinas de ADN-X están resaltadas en azul, mientras que las posibles fuentes femeninas de ADN-X están resaltadas en rosa.

Ten en cuenta que, aunque la tabla muestra las posibles fuentes de ADN-X en el árbol genealógico de una mujer, las fuentes reales del ADN-X de la mujer serán un pequeño sub-

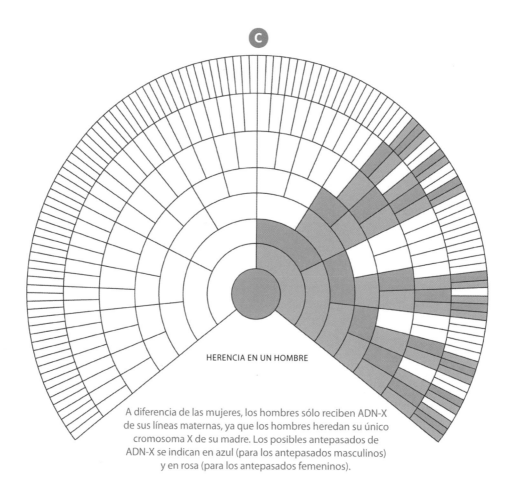

HERENCIA EN UN HOMBRE

A diferencia de las mujeres, los hombres sólo reciben ADN-X de sus líneas maternas, ya que los hombres heredan su único cromosoma X de su madre. Los posibles antepasados de ADN-X se indican en azul (para los antepasados masculinos) y en rosa (para los antepasados femeninos).

conjunto de las celdas marcadas. Por ejemplo, si la mujer heredó de su madre el cromosoma X de su abuelo materno, nadie de la familia de su abuela materna le aportó ADN-X.

La imagen **C** muestra las posibles fuentes de ADN-X en el árbol genealógico de un hombre. Las posibles fuentes masculinas de ADN-X se destacan en azul, mientras que las posibles fuentes femeninas de ADN-X se destacan en rosa. Dado que el hombre heredó el cromosoma X de su madre, el ADN-X sólo puede provenir de los antepasados de su madre. Por ejemplo, de los 128 antepasados que hay en la séptima generación, sólo 21 de ellos (8 hombres y 13 mujeres) pudieron proporcionar ADN-X al hombre. Al igual que en el árbol anterior, las fuentes reales de ADN-X serán un pequeño subconjunto de las celdas resaltadas.

Al igual que con cualquier cromosoma autosómico aislado, el hecho de que una mujer pueda transmitir el cromosoma X con o sin recombinación significa que compartir el ADN-X con las generaciones anteriores puede tomar muchas formas diferentes. La imagen **D** muestra la herencia del ADN-X a través de tres generaciones de una familia en la que el cromosoma X se recombinó o no antes de transmitirse a la siguiente generación.

Seguir el ADN-X a través de este esquema hasta los cuatro nietos plantea varias observaciones interesantes con respecto a la herencia del ADN-X:

1. El abuelo paterno, David, no tiene hijas en este esquema, y por lo tanto su ADN-X (indicado en azul) no se transmitió a ningún descendiente en este árbol de tres generaciones.

2. El abuelo materno, Nathan, sólo tiene una copia del cromosoma X, y por lo tanto le pasó esa única copia (indicada en rojo) sin ningún cambio a su hija Susan.

3. La abuela paterna, Justine, transmitió una copia de sus cromosomas X sin recombinación (indicada en verde). Por lo tanto, Benji recibió un cromosoma completo de su abuelo materno o de su abuela materna (es decir, de uno de los padres de Justine).

4. Las dos copias del cromosoma X de la abuela materna, Cara, se recombinaron antes de transmitir una copia a su hija, Susan. Por lo tanto, Susan tiene ADN-X de tres de sus cuatro abuelos (de la madre de Nathan y de los dos progenitores de Cara).

5. Benji sólo tiene un cromosoma X, y por lo tanto transmitió esa única copia sin cambios a sus dos hijas, Ann y Donna.

6. Los hermanos Philip y Ann recibieron cada uno un cromosoma X de su madre sin recombinación, mientras que los hermanos Rich y Donna recibieron cada un cromosoma X recombinado de su madre.

7. Las hermanas Ann y Donna comparten un cromosoma X completo. Éste siempre será el caso de las hermanas (carnales), dado que siempre reciben el mismo cromosoma X de su padre.

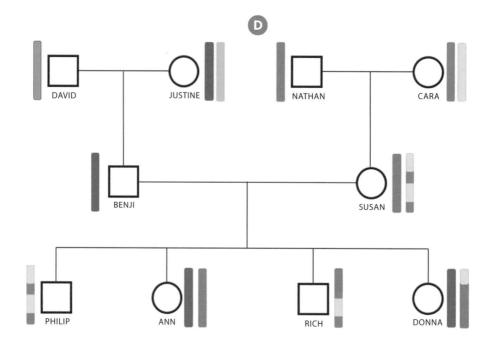

La recombinación (además de los patrones de herencia del ADN-X) puede afectar drásticamente qué ADN-X se hereda a lo largo de las generaciones. Los colores sólidos representan el ADN-X que no se ha recombinado, por lo que ha pasado a la siguiente generación sin cambios. Ten presente que los hombres sólo tienen un cromosoma X, mientras que las mujeres tienen dos cromosomas X.

8. Philip comparte ADN-X con Rich (el azul y el púrpura en la «mitad inferior» del cromosoma) y Donna (el azul en la «parte superior»), pero no con Ann. No es infrecuente que los hermanos (que no sean hermanas carnales) no compartan ADN-X.

Cómo funciona la prueba

Actualmente, el ADN-X se analiza como parte de una prueba de ADN autosómico y no como una prueba independiente. La prueba incluye entre 17.000 y 20.000 SNP en el cromosoma X, que se incluirán en los datos sin tratar.

Las tres compañías de pruebas tratan el ADN-X de una manera algo diferente. Aunque AncestryDNA (**www.dna.ancestry.com**) analiza el cromosoma X, no utiliza el ADN-X cuando compara individuos con la base de datos. Como consecuencia de ello, en AncestryDNA no tendrás ninguna coincidencia que únicamente comparta el ADN-X.

En 23andMe (**www.23andme.com**), el ADN-X del individuo analizado se compara con el de otros individuos de la base de datos, lo que significa que en 23andMe algunas coincidencias únicamente compartirán ADN-X. Debido al hecho de que los hombres tienen un cromosoma

X y las mujeres tienen dos cromosomas X, variarán los umbrales de 23andMe para comparar hombres y mujeres. En la tabla siguiente se muestran los umbrales para el ADN-X.

Persona n.º 1	Persona n.º 2	Umbral en cM	Umbral en SNP
Hombre	Hombre	1	200
Hombre	Mujer	6	600
Mujer	Mujer	6 (medio ipd)	1200 (medio ipd)
Mujer	Mujer	5 (ipd)	500 (ipd)

En la tabla, «medio idénticas por descendencia», o «medio ipd», para las comparaciones de ADN-X significa que dos mujeres comparten ADN en sólo una copia de sus cromosomas X. Del mismo modo, «idénticas por descendencia», o «ipd», significa que las dos mujeres comparten ADN en la misma posición en ambas copias de sus cromosomas X. El umbral de coincidencias para «idénticas por descendencia» es significativamente más bajo que para «medio idénticas por descendencia». Dado que sólo las mujeres tienen dos cromosomas X, sólo las mujeres pueden tener segmentos idénticos o medio idénticos por descendencia.

En Family Tree DNA sólo se comunica la coincidencia de ADN-X si los individuos también comparten ADN autosómico por encima del umbral de coincidencias. En consecuencia, no habrá coincidencias en Family Tree DNA que únicamente compartan ADN-X. Como se muestra en la tabla siguiente, el umbral de coincidencia para el ADN-X es significativamente más bajo que el umbral de coincidencia para el ADN autosómico.

Tipo de ADN	Umbral en cM	Umbral en SNP
ADN autosómico	7,7	500
ADN-X	1	500

Tanto Family DNA como 23andMe mostrarán las coincidencias de ADN-X en sus respectivos navegadores cromosómicos. La imagen **E** es una captura de pantalla del navegador cromosómico de Family Tree DNA que compara el cromosoma X de una mujer con los de tres de sus hermanos: una hermana (naranja), un hermano (azul) y otro hermano (verde). Según informa el visor, la mujer que se hace la prueba comparte cantidades variables de su ADN-X con cada uno de sus hermanos.

Limitaciones de la prueba de ADN-X

Los genealogistas genéticos han observado que las coincidencias en el ADN-X no son perfectas, y pueden ser problemáticas por diversos motivos.

Por su patrón de herencia, el ADN-X puede hacer que sea difícil distinguir las relaciones genéticas entre dos individuos o predecir cuánto ADN-X compartirán dos familiares. Por

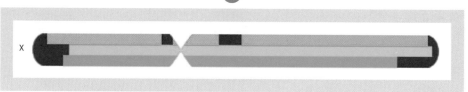

Family Tree DNA tiene un navegador cromosómico que compara el ADN-X del individuo que se hace la prueba con el de otros individuos analizados. En este caso, la herramienta destaca el ADN-X que una mujer comparte con otros tres individuos analizados: una hermana (en naranja) y dos hermanos (en azul y en verde).

ejemplo, como hemos comentado anteriormente, la mujer que se hace la prueba debería compartir un cromosoma X completo con su hermana (indicado en naranja), pero, debido a varias limitaciones que se comentan más adelante, no comparten determinados fragmentos de ADN-X.

La imagen **F** demuestra esta limitación particular del ADN-X. El navegador cromosómico de Family Tree DNA compara en la parte inferior el cromosoma X de una bisabuela, Alberta, con el de sus dos bisnietos, Donald y Damian (en naranja y en azul, respectivamente). Alberta le transmitió un cromosoma X a su hijo, Bert, y éste lo transmitió sin cambios a su hija, Catherine. Luego, Catherine transmitió un cromosoma X a cada uno de sus hijos, Donald y Damian. Debido a la aleatoriedad de la recombinación, Donald y Damian podrían haber recibido todo, parte o nada del ADN-X de Alberta.

El navegador cromosómico de Family Tree DNA puede arrojar algo de luz sobre el asunto, ya que indica que tanto Donald como Damian recibieron parte del ADN-X de Alberta, y que uno de ellos (en azul) recibió una cantidad significativamente más grande que el otro (en naranja). Ten en cuenta que, dado que Donald y Damian sólo pudieron haber heredado ADN-X del abuelo materno (Bert) o de la abuela materna (la madre de Catherine), las regiones que no comparten en este navegador cromosómico deben coincidir con el ADN-X de su abuela materna.

Además, se cree que la densidad de los SNP analizados en el cromosoma X es mucho menor que en otros cromosomas comparables. El cromosoma X es relativamente grande, de unos 150 millones de pares de bases, comparable al cromosoma 7 (159 millones de pares de bases). Sin embargo, el número de SNP del cromosoma 7 evaluados por las tres compañías de pruebas es casi el doble que el número de SNP del cromosoma X evaluados por dichas compañías. Como consecuencia de ello, un segmento de ADN-X puede tener relativamente pocos SNP analizados.

Con una menor densidad de SNP, hay una mayor probabilidad de que un segmento de ADN parezca un segmento compartido cuando de hecho no es un segmento realmente coincidente. Por ejemplo, la imagen **G** compara el ADN-X de dos hombres. Si los SNP resaltados fueran los únicos SNP analizados, ambas cadenas de ADN-X parecerían coincidir. Sin embargo, si aumentara la densidad de SNP, los resultados inmediatamente mostrarían que éste no es un segmento coincidente. Ten en cuenta que este potencial peligro es más probable que afecte a segmentos más pequeños de muestras de ADN, ya que las muestras de segmentos más grandes tendrán más SNP analizados.

Como resultado de las limitaciones actuales del ADN-X, los individuos que se hacen la prueba sólo deberían analizar segmentos de ADN-X lo suficientemente largos. Por ejemplo, un umbral normalmente recomendado es 10 cM, aunque algunos genealogistas genéticos establecen umbrales aún más altos, de 15-20 cM. Cuando las coincidencias de ADN-X com-

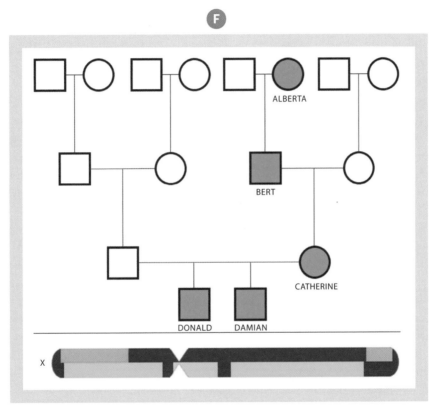

El navegador cromosómico muestra los segmentos de ADN-X de Alberta que coinciden con el ADN-X de sus dos bisnietos, Donald (en naranja) y Damian (en azul).

- A T C G G C T T A G C A A T C A T A C G T A C T C G A -
- G T C A G T T T C C A G C T A A G C A T C A G G G G C -

En este ejemplo, todos los SNP muestreados en una prueba de ADN-X (resaltados en amarillo) coinciden por casualidad. Como resultado, la prueba de ADN-X presentaría estas cadenas de ADN de estos dos individuos como coincidencias, aunque en realidad tienen varios SNP que no coinciden.

parten segmentos enteros más pequeños, un genealogista genético que analice estos segmentos pequeños no tendrá suficiente información para diferenciar entre una coincidencia verdadera y un falso positivo.

Otra limitación de las coincidencias de ADN-X son los bajos umbrales utilizados para comparar el ADN-X de dos individuos. Por ejemplo, tanto 23andMe como Family Tree DNA utilizan umbrales de ADN-X más bajos que para el ADN autosómico. En 23andMe, el umbral para comparar el ADN-X de dos varones es de tan sólo 1 cM y 200 SNP, mientras que en Family Tree DNA, el umbral para comparar el ADN-X de dos individuos es de 1 cM y 500 SNP. Muchos genealogistas genéticos han observado que este umbral bajo conduce a una coincidencia de ADN-X que no parece ser una verdadera coincidencia.

Cómo aplicar los resultados de la prueba de ADN-X en la investigación genealógica

A pesar de sus limitaciones, las coincidencias en ADN-X pueden ser muy útiles para la genealogía, en especial cuando se combina con otros tipos de ADN. Por ejemplo, compartir tanto el ADN-X como el ADN autosómico con un familiar sugiere en qué líneas del árbol genealógico buscar un antepasado común.

Sin embargo, compartir ADN-X y ADN autosómico con una coincidencia sugiere –pero no demuestra– que el antepasado común de ADN autosómico es también un antepasado común de ADN-X. Esta regla al principio parece contradictoria. Después de todo, si compartimos ADN-X y ADN autosómico con una coincidencia, ¿no significa que nuestro antepasado común se encuentra en una de las líneas de ADN-X según lo que hemos visto antes en el capítulo? ¡Por desgracia, el ADN nunca es tan sencillo! A pesar de que compartamos ADN autosómico y ADN-X con una coincidencia genética, esos segmentos de ADN podrían provenir de antepasados diferentes. A menudo, el ADN autosómico y el ADN-X coincidentes provendrán del mismo antepasado común; sin embargo, igual de a menudo las coincidencias genéticas compartirán al menos dos antepasados comunes diferentes en diferentes líneas, con una línea que aporta el ADN autosómico coincidente y otra línea que aporta el ADN-X coincidente (imagen Ⓗ).

En vez de múltiples ancestros, una coincidencia genética podría compartir únicamente un segmento muy pequeño de ADN-X que resulta ser un segmento falso. En este caso, las coincidencias genéticas pueden pasar una cantidad considerable de tiempo buscando un antepasado común de ADN-X que no existe. Descifrar entre estas posibilidades requerirá un análisis en profundidad de los árboles genealógicos de ambos individuos analizados, así como una cuidadosa consideración del tamaño de los segmentos de ADN-X implicados.

Además del hecho de que una coincidencia de ADN-X no garantiza una coincidencia de ADN autosómico, los genealogistas deben tener en cuenta que la ausencia de ADN-X compartido casi nunca es informativo sobre una relación en particular. No compartir ADN-X con otro individuo casi nunca supone una evidencia de la existencia o no de una relación. Sólo hay unas pocas raras excepciones en las que dos individuos tienen que compartir el ADN-X: una madre y sus hijos (tanto varones como mujeres), un padre y sus hijas (que coincidirán plenamente con la abuela paterna) y las hermanas carnales que tienen el mismo padre.

Aparte de estas relaciones, es posible que dos individuos que estén relacionados (tanto de cerca como de lejos) puedan o no compartir ADN-X. Por ejemplo, mientras que las hermanas que tienen el mismo padre siempre compartirán un cromosoma X completo, los hermanos que no comparten un padre pueden no compartir ADN-X. De manera similar, los hermanos y las hermanas pueden o no compartir ADN-X con su madre. Evidentemente, no compartir ADN-X no significa que los hermanos no estén relacionados como ellos pensaban que lo estaban; simplemente pueden haber recibido ADN-X totalmente diferente de su madre.

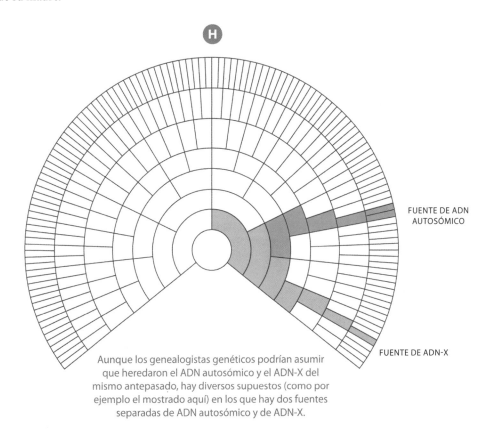

FUENTE DE ADN AUTOSÓMICO

FUENTE DE ADN-X

Aunque los genealogistas genéticos podrían asumir que heredaron el ADN autosómico y el ADN-X del mismo antepasado, hay diversos supuestos (como por ejemplo el mostrado aquí) en los que hay dos fuentes separadas de ADN autosómico y de ADN-X.

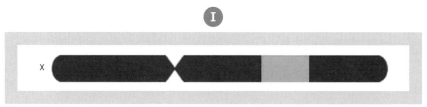

Se pueden (y se deberían) utilizar los resultados de una prueba de ADN-X, como éstos de Julia y April, junto con otros tipos de información genealógica.

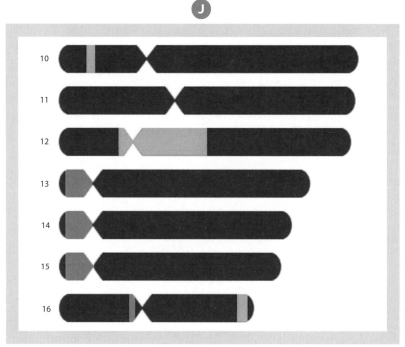

Combina los resultados del ADN autosómico, como éstos de Julia y April, con los árboles genealógicos tradicionales y los resultados de la prueba del ADN-X para sacar conclusiones sobre las relaciones entre los analizados y con un antepasado común. (Nota: El gris indica áreas que no quedan cubiertas por la prueba).

Teniendo en cuenta las limitaciones y las reglas descritas en esta sección, los genealogistas pueden analizar una coincidencia de ADN-X para encontrar el antepasado o los antepasados comunes. Las pruebas del ADN-X (y el análisis de los resultados del ADN-X y del ADN autosómico con las reglas de herencia del ADN-X en mente) pueden ayudar a arrojar luz sobre quién podría ser el antepasado común de dos individuos.

Veamos un ejemplo práctico. En la imagen **I**, dos individuos comparten un segmento de ADN en el cromosoma X (indicado en naranja) de aproximadamente 25,28 cM. Basán-

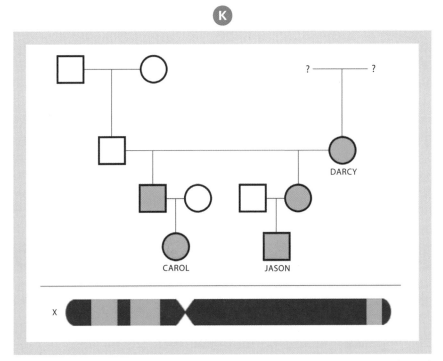

Carol y Jason comparten el ADN-X marcado en naranja en el navegador cromosómico. En base a las grandes cantidades de ADN-X compartido, pueden asumir con seguridad que ambos heredaron su ADN-X de su abuela, Darcy. Carol y Jason pueden encontrar más familiares de Darcy y desarrollar el árbol hacia arriba para localizar sus antepasados buscando individuos con un ADN-X similar al suyo.

dose en los resultados de una prueba de ADN autosómico (imagen 🄹), los dos individuos también comparten diversos segmentos de ADN autosómico, incluidos segmentos en el cromosoma 10 (10 cM), el cromosoma 12 (36,94 cM) y el cromosoma 16 (16,26 cM). Family Tree DNA predice que estas dos personas, Julia y April, son familiares de entre segundo y cuarto grado. Y cuando Julia y April comparan árboles genealógicos, descubren un potencial antepasado en común (un hombre llamado Hiram Alden) que las convertiría en primas cuartas. Hiram Alden es un antepasado del abuelo paterno de Julia y un antepasado de la abuela materna de April.

¿Entonces es Hiram Alden el antepasado común? Los patrones de herencia del ADN-X nos dicen que no. Como hemos comentado antes, Julia no pudo heredar ADN-X de su abuelo paterno. En consecuencia, si bien Julia y April pueden haber heredado algunos segmentos de Hiram, él no puede ser la fuente de ese ADN-X compartido. Julia y April deben compartir otro ancestro en otro punto a lo largo de sus líneas de ADN-X.

En el siguiente ejemplo (imagen 🄺), Darcy fue adoptada y sus descendientes no tienen pistas sobre su herencia biológica. Darcy y sus hijos han muerto, pero dos de sus nietos, Carol y Jason, viven y se han hecho una prueba de ADN que incluye el ADN-X. Cuando comparan los resultados de sus pruebas, ven que comparten tres segmentos grandes en el cromosoma X (21,65 cM, 26,83 cM y 18,57 cM). Carol y Jason sienten curiosidad por saber de dónde proviene este ADN-X y cómo pueden utilizarlo para conocer la ascendencia de su abuela.

Si bien en este caso el ADN-X no puede aportar ninguna respuesta definitiva, puede dar a Carol y Jason algunas nuevas vías de investigación. La gran cantidad de ADN compartido (indicado en naranja) sugiere que ambos comparten un antepasado común reciente, y basándose en esta información y su árbol genealógico, Carol y Jason probablemente han heredado el ADN-X compartido de su abuela. Ahora, Carol y Jason podrían buscar otras personas que compartan estos segmentos de ADN-X para encontrar a otros familiares de Darcy.

CONCEPTOS BÁSICOS: PRUEBA DE ADN DEL CROMOSOMA X (ADN-X)

El cromosoma X es uno de los dos cromosomas sexuales, del cual los hombres tienen una copia (de su madre) y las mujeres tienen dos copias (una de su madre y la otra de su padre).

El ADN-X se hereda de un pequeño subconjunto de ancestros, lo que significa que el posible *pool* de ancestros con los que un individuo analizado comparte un familiar de ADN-X es más pequeño que el *pool* de los otros cromosomas.

La prueba del ADN-X se suele hacer analizando los SNP y únicamente como una parte de una prueba del ADN autosómico (y no como una prueba independiente).

Los resultados de una prueba de ADN-X se puede utilizar para encontrar parientes genéticos.

Dada la baja densidad de SNP en las actuales pruebas del ADN-X, así como los umbrales bajos utilizados por las compañías, las coincidencias de ADN-X deben examinarse con mucho cuidado y sólo se deben analizar aquellos casos en los que hay un segmento de ADN-X coincidente muy grande.

Compartir ADN-X y ADN autosómico con una coincidencia sugiere que el antepasado común de ADN autosómico es un antepasado común de ADN-X, aunque también es posible ADN autosómico y ADN-X provengan de ancestros diferentes.

La ausencia de ADN-X compartido rara vez es informativa sobre una relación particular, ya que sólo hay unas pocas relaciones en las que los familiares tienen que compartir ADN-X.

TERCERA PARTE

Analizar y aplicar los resultados

8

Herramientas de ADN autosómico de terceros

Te has hecho una prueba con una o más compañías de pruebas, has revisado tu estimación de etnicidad y has revisado tu lista de coincidencias. ¿Ahora qué tienes que hacer? ¿Cómo aprovechar el dinero gastado para obtener el máximo de información útil de tu(s) prueba(s) de ADN? Las herramientas de terceros –tanto gratuitas como de pago– proporcionan nuevas herramientas y vías de investigación para los genealogistas. En este capítulo veremos algunas de las herramientas de terceros disponibles para analizar el ADN autosómico.

¿Qué son las herramientas de terceros?

Cada una de las principales empresas de pruebas –23andMe (**www.23andme.com**), AncestryDNA (**www.dna.ancestry.com**) y Family Tree DNA (**www.familytreedna.com**)– ofrecen herramientas que el individuo analizado puede utilizar. Sin embargo, varios programadores y genealogistas genéticos han creado herramientas y aplicaciones de ADN de terceros, independientes de las compañías de pruebas, que ofrecen competencias y análisis adicionales. Nacidas del deseo de extraer cada bit de información de los resultados de las pruebas de ADN, estas herramientas de terceros ofrecen la única forma de comparar datos sin tratar de una compañía (por ejemplo, la secuencia de ADN del individuo analizado) con datos sin tratar de otra compañía (siempre que ambos individuos hayan cargado sus datos sin tratar en las mismas herramientas de terceros). Dos de las herramientas más utilizadas son GEDmatch (**www.gedmatch.com**) y DNAGedcom (**www.dnagedcom.com**).

Esta sección explora el uso de algunas de estas herramientas de ADN de terceros.

GEDmatch

Con diferencia, la herramienta de terceros más popular es GEDmatch. GEDmatch fue creada por Curtis Rogers y John Olson gracias a donaciones y a su propio tiempo. En octubre de 2015, GDmatch informó que «tiene más de 130.000 usuarios registrados, más de 200.000 muestras de ADN en su base de datos y más de 75 millones de individuos en su base de datos genealógica» (**www.genomeweb.com/informatics/consumer-genomics-third-party-tool-makers-look-develop-services-while-keeping-user**). Las más de 200.000 muestras en la base de datos son resultados de datos sin tratar de ADN autosómico que los usuarios han subido a GEDmatch desde 23andMe, AncestryDNA y Family Tree DNA.

El primer paso para utilizar GEDmatch es crear una cuenta gratuita. Una vez que tengas un perfil, puedes acceder a la herramienta GEDmatch y cargar nuevos resultados de datos sin tratar para su procesamiento e inclusión en la base de datos. Como se muestra en la imagen Ⓐ, la página principal de GEDmatch incluye varios paneles, cada uno de ellos con información diferente. En el panel «File Uploads» («Carga de archivos»), encontrarás enlaces con instrucciones paso a paso para descargar datos sin tratar de las compañías de pruebas y subirlos a la herramienta.

Una vez que se haya cargado correctamente un archivo de datos sin tratar en GEDmatch, se le asignará un «número de kit». Cada compañía de pruebas tiene una letra asignada, que se indica delante del número de kit. Por ejemplo, el kit *M123456* se llama así porque sus resultados son de 23andMe (M), mientras que el kit *A123456* incluye resultados de AncestryDNA (A) y *T123456* indica que son resultados de Family Tree DNA (T).

Algunas herramientas están disponibles de inmediato para los resultados recién subidos, mientras que los datos sin tratar se tienen que procesar durante uno o dos días antes de que estén disponibles para otras herramientas. Los genealogistas genéticos interesados en

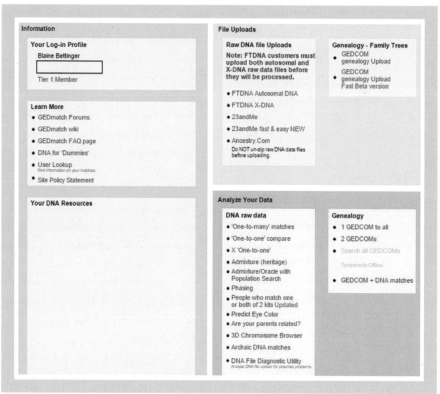

GEDmatch tiene una serie de herramientas que puedes utilizar para analizar los resultados de tu prueba.

aprender más sobre los resultados de sus pruebas de ADN autosómico deben experimentar con las herramientas en GEDmatch y seguir haciendo comprobaciones a medida que el sitio sigue creciendo y desarrollando nuevas herramientas y funciones.

En GEDmatch hay muchas herramientas gratuitas disponibles, algunas de las cuales comentaremos más adelante en profundidad. Las más importantes y más frecuentemente utilizadas son:

- **One-to-Many Matches** («Coincidencias uno a muchos»). Comparan los datos sin tratar de un único kit con los datos sin tratar de cada uno de los otros kits de la base de datos de GEDmatch (120.000, y creciendo) para identificar parientes genéticos que compartan una cantidad de ADN por encima del umbral de coincidencia. El umbral de coincidencia, que se puede ajustar manualmente, es de 7 cM, lo que significa que dos individuos tienen que compartir un segmento de ADN de 7 cM o más largo para identificarlos como parientes genéticos usando la herramienta One-to-Many.

- **One-to-One Compare** («Comparación uno a uno»). Compara los datos del ADN auto-sómico de un único kit con los datos del ADN autosómico de otro kit para identificar segmentos de ADN autosómico compartidos, si es que hay, por ambos kits por encima del umbral de coincidencia. El usuario puede ajustar manualmente el umbral de coincidencia, que por defecto es de 7 cM.

- **X One-to-One** («X uno a uno»). Compara los datos del ADN-X de un único kit con los de otro kit para identificar segmentos de ADN-X compartidos, si es que hay, por ambos kits por encima del umbral de coincidencia. El usuario puede ajustar manualmente el umbral de coincidencia, que por defecto es de 7 cM.

- **Admixture** («Mezcla»). En este proceso, el programa lleva a cabo un análisis de etnicidad de los datos de ADN autosómico usando una de las diversas calculadoras de etnicidad de diferentes propietarios. Los resultados se pueden proporcionar en varios formatos diferentes, incluidos porcentajes, un navegador cromosómico y un gráfico circular, entre otros.

- **People who match one or both of 2 kits** («Individuos que comparten uno o ambos kits»). Utiliza dos números de kit para identificar parientes genéticos por encima de un umbral de coincidencia en tres categorías diferentes: (1) kits en la base de datos de GEDmatch que coinciden con los dos números de kit introducidos; (2) kits en la base de datos de GEDmatch que sólo coinciden con el primero de los dos números de kit introducidos; y (3) kits en la base de datos de GEDmatch que sólo coinciden con el segundo de los dos números de kit introducidos.

- **Are your parents related?** («¿Están tus padres emparentados?»). Determina si los datos de ADN autosómico de un kit tienen segmentos de ADN que son copias idénticas para ambos progenitores, lo que significa que ambas copias de un cromosoma tienen el mismo ADN –y que fueron heredadas del mismo antepasado– en esa posición. Esto puede suceder, por ejemplo, si los progenitores están emparentados.

Aparte de las herramientas gratuitas en GEDmatch, puedes comprar un grupo de aplicaciones llamadas «Tier 1 Tools» por un precio de 10 dólares por mes de uso. Estas herramientas están diseñadas para usuarios más avanzados:

- **Matching Segment Search** («Buscador de segmentos coincidentes»). Organiza y muestra en un gráfico todos los segmentos de ADN que comparte un kit con otros kits de la base de datos de GEDmatch.

- **Relationship Tree Projection** («Proyección en el árbol de relaciones»). Calcula los caminos de relación probables entre dos kits de GEDmatch basándose en coincidencias de ADN autosómico y ADN-X, y las distancias genéticas. Es una herramienta altamente experimental y se debe utilizar con cautela.

- **Lazarus** («Lázaro»). Esta aplicación crea un kit subrogado que representa un ancestro reciente. Los segmentos de ADN para los kits subrogados se encuentran comparando el ADN de los descendientes del ancestro reciente (Grupo 1) con el ADN de los fami-

Kit Nbr	Type	List	Select	Sex	Haplogroup		Autosomal				X-DNA			Name	Email
					Mt	Y	Details	Total cM	largest cM	Gen	Details	Total cM	largest cM		
	F2	L	☐	F			A	785.8	67.9	2.1	X	72.5	25.6		
	F2	L	☐	F	A2w	G	A	743	63.3	2.1	X	105.8	84.5		
	F2	L	☐	F	A2w		A	710.1	52.6	2.2	X	113.3	69.3		
	F2	L	☐	M		G	A	712.5	49.6	2.2	X	112.8	69.1		
	F2	L	☐	M		G	A	574.8	68	2.3	X	89.5	69.1		
	V3	L	☐	F	A2		A	595.9	48.6	2.3	X	122.6	84.5		
	F2	L	☐	M	A2	R1b	A	300.3	47.6	2.8	X	43.5	17		
	V2	L	☐	M	A2	R1b	A	300	47.6	2.8	X	27.6	15.5		
	F2	L	☐	M	H	R1b	A	123	47.6	3.4	X	0	0		
	V4	L	☐	U			A	117.8	29.1	3.5	X	0	0		
	F2	L	☐	F			A	97.8	25.1	3.6	X	5.8	5.8		
	F2	L	☐	F			A	97.8	25.1	3.6	X	5.8	5.8		
	F2	L	☐	M	L2b	R-M269	A	87.7	25.1	3.7	X	0	0		
	F2	L	☐	M	H	R1b	A	85.3	24.4	3.7	X	0	0		
	F2	L	☐	F			A	70.2	32.2	3.8	X	17.3	17.3		
	F2	L	☐	M			A	60.8	15.9	3.9	X	0	0		
	F2	L	☐	F			A	55.7	25.2	4	X	0	0		
	V4	L	☐	M	HV4	R1b1b2a1a	A	56.2	20.9	4	X	0	0		

Un análisis uno a muchos compara tus datos con los de todos los demás usuarios de GEDmatch. Se han borrado los números de kit, los nombres y las direcciones de correo electrónico por privacidad.

liares no descendientes del ancestro (Grupo 2). Cualquier segmento de ADN compartido entre el Grupo 1 y el Grupo 2 se asigna al kit subrogado del ancestro reciente.

- **Triangulation** («Triangulación»). Esta herramienta identifica «grupos de triangulación» de entre las coincidencias de un kit de GEDmatch por encima del umbral de coincidencia, cuyo valor predeterminado es de 7 cM. Un «grupo de triangulación» es un grupo de tres o más kits de GEDmatch que comparten un segmento de ADN en común.

Herramienta One-to-Many Matches

Dado que la herramienta One-to-Many Matches («Coincidencias uno a muchos») compara los datos del ADN autosómico de un kit con todos los demás kits guardados en la base de datos de GEDmatch, te permite «ir a pescar» en los *pools* de otras compañías sin tener que hacer las pruebas allí. De hecho, una herramienta de terceros es la única forma de comparar los datos de ADN sin tratar de una compañía con los datos de ADN sin tratar de otra compañía. Con esta herramienta puedes identificar hasta 1500 parientes genéticos de la base de datos de GEDmatch.

Uno de los beneficios de la herramienta One-to-Many Matches es que los usuarios pueden ajustar la configuración. Si bien el umbral predeterminado para identificar a un pariente genético es de al menos un segmento de 7 cM, los usuarios pueden disminuirlo a 3 cM o aumentarlo a 30 cM. Disminuir el umbral aumentará el número de parientes genéticos identificados (hasta 1500), mientras que aumentar el umbral disminuirá el número de parientes genéticos identificados.

El análisis uno a muchos crea una tabla de cada kit en la base de datos que comparte un segmento de ADN con el kit de consulta, ordenada desde el kit que comparte la mayor cantidad de ADN hasta el kit que comparte la menor cantidad de ADN, siempre dentro del umbral de coincidencia (imagen **B**). Cada fila de la tabla es un kit que comparte ADN con el kit de consulta. Cada fila aporta: el sexo del propietario del kit, un haplogrupo de ADNmt o ADN-Y si el propietario de ese kit de coincidencia ha proporcionado esta información, la cantidad total de ADN compartido entre los dos kits, el segmento más grande de ADN compartido entre los dos kits, una estimación del número de generaciones entre los dos kits, la cantidad total de ADN-X compartido entre los dos kits (si corresponde), el segmento más grande de ADN-X compartido entre los dos kits (si corresponde) y la dirección de correo electrónico del propietario del kit.

Dado que se aporta la dirección de correo electrónico para cada coincidencia, puedes comunicarte con otros usuarios para identificar el antepasado compartido con esa coincidencia. Además, puedes comparar la cantidad total de ADN compartido con una coincidencia con las estimaciones de relación publicadas para deducir la posible relación con esa coincidencia. Como hemos comentado en el capítulo 6, la página «Autosomal DNA Statistics» («Estadísticas de ADN autosómico») de la ISOGG (**www.isogg.org/wiki/Autosomal_DNA_statistics**) incluye una tabla que muestra la cantidad predicha de ADN compartido total para una amplia variedad de relaciones diferentes.

Minimum threshold size to be included in total = 700 SNPs
Mismatch-bunching Limit = 350 SNPs
Minimum segment cM to be included in total = 7.0 cM

Chr	Start Location	End Location	Centimorgans (cM)	SNPs
1	242,558,207	247,169,190	8.7	1,159
2	10,942,071	16,659,951	11.1	1,504
3	36,495	2,922,575	8.0	1,170
4	29,056,005	40,396,996	12.5	2,375
4	87,070,584	107,109,819	15.5	3,782
4	160,107,672	178,004,613	19.5	3,665
5	163,444,318	169,013,893	10.3	1,525
6	148,878	6,003,774	17.2	2,015
8	22,256,093	38,441,503	18.2	3,744
9	85,487,489	91,480,694	10.2	1,622
13	34,150,290	76,233,170	39.9	10,411
16	22,904,565	62,443,241	37.1	6,271
16	78,825,386	85,240,531	22.6	3,317
17	45,469,867	74,069,538	47.3	7,144
18	11,769,857	36,203,700	23.1	5,267
21	31,141,929	35,847,942	8.7	1,363
22	43,902,055	49,528,625	18.8	2,127

Largest segment = 47.3 cM
Total of segments > 7 cM = 328.8 cM
Estimated number of generations to MRCA = 2.7

Un análisis uno a muchos compara tus datos con los de todos los demás usuarios de GEDmatch.

Herramienta One-to-One Compare

La herramienta One-to-One Compare («Comparación uno a uno») compara los datos del ADN autosómico de un único kit (el «kit de consulta») con los datos del ADN autosómico de otro kit para identificar cada segmento de ADN autosómico compartido entre los kits por encima del umbral de coincidencia, si es que hay tales segmentos. El usuario puede ajustar manualmente el umbral de coincidencia para que sea más alto o más bajo que el valor predeterminado de 7 cM.

Esta herramienta crea una tabla de segmentos compartidos o una visualización gráfica de segmentos compartidos. La imagen **C** muestra la tabla de segmentos de ADN compartidos por un tío segundo y su sobrino segundo, con el umbral de coincidencia fijado en 7 cM. Estos dos individuos comparten 22 segmentos de ADN, que van desde un máximo de 47,3 cM hasta un mínimo de 8,0 cM. Para cada segmento compartido, la herramienta

D

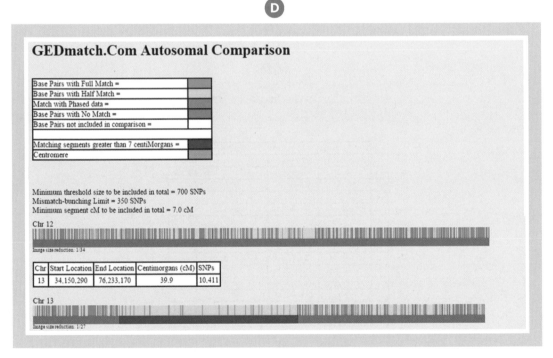

Puedes ver tu comparación uno a uno en un navegador cromosómico. El amarillo indica los fragmentos del cromosoma que el individuo analizado y la coincidencia comparten en una copia de ese cromosoma (media coincidencia), mientras que el verde indica dónde comparten ADN en ambos cromosomas (coincidencia completa). El rojo indica un par de bases que el individuo analizado y la coincidencia no comparten en ninguna de las copias de un cromosoma. (Ten en cuenta que el informe puede generar los 22 cromosomas; por motivos de espacio, esta imagen muestra sólo los cromosomas 12 y 13).

Chr	Start Location	End Location	Centimorgans (cM)	SNPs
21	9.849.404	24.863.804	25.1	2.989
21	34.176.163	46.909.175	31.4	4.220

Chr 21

Image size reduction: 1/10

Los hermanos deben compartir grandes fragmentos de sus cromosomas. La barra azul, así como el verde y el amarillo, indican dónde comparten estos dos hermanos grandes fragmentos de su cromosoma 21.

One-to-One Compare proporciona el cromosoma en el que se localiza el segmento compartido, así como la posición de start y stop de ese segmento en el cromosoma.

Se puede aportar la misma información en un navegador cromosómico, que (como se explica en el capítulo 6) muestra dónde se localiza un segmento compartido a lo largo de cada uno de los cromosomas. En la imagen **D**, se comparan un tío segundo y su sobrino segundo, con el umbral de coincidencia establecido en 7 cM. Los segmentos subrayados con una barra azul son los segmentos de ADN por encima del umbral de coincidencia y compartidos por el tío segundo y su sobrino segundo.

Aunque los navegadores cromosómicos actuales sólo muestran un cromosoma, recuerda que en realidad un individuo que se hace una prueba tiene dos cromosomas, uno heredado de su madre y el otro heredado de su padre. Una «media coincidencia» –que se muestra en amarillo– indica coincidencia de ADN en uno de los cromosomas en esa posición. Sin más información, no se puede determinar de qué cromosoma se trata, aunque en este caso es el cromosoma paterno porque es un tío segundo paterno.

Si alguno de los segmentos fuera una «coincidencia completa» –mostrada en verde– los tíos segundos y sobrinos segundos compartirían segmentos de ADN en ambas copias de su cromosoma. Esto se ve con más frecuencia en las comparaciones de hermanos carnales, como se muestra en la imagen **E**. En el cromosoma 21, estos hermanos comparten tres segmentos de ADN subrayados por las barras azules. Aunque sólo hay dos barras azules, una parte de la barra azul del lado izquierdo del cromosoma incluye una coincidencia completa –nuevamente mostrada en verde– donde ambos hermanos comparten ADN en ambos cromosomas. Comparar la tabla con la visualización gráfica muestra que GEDmatch sólo proporciona las posiciones de start y stop de los medios segmentos.

Herramienta X One-to-One

La herramienta X One-to-One («X uno a uno») compara los datos de ADN-X de un único kit (el «kit de consulta») con los datos de ADN-X de otro kit para identificar cada segmento de ADN-X compartido entre los kits por encima del umbral de coincidencia, si es que hay

Chr	Start Location	End Location	Centimorgans (cM)	SNPs
11	44972997	102187495	42.8	12493

Chr 11

Image size reduction: 1/36

GEDmatch tiene una herramienta que te permitirá determinar si tus padres están emparentados. Resultados como estos sugieren que ambos progenitores del individuo que se hace la prueba heredaron el ADN indicado en amarillo (llamado tramo de homocigosidad o ROH) de un antepasado común.

tales segmentos. El usuario puede ajustar manualmente el umbral de coincidencia para que sea más alto o más bajo que los 7 cM predeterminados. El resultado de esta herramienta es una tabla de segmentos compartidos o una visualización de los segmentos compartidos en el navegador cromosómico, similar a la herramienta One-to-One para ADN autosómico.

Herramienta Are your parents related?

La herramienta Are your parents related? («¿Están tus padres emparentados?») determina si los datos de ADN autosómico de un kit tienen segmentos de ADN que son iguales para ambos progenitores, lo que significa que ambas copias de un cromosoma tienen el mismo ADN (es decir, heredado del mismo antepasado) en esa posición. Los segmentos de ADN compartido en ambos cromosomas se llaman tramos de homocigosidad (ROH, del inglés *runs of homozygosity*). Esto puede pasar, por ejemplo, si los progenitores están emparentados. Los resultados del análisis se presentan en un navegador cromosómico (imagen **F**), con los ROH por encima de 7 cM mostrados en amarillo y subrayados en azul.

No es infrecuente que los individuos compartan uno o dos pequeños segmentos de ADN de ambos progenitores, lo que significa que probablemente ambos padres estaban lejanamente emparentados. En algunas poblaciones, sin embargo, en las que ha habido matrimonio y reproducción entre familiares, es más frecuente tener estos ROH.

DNAGedcom

DNAGedcom es otra herramienta de terceros frecuentemente utilizada por los genealogistas genéticos (imagen **G**). Rob Warthen fundó el sitio y lo lanzó en febrero de 2013, y su herramienta permite descargar archivos de datos importantes de 23andMe y Family Tree DNA. También tiene herramientas de terceros para comparaciones GEDCOM, análisis en común con, y triangulación. Según los creadores de DNAGedcom, el objetivo del sitio «es reducir la participación humana en la extracción y la medición de los datos, proporcionar un *software* para soluciones para la coincidencia de ADN a partir de los resultados y determinar las

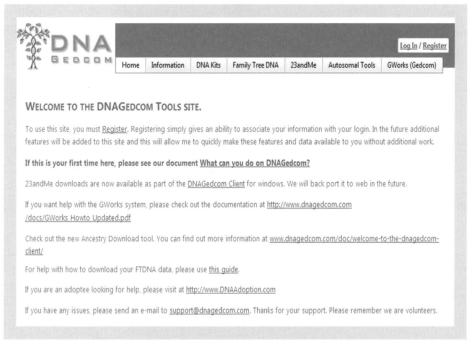

Las herramientas de DNAGedcom son compatibles con datos
de las principales compañías de pruebas.

relaciones a partir de estos datos y árboles familiares, y aportar mediciones y comparaciones adicionales ahora no disponibles para el usuario» (**www.dnagedcom.com/FAQ.aspx**).

El programador que está detrás de DNAGedcom constantemente está mejorando las herramientas existentes y desarrollando otras de nuevas. Al igual que sucede con GEDmatch, es importante que los genealogistas genéticos monitoreen esta y otras herramientas de terceros para mantenerse al tanto de los desarrollos y las nuevas herramientas.

El primer paso para utilizar DNAGedcom consiste en crear una cuenta gratuita. Una vez que el usuario tenga un perfil, puede acceder a las herramientas de DNAGedcom, entre las que se incluyen las siguientes (muchas de las cuales se explican en más detalle en el capítulo 10):

- **Descarga de datos de 23andMe.** Puedes descargar datos de 23andMe, incluida la hoja de cálculos de coincidencias, a través de DNAGedcom Client. Se trata de una aplicación que se instala en tu ordenador y sólo está disponible para suscriptores (Members > Subscriber Information).

- **Descarga de datos de AncestryDNA.** Puedes descargar datos de AncestryDNA en hojas de cálculo utilizando DNAGedcom Client, incluyendo listas de coincidencias (con valores de cM compartidos), los antepasados de tus coincidencias y listas de ICW.

- **Descarga de datos de Family Tree DNA.** Puedes descargar ficheros de ADN autosómico de Family Tree DNA, incluyendo la lista de coincidencias «Family Finder – Matches», todos los datos del navegador cromosómico y la información de ICW (In Common With). Se guarda automáticamente una copia de los datos en tu carpeta (Members > View Files) en DNAGedcom. Los datos de coincidencias descargados de Family Tree DNA también se pueden cargar automáticamente en la herramienta GWorks, que más adelante se explica detalladamente.

- **Autosomal DNA Segment Analyzer (ADSA).** Utiliza datos de Family Tree DNA o de GEDmatch para generar tablas en tu navegador que incluyen información de coincidencias, información de segmentos e información de ICW. A continuación, la herramienta se utiliza para triangular segmentos coincidentes entre grupos de tres o más individuos, aunque no proporciona una triangulación perfecta, dado que únicamente se basa en información ICW.

- **Gedmatch Data Uploader.** Acepta los resultados de las herramientas Matching Segment Search y Triangulation Tier 1 de GEDmatch. *Véase* **www.dnagedcom.com/docs/ GEDmatchADSA.pdf** para más información. Los resultados cargados se pueden usar para las herramientas ADSA, JWorks y KWorks de DNAGedcom.

- **JWorks.** Esta herramienta descargable de Excel genera una hoja de cálculo de segmentos superpuestos y el estado ICW entre coincidencias, lo que ayuda a identificar potenciales grupos de triangulación. La herramienta necesita tres cosas: (1) datos del navegador cromosómico (datos del segmento), (2) una lista de coincidencias completas y (3) el estado ICW.

- **KWorks**. Genera una hoja de cálculo de segmentos superpuestos y el estado ICW entre coincidencias, lo que ayuda a identificar potenciales grupos de triangulación. Es la versión *online* de JWorks, y al igual que ésta, requiere tres componentes: (1) datos del navegador cromosómico (datos del segmento), (2) una lista de coincidencias completas y (3) el estado ICW.

- **GWorks.** Compara información del árbol genealógico para identificar antepasados compartidos. También puede ordenar y filtrar información de árboles y realizar búsquedas booleanas de los árboles. La herramienta puede usar los GEDCOM cargados por el usuario, la información del árbol genealógico descargada de las coincidencias en AncestryDNA utilizando DNAGedcom Client (o la herramienta AncestryDNA Helper, otra herramienta de terceros disponible para los individuos analizados), y la información del árbol genealógico descargada de las coincidencias en Family Tree DNA utilizando la herramienta Download Family Tree DNA Data («Descargar datos de Family Tree DNA») de DNAGedcom (Family Tree DNA > Download Family Tree DNA Data). Para obtener más información sobre GWorks, consulta **www.dnagedcom. com/docs/GWorks_Howto_Updated.pdf**.

You may select a report type in the drop down menu below which will change the input options.

Classic ADSA ▼

| | Chromosome to Graph (1-22, X, or blank=all) | Base Pairs: | to |

7	Minimum Segment Length in cM (5 or greater STRONGLY recommended)		
500	Minimum SNPs in a segment	Display raw data in a table so it can be copied to a spreadsheet ☐
500	Width of segment graph in pixels	(Do not check if you want full formatting)

▼ [REQUIRED] Kit number of the data to be used to construct the report.

El Autosomal DNA Segment Analyzer (ADSA) triangula segmentos
coincidentes entre tres o más individuos analizados.

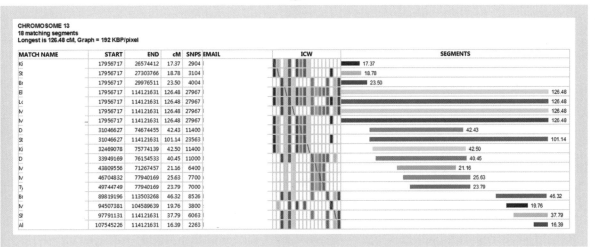

El ADSA te dirá cuánto ADN compartes con otros usuarios, pero no puede
identificar exactamente qué ADN compartes. Se han borrado los nombres
y las direcciones de correo electrónico de las coincidencias por privacidad.

Autosomal DNA Segment Analyzer (ADSA)

El Autosomal DNA Segment Analyzer (ADSA, «Analizador de Segmentos de ADN Autosómico») es una herramienta que toma los datos de Family Tree DNA o de GEDmatch y
genera una tabla *online* que incluye la información de coincidencias del individuo analizado, información del segmento e información ICW con códigos de color que facilita la
triangulación (imagen). El manual ADSA se puede encontrar en **www.dnagedcom.com/
adsa/adsamanual.html.php**.

Cada coincidencia se mapea en los cromosomas, con segmentos superpuestos colocados
adyacentes entre sí (imagen). Si te desplazas por encima de la tabla de segmentos compartidos, la herramienta proporciona información como apellidos, relaciones sugeridas

	Chr	Start	Stop	cM	Abe	Ben	Cara	Donna	Eden	Frank	Gill	Hera	Ira	Jack	Kim	Lea	Mia
Abe	13	17956717	114121631	126.48		X	X	X	X	X	X	X					
Ben	13	17956717	114121631	126.48	X			X				X	X	X		X	X
Cara	13	17956717	114121631	126.48	X			X	X	X	X						
Donna	13	17956717	114121631	126.48	X	X	X			X	X	X		X	X	X	X
Eden	13	31046627	74674455	42.43	X		X	X			X	X					
Frank	13	31046627	114121631	101.14	X		X	X	X			X					
Gill	13	32469078	75774139	42.5	X		X	X	X	X							
Hera	13	33949169	76154533	40.45	X	X		X						X		X	X
Ira	13	39986582	47064783	8.32		X											
Jack	13	43809556	71267457	21.16		X		X				X			X	X	X
Kim	13	44812957	60049758	10.08				X						X		X	
Lea	13	45197769	58723000	9.07		X		X				X		X	X		
Mia	13	46704832	77940169	25.63		X		X				X		X			

KWorks puede exportar coincidencias como una hoja de cálculo de Excel.
Una X indica cuando dos individuos comparten ancestros en el cromosoma 13.

y segmentos coincidentes. Puedes ejecutar la herramienta para un único cromosoma o para todos los cromosomas, y puedes aumentar o disminuir el tamaño mínimo de segmento coincidente (aunque DNAGedcom recomienda encarecidamente un mínimo de 7 cM para obtener unos resultados manejables y fiables).

Ten en cuenta que se trata de una pseudotriangulación y no de una triangulación real. La verdadera triangulación requiere información sobre si un segmento aparentemente superpuesto es en realidad compartido, no únicamente que dos individuos compartan ADN. En ADSA y otras herramientas similares, el individuo analizado sólo sabe a partir de la información ICW que el individuo A, el individuo B y él mismo comparten algo de ADN, pero no sabe exactamente qué segmentos comparten el individuo A y el individuo B. En consecuencia, el individuo A y el individuo B podrían compartir el segmento identificado (que según mi experiencia es frecuente) o bien podrían compartir un segmento totalmente diferente. En cualquier caso, la herramienta ADSA es muy útil para identificar posibles grupos de triangulación que más adelante pueden explorarse contactando con los miembros del grupo.

KWorks

La información generada por la herramienta KWorks es la misma que la información generada por la herramienta ADSA, aunque KWorks ofrece una visualización diferente. A diferencia de la presentación con códigos de colores de ADSA, KWorks crea una hoja de cálculo de posibles grupos de triangulación utilizando dados de ICW, datos de segmentos y listas de coincidencias. La herramienta requiere un archivo ICW y un archivo de segmento, y genera una hoja de cálculo descargable.

En la imagen **J**, la X indica el estado ICW y por lo tanto estos individuos con respecto al cromosoma 13 en potenciales grupos de triangulación. Para obtener más información sobre las herramientas JWorks y KWorks, consulta **www.dnagedcom.com/JWorks/Jworks_Kworks.pdf**.

Otras herramientas

Aparte de GEDmatch y DNAGedcom, hay muchas otras herramientas de terceros que los genealogistas pueden utilizar para maximizar la experiencia de la genealogía genética. He aquí una lista de algunas de las herramientas de terceros más comunes para analizar el ADN autosómico:

- David Pike's Utilities (**www.math.mun.ca/~dapike/FF23utils**) es un conjunto completo y avanzado de herramientas para varias sincronizaciones avanzadas y para analizar datos sin procesar, incluidas la búsqueda de ROH y la búsqueda de ADN compartido en dos archivos. A diferencia de otras herramientas de terceros, las David Pike's Utilities operan en su navegador, lo que puede evitar algunos problemas de privacidad de los individuos que dudan en cargar datos sin tratar en un sitio de terceros.

- DNA Land (**dna.land**) es una herramienta gratuita para analizar la etnicidad y buscar parientes genéticos. La herramienta está desarrollada por profesores de la Universidad de Columbia y el New York Genome Center.

- Genetic Genealogy Tools (**www.y-str.org**) incluye una impresionante lista de herramientas avanzadas para analizar datos sin tratar, entre las que se incluyen X-DNA Relationship Path Finder («Buscador de relaciones de ADN-X»), Ancestral Cousin Marriages («Matrimonios de parientes ancestrales»), Autosomal Segment Analyzer («Analizador de segmentos autosómicos»), DNA Cleaner («Limpiador de ADN»), SNP Extractor («Extractor de SNP») y My-Health («Mi salud»), entre otras.

- Genome Mate Pro (**www.genomemate.org**) es un programa gratuito extremadamente potente que organiza datos de 23andMe, AncestryDNA, Family Tree DNA y GEDmatch, entre otras fuentes, en un único archivo de trabajo. La información se almacena en tu ordenador, lo que ayuda a mantener la privacidad de tus datos.

- Promethease (**www.promethease.com**) es un sistema de recuperación de literatura que crea un informe de ADN personal basado en la literatura científica y en los archivos de datos sin tratar del individuo analizado de 23andMe, AncestryDNA y Family Tree DNA. Los informes contienen información sobre salud y ascendencia, así como varias otras opciones nuevas. Promethease tienen un precio variable según los archivos de datos sin tratar que se utilizan y la cantidad de archivos de datos sin tratar que se analizan a la vez.

- Segment Mapper (**www.kittymunson.com/dna/SegmentMapper.php**) es una potente herramienta gratuita de mapeo que muestra fragmentos específicos de ADN en un gráfico que representa un cromosoma.

Consulta también la impresionante lista de herramientas de terceros (tanto gratuitas como de pago) disponible en la Wiki de la International Society of Genetic Genealogy (ISOGG) (**www.isogg.org/wiki/Autosomal_DNA_tools**).

⚙ Un individuo que se quiera analizar el ADN autosómico dispone de muchas herramientas de terceros, tanto gratuitas como de pago.

⚙ GEDmatch (**www.gedmatch.com**) es el sitio de terceros más popular y ofrece muchas herramientas diferentes para terceros, incluidas la capacidad de encontrar parientes genéticos que se pueden haber hecho analizar el ADN en otra compañía de pruebas diferente.

⚙ DNAGedcom (**www.dnagedcom.com**) es un sitio de terceros muy conocido que proporciona potentes herramientas de análisis y recolección de datos para los individuos analizados.

⚙ Antes de utilizar una herramienta de terceros, ten en cuenta los posibles problemas de privacidad que puedan surgir. Además, pide que la persona que te ha aportado ADN te dé permiso antes de subir sus datos sin tratar a un sitio de terceros.

Lista de comprobación de los programas de terceros

Con tantas herramientas de terceros, puede resultar complicado saber cuáles usar y cómo pueden ser útiles. Si estás interesado en practicar con estas herramientas y te sientes cómodo analizando tus datos sin tratar (incluida la posibilidad de subir tus datos sin tratar al sitio web), a continuación se comentan algunos pasos que debe seguir cada nuevo individuo analizado.

- **Descarga tus datos sin tratar de la compañía de pruebas.** Elige sólo una compañía de pruebas si has realizado la prueba en más de una. Como hemos explicado anteriormente en el capítulo, puedes encontrar enlaces con instrucciones paso a paso para descargar datos sin tratar de cada una de las compañías de pruebas en GEDmatch, en el panel denominado File Uploads. Es mejor usar los datos sin tratar de AncestryDNA o de Family Tree DNA si deseas evitar compartir la información sobre la salud.

- **Crea un perfil gratuito en GEDmatch.** Sube los datos sin tratar. Ahora puedes utilizar cualquiera de las herramientas gratuitas disponibles en GEDmatch.

- **Ejecuta DNA File Diagnostic Utility.** Usa esta herramienta para asegurarte de que tu kit se ha cargado y procesado correctamente. Dado que procesar completamente un kit requiere cierto tiempo (por lo general entre unas horas y dos días), es posible que tengas que esperar para realizar este análisis. Busca cualquier señal roja de advertencia que indique que tu kit no se ha procesado correctamente. Si sucede esto, sigue las instrucciones o bien elimina tu kit y vuelve a cargar los datos sin tratar.

- **Ejecuta la herramienta Are Your Parents Related?** Recomiendo que se utilice esta prueba para cada kit subido a GEDmatch, ya que esto revelará si hay una cantidad importante de ADN compartido en ambas ramas de la familia. Encontrar que tanto la madre como el padre de un individuo analizado comparten ADN significa que comparten la ascendencia y podría tener un fuerte impacto sobre los estudios genealógicos posteriores. De todos modos, la mayoría de kits acabarán con el mensaje «no shared DNA segments found» («no se han encontrado segmentos de ADN compartidos»).

- **Ejecuta la herramienta One-to-Many Matches.** Haz esto para encontrar parientes genéticos en GEDmatch, especialmente si no has hecho la prueba en las tres compañías. Recomiendo que para la búsqueda inicial incrementes el umbral al menos a 15 cM (el valor predeterminado es de 7 cM), ya que así únicamente te centrarás en las coincidencias más cercanas.

Cuando domines estos pasos, estarás preparado para explorar las otras herramientas de GEDmatch, así como otras herramientas de terceros.

9

Estimaciones de etnicidad

Cuán fiable es una predicción del 37 % de ascendencia británica? ¿Por qué tu ascendencia alemana o italiana no se muestra en la predicción de tu origen étnico? Puedes responder a estas preguntas conociendo mejor las estimaciones de etnicidad que cada una de las principales compañías de pruebas proporciona con los resultados de las pruebas de ADN autosómico de los individuos analizados. Si bien algunos individuos asumen que estas estimaciones son infalibles, las estimaciones de etnicidad son simplemente porcentajes del ADN del individuo analizado determinados por el algoritmo de la compañía de pruebas para asociarlo a un continente, una región o un país en particular. Desafortunadamente, la predicción de etnicidad aún es una ciencia joven y en desarrollo, y estas estimaciones de etnicidad están sujetas a limitaciones que minimizan su aplicabilidad a la investigación genealógica.

¿Qué son las estimaciones de etnicidad?

La estimación de etnicidad –también conocida como estimación biogeográfica– es el proceso de asignar el ADN de un individuo analizado a una o más poblaciones de todo el mundo basándose en comparaciones computarizadas de esos segmentos a poblaciones de referencia. Los segmentos individuales del ADN del individuo analizado se asignan a la población

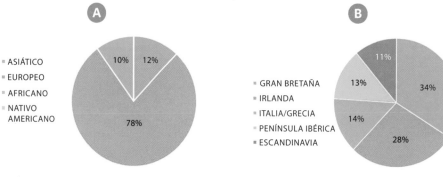

Algunas estimaciones de etnicidad sólo especifican categorías generales de etnicidad.

A veces las compañías que analizan el ADN proporcionan estimaciones de etnicidad que hacen mención regiones o países concretos.

de referencia con la que coinciden más basándose en la suposición de que es probable que el ADN provenga de esa población en algún momento más o menos reciente. Todas las asignaciones sobre el genoma completo del individuo analizado se suman para crear una estimación de etnicidad general.

Veamos un par de ejemplos de cómo se presentan las estimaciones de etnicidad. En la imagen A, Jacob Armstrong envío una muestra a una compañía de análisis de ADN y recibió una estimación de etnicidad junto con su lista de coincidencias genéticas. La estimación proporciona su etnicidad para cada una de las cuatro categorías generales: africano (10 %), asiático (12 %), europeo (78 %) y nativo americano (0 %). En la imagen B, la estimación que le ofrecieron a Millie Fuller es mucho más específica: 34 % de Gran Bretaña, 28 % de Irlanda, 14 % de Italia/Grecia, 13 % de la Península Ibérica y 11 % de Escandinavia.

En general, las estimaciones que utilizan categorías más amplias son más precisas, ya que es más fácil para los genetistas distinguir entre continentes (por ejemplo, europeo frente a asiático) que diferenciar entre países modernos (por ejemplo, alemán frente a francés). Como resultado de ello, los resultados de Jacob –aunque menos específicos– sólo sugieren que este ADN coincide con un continente en particular, y no con un país o una región en particular.

Paneles o poblaciones de referencia

Como se ha comentado en capítulos anteriores, a menudo el análisis de ADN se basa en comparaciones entre el ADN de un individuo analizado y una muestra de referencia. Las estimaciones de etnicidad funcionan de un modo similar, ya que los genetistas comparan el ADN de los individuos analizados con colecciones de muestras de referencia que se obtuvieron de lugares conocidos.

El objetivo de la mayoría de las estimaciones de etnicidad es identificar dónde se encontraba el ADN del individuo analizado hace quinientos o mil años. En consecuencia,

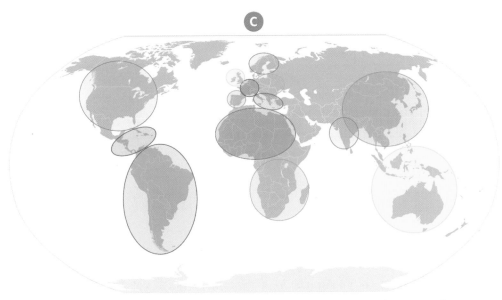

Las compañías de pruebas asignan poblaciones de referencia basadas en las muestras de ADN que han recibido. Dado que las compañías han muestreado el ADN de más individuos de Europa y América del Norte que de otras regiones del mundo, pueden crear más poblaciones de referencia en estas regiones que en América del Sur, África, Asia, Australia u Oceanía.

una población o panel de referencia perfecto consistiría en muestras de ADN obtenidas de poblaciones de hace quinientos años. Dado que esto es imposible, los investigadores suelen utilizar el ADN de individuos de los que se puede afirmar razonablemente que los cuatro abuelos pertenecían a un lugar específico y concreto, como un condado o una aldea. Si bien no es un filtro perfecto, ayuda a formular un panel de referencia más preciso.

La imagen **C** es un mapa teórico que muestra catorce poblaciones de referencia de todo el mundo. Algunas poblaciones de referencia, como las de Europa, representan regiones relativamente pequeñas que las compañías de análisis de ADN consideran que han muestreado adecuadamente poblaciones locales. En cambio, otras regiones, como Asia, no se han muestreado adecuadamente y por lo tanto la población de referencia representa una región muy extensa.

Ten en cuenta que el tamaño y la diversidad del panel de referencia es un factor que influye en la precisión de una estimación de etnicidad. La comparación del ADN del individuo analizado con una base de datos que únicamente incluye poblaciones de referencia europeas no dará resultados útiles, por ejemplo, para alguien con ascendencia nativa americana o africana.

Cada una de las compañías de pruebas tiene su propio panel de referencia.

- Para su panel de referencia de etnicidad, 23andMe utiliza una base de datos de más de diez mil personas de diversas poblaciones de todo el mundo, todas ellas con una ascendencia relativamente conocida. La población de referencia de 23andMe se ha obtenido tanto de los clientes de 23andMe como de fuentes públicas (**www.23andme. com/en-int/ancestry_composition_guide**).

- AncestryDNA utiliza un panel de referencia con más de tres mil muestras de ADN de individuos de veintiséis regiones globales (**www.dna.ancestry.com/resource/whitepaper/ ancestrydna-ethnicity-white-paper**).

- El panel de referencia de Family Tree DNA consta de numerosos individuos de veintidós grupos de poblaciones diferentes (**www.familytreedna.com/learn/ftdna/ myorigins-population-clusters**).

Las compañías siguen añadiendo ADN de nuevos individuos y nuevas poblaciones a los paneles de referencia.

Es probable que en los próximos años los paneles de referencia sigan mejorando al menos en dos sentidos. En primer lugar, los paneles de referencia crecerán con más individuos de una variedad más amplia de poblaciones. En segundo lugar, los paneles de referencia se llenarán con muestras de ADN más antiguas, que se van obteniendo de restos antiguos de todo el mundo. Junto con otras mejoras, estas adiciones ayudarán a las compañías de análisis de ADN a mejorar significativamente la precisión de sus estimaciones de etnicidad.

Estimación de etnicidad

La coincidencia de parientes y la estimación de etnicidad son las dos principales interpretaciones del ADN que ofrecen las tres grandes compañías de pruebas. Cada una de las compañías proporciona una estimación de regiones muy amplias, incluyendo África, Asia, América y Europa, y cada una de ellas intenta dividir estas regiones en categorías más pequeñas, a menudo basadas en los países actuales. Para obtener una información más detallada, consulta la «Hoja de comparación de regiones globales» al final del capítulo.

Si haces la prueba en las tres compañías, deberías esperar que la estimación de tu etnicidad varíe. En la siguiente tabla se muestran las estimaciones de etnicidad reales para una misma persona según la compañía (valores redondeados):

Región	23andMe	AncestryDNA	Family Tree DNA
Africano	1%	2%	0%
Asiático	0%	2%	7%
Nativo americano	3%	3%	2%
Europeo	96%	93%	90%

Como hemos visto anteriormente en este mismo capítulo, estas diferencias no significan que una estimación sea correcta, mientras que las otras son incorrectas. Las diferencias en

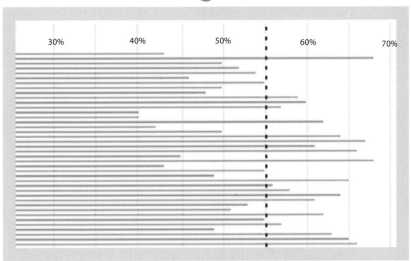

AncestryDNA analiza cuarenta veces el ADN del individuo y luego calcula la media para hacer una estimación de etnicidad para una determinada población de referencia. Para esta población de referencia (Gran Bretaña), el promedio de mis comparaciones fue del 55 % (indicada por la línea de puntos).

las poblaciones de referencia y en los algoritmos de análisis de etnicidad utilizados por la compañía necesariamente darán como resultado diferencias en las estimaciones.

Si analizas el ADN en varias compañías, recuerda que es de esperar que haya diferencias. En vez de buscar predicciones idénticas, busca tendencias. De acuerdo con los resultados de la tabla, por ejemplo, este individuo tiene etnicidad mayoritariamente europea y es muy probable que también tenga una contribución significativa (2-3 %) de nativos americanos. Las estimaciones africana y asiática son más cuestionables y podría ser necesario realizar investigaciones adicionales.

AncestryDNA

Gracias a sus pruebas de ADN, AncestryDNA proporciona una estimación de al menos veintiséis regiones globales diferentes, un número que ha crecido varias veces.

Así es como funciona la prueba. Una vez que AncestryDNA recibe el ADN del individuo a analizar, el algoritmo de etnicidad realiza cuarenta análisis diferentes con este ADN, cortado en fragmentos al azar para cada uno de los análisis. Ejecutar el análisis cuarenta veces permite que el programa procese diferentes combinaciones de ADN y ofrezca una estimación mucho más precisa, al mismo tiempo que proporciona un rango para cada estimación. A continuación, se compara cada uno de los cuarenta análisis con el panel de referencia para crear una estimación de etnicidad, y se calcula el promedio de las cuarenta estimaciones para cada región o etnicidad

En la imagen , por ejemplo, el promedio de las cuarenta estimaciones para cada etnicidad es del 55 %. Algunos de los cuarenta análisis son tan sólo 40 %, mientras que otros son hasta del 67 %. De todos modos, la mayoría de las estimaciones caen dentro del 45 %. Este 45-66 % es el rango de estimaciones, otra información que AncestryDNA proporciona a los individuos analizados.

AncestryDNA proporciona información al individuo analizado en la interfaz de estimación de etnicidad. Por ejemplo, en la imagen **E** se muestra mi estimación de etnicidad de AncestryDNA. Los valores para cada región son el promedio obtenido de los cuarenta análisis diferentes. Al hacer clic en cada región, se expandirá esa región y se mostrará al individuo que se ha hecho la prueba el rango de los cuarenta análisis.

Para más información sobre la estimación de etnicidad de AncestryDNA, consula el AncestryDNA Ethnicity Estimate White Paper (**www.dna.ancestry.com/resource/whitePaper/AncestryDNA-Ethnicity-White-Paper**).

23andMe

Al igual que AncestryDNA, 23andMe también parte de la secuencia de ADN del individuo que se hace la prueba y luego utiliza un algoritmo informático patentado, llamado «Fitch», para llevar a cabo una inferencia de haplotipos del ADN. La inferencia de haplotipos consiste en separar la secuencia de ADN del individuo analizado en el ADN aportado por la madre y el ADN aportado por el padre. Normalmente, la inferencia de haplotipos se lleva a cabo comparando el ADN de un hijo con el ADN de sus dos progenitores. Sin embargo, en la inferencia automatizada de haplotipos el algoritmo utiliza un análisis estadístico para separar la contribución de cada progenitor al ADN del individuo analizado. El programa intenta separar el ADN en dos contribuyentes diferentes, pero no sabe qué contribuyente es la madre y qué contribuyente es el padre.

A continuación, 23andMe rompe los cromosomas en segmentos. Entonces se compara cada uno de los segmentos con poblaciones de referencia de 23andMe para determinar cuál de las poblaciones de referencia es más similar al segmento.

El proceso de 23andMe corrige varios tipos de errores en las asignaciones. Por ejemplo, el algoritmo «suaviza» los datos corrigiendo asignaciones que son incorrectas con casi total seguridad. Si los datos muestran una serie de diez segmentos consecutivos asignados a la Población A interrumpida en el medio por una asignación de un único segmento a la Población B, el algoritmo de suavizado cambiará la asignación a la Población A. El algoritmo de suavizado también corregirá los errores de la inferencia de haplotipos conocidos como «switch error» en los que el algoritmo de inferencia de haplotipos mezcla el ADN de un progenitor con el del otro progenitor. El algoritmo de suavizado arregla el switch error intercambiando las asignaciones de ascendencia entre las dos versiones («mamá» y «papá») de un cromosoma determinado.

A continuación, 23andMe aplica un umbral de confianza a los datos para determinar qué estimaciones de etnicidad se proporcionan al individuo que se hace la prueba, quien tiene la posibilidad de ajustar este umbral para ver estimaciones más conservadoras (con el umbral

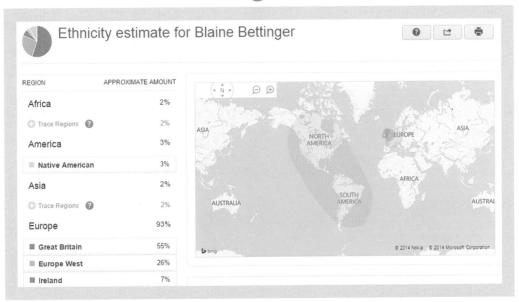

AncestryDNA recopila los promedios de tus estimaciones para cada población de referencia y los presenta junto a un mapa del mundo que muestra aproximadamente de dónde es originaria una población de referencia.

23andMe te permite especificar cómo te gustaría ver tu estimación de etnicidad en diferentes niveles regionales, con diversos grados de confianza en cada intervalo.

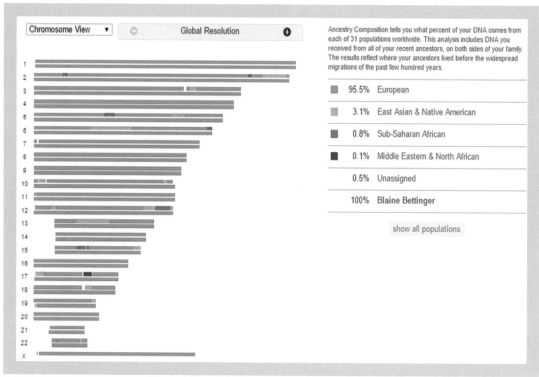

Cuando haces la prueba en 23andMe, también recibirás un navegador cromosómico que te permitirá ver de qué región es más probable que hayas recibido diferentes fragmentos de cada cromosoma.

más alto) y estimaciones más especulativas (con el umbral más bajo). En 2016, 23andMe presentó a todos los usuarios una nueva interfaz de usuario. En la antigua interfaz, los individuos analizados podían ajustar su umbral de estimación de etnicidad en especulativo, estándar o conservador. En la nueva interfaz de usuario, los analizados pueden ajustar su umbral de estimación de etnicidad en función de porcentajes, que van desde el 50 % (especulativo) hasta el 90 % (conservador). El valor predeterminado es del 50 %, y a medida que el individuo analizado aumenta el umbral, la estimación puede cambiar, ya que algunas asignaciones ya no satisfacen el umbral seleccionado.

En la imagen **F** se muestra mi estimación de etnicidad obtenida con la antigua interfaz de 23andMe. En este caso establecí el umbral en especulativo y ajusté las opciones de pantalla para mostrar una resolución subregional («Sub-Regional Resolution»), lo que significa que la estimación de etnicidad identifica regiones específicas. Por ejemplo, en vez de categorías amplias como europeo o europeo noroccidental, se muestran estimaciones para países concretos, como británico e irlandés, o francés y alemán.

23andMe también permite utilizar un navegador cromosómico para ver dónde se encuentran los segmentos asignados de cada población en el genoma del individuo analizado (imagen Ⓖ). Los colores azul (europeo), naranja (asiático oriental y nativo americano), rojo (africano subsahariano) y púrpura (norteafricano y de Oriente Medio) en los cromosomas representan el lugar donde se encuentra cada asignación de etnicidad. Por ejemplo, mi cromosoma 6 tiene un segmento naranja largo (asiático oriental y nativo americano), lo que sugiere que recibí este ADN de ancestros del este de Asia o nativos americanos.

En el navegador cromosómico de 23andMe, cada cromosoma se muestra con dos copias, aunque no hay un orden en la disposición. Tampoco queda claro a partir de los resultados de las pruebas de un individuo si todos los segmentos múltiples de un cromosoma provienen de uno de los progenitores o bien de una mezcla de ambos progenitores. Por ejemplo, en la imagen se puede ver que el cromosoma 2 tiene dos pequeños segmentos rojos y un segmento naranja. Es posible que los segmentos rojos provengan de uno de los progenitores y que el segmento naranja provenga del otro progenitor, o bien que un segmento rojo provenga de un progenitor y que el otro segmento rojo y el segmento naranja provengan del otro progenitor. Sólo si se identifica una etnicidad en la misma posición en ambos cromosomas, el individuo que se hace la prueba puede estar razonablemente seguro de que la etnicidad proviene tanto del padre como de la madre. En la imagen, por ejemplo, la mayoría de cromosomas son azules (es decir, europeos) en ambas copias.

Para saber más sobre las estimaciones de etnicidad en 23andMe, puedes consultar la guía Ancestry Composition (**www.23andme.com/en-int/ancestry_composition_guide**) (en inglés).

Ⓗ

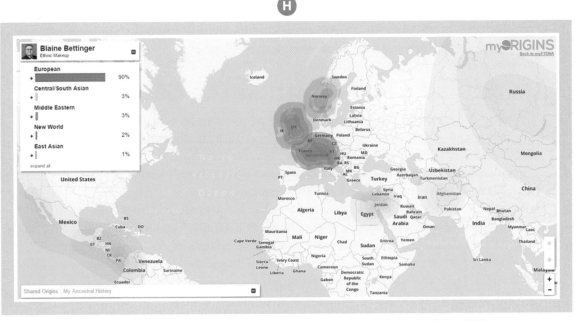

La vista predeterminada en los resultados de la estimación de etnicidad en Family Tree DNA describe categorías amplias, proyectadas sobre las regiones aproximadas que representan.

Family Tree DNA

La estimación de etnicidad de Family Tree DNA se llama MyOrigins y proporciona una estimación para varias regiones globales diferentes. Para hacerlo, Family Tree DNA obtiene primero la secuencia de ADN del individuo a analizar y luego compara el ADN con las diferentes regiones globales para obtener una estimación de etnicidad general.

En la imagen **H** se muestra mi estimación de etnicidad en myOrigins de Family Tree DNA. El valor predeterminado para la interfaz de usuario es mostrar categorías amplias, como Europa, Asia central y del sur, Oriente Medio, Nuevo Mundo y Asia oriental. Al clicar sobre estas regiones, aparecen las subregiones, como en la imagen I, donde al ampliar Europa aparecen las subregiones de Europa occidental y central, islas británicas y Escandinavia.

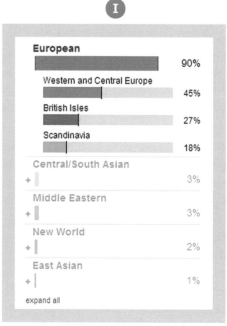

Los usuarios de Family Tree DNA pueden ampliar las regiones para ver un análisis de las estimaciones para regiones más específicas.

Para saber más sobre myOrigins, incluida una descripción detallada de las diferentes poblaciones de referencia, visita myOrigins Methodology Whitepaper (**www.familytreedna. com/learn/user-guide/family-finder-myftdna/myorigins-methodology**).

Calculadoras de etnicidad de GEDmatch

Aparte de las estimaciones de etnicidad proporcionadas por las compañías de pruebas, también puedes acceder a la herramienta de terceros GEDmatch (**www.gedmatch.com**), que ofrece varias calculadoras de etnicidad. Estas calculadoras, todas ellas creadas por académicos e investigadores independientes, pueden ayudar a verificar y ampliar tus estimaciones de etnicidad de las principales compañías de pruebas.

Al igual que los algoritmos de etnicidad de la compañía, las calculadoras de GEDmatch tienen diferentes poblaciones de referencia. Dado que las diferentes calculadoras de GEDmatch tienen diferentes algoritmos subyacentes y cada una de ellas utiliza diferentes poblaciones de referencia, no es infrecuente que las estimaciones de etnicidad varíen significativamente de una calculadora a otra ni tampoco que las estimaciones de GEDmatch sean diferentes de la estimación de etnicidad de las compañías de pruebas.

En GEDmatch, cada una de las calculadoras de etnicidad tiene dos o más modelos que el usuario puede seleccionar. Estos modelos son ligeras variaciones de las calculadoras individuales y, por lo general, difieren en la composición o el número de poblaciones de referencia empleadas para el análisis.

Actualmente GEDmatch ofrece las siguientes calculadoras de etnicidad:

1. **MDLP** (Magnus Ducatus Lituaniae Project) **(magnusducatus.blogspot.com)** se describe, según su creador, como un proyecto de análisis biogeográfico para los territorios del antiguo Gran Ducado de Lituania. Hay doce modelos diferentes de las calculadoras del proyecto MDLP y *World22* es el modelo predeterminado.

2. **Eurogenes** (Eurogenes Genetic Ancestry Project) **(bga101.blogspot.com)** se centra en ancestros europeos. Hay trece modelos de calculadoras Eurogenes, que por lo general difieren por las poblaciones de referencia incluidas en el análisis. *Eurogenes K13* es el modelo predeterminado.

3. **Dodecad** (Dodecad Ancestry Project) **(dodecad.blogspot.com)** se centra en individuos euroasiáticos. El proyecto se llama así por la palabra griega para «grupo de doce». Hay cinco modelos de calculadora Dodecad, de las cuales *Dodecad V3* es la predeterminada.

J

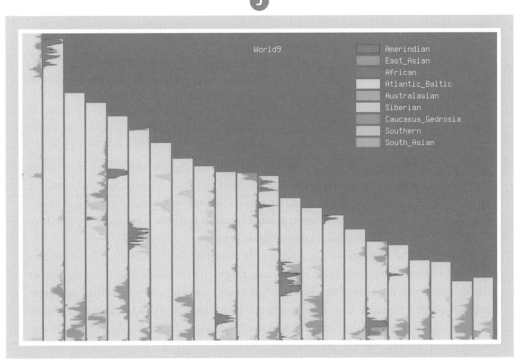

Las calculadoras de etnicidad de GEDmatch, como por ejemplo el modelo *World9* de Dodecad, comparan los resultados de tus pruebas para mostrar tu ADN con más detalle.

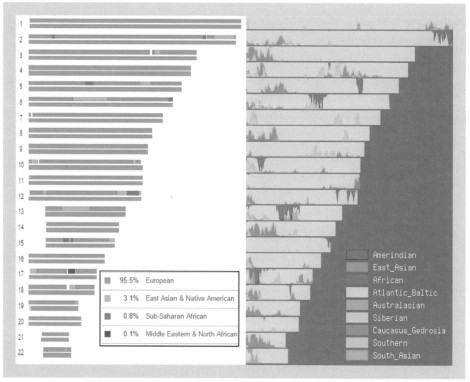

95.5%	European
3.1%	East Asian & Native American
0.8%	Sub-Saharan African
0.1%	Middle Eastern & North African

Amerindian
East_Asian
African
Atlantic_Baltic
Australasian
Siberian
Caucasus_Gedrosia
Southern
South_Asian

Las calculadoras de etnicidad, como la de la derecha, pueden coincidir con (y, por lo tanto, verificar) las estimaciones de los resultados de tus pruebas, como la de la izquierda.

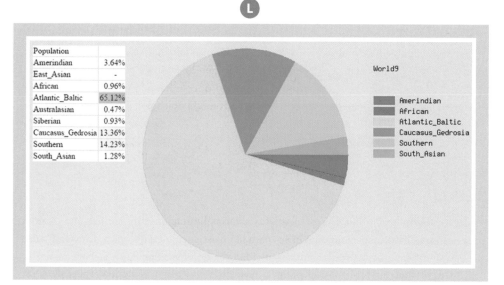

Population	
Amerindian	3.64%
East_Asian	-
African	0.96%
Atlantic_Baltic	65.12%
Australasian	0.47%
Siberian	0.93%
Caucasus_Gedrosia	13.36%
Southern	14.23%
South_Asian	1.28%

World9

Amerindian
African
Atlantic_Baltic
Caucasus_Gedrosia
Southern
South_Asian

Las calculadoras de etnicidad también pueden representar tus estimaciones en un gráfico circular.

4. **HarappaWorld** (Harappa Ancestry Project) **(www.harappadna.org)** se centra en los ancestros y las poblaciones del sur de Asia: indios, pakistaníes, bangladesíes y srilanqueses. La calculadora HarappaWorld no tiene variantes.

5. **Ethio Helix** (Intra African Genome-Wide Analysis) **(ethiohelix.blogspot.com)** se centra en ancestros y poblaciones africanas. Hay cuatro modelos de la calculadora Ethio Helix y el modelo predeterminado es Ethio Helix K10 + French.

6. **puntDNAL** se centra sobre todo en África (en especial en el este de África), el oeste de Asia y Europa. Hay cinco modelos de la calculadora puntDNAL y el modelo predeterminado es puntDNAL K10 Ancient.

7. **gedrosiaDNA** se centra en el subcontinente indio. Hay nueve modelos de la calculadora gedorsiaDNA y el modelo predeterminado es Eurasia K9 ASI.

Los resultados del análisis GEDmatch se pueden presentar de varias maneras, incluidas la representación cromosómica que muestra dónde se encuentran las etnicidades dentro de los cromosomas y una vista de porcentajes que muestra los porcentajes generales de la estimación de etnicidad. Por ejemplo, en la imagen Ⓙ se analizó mi ADN utilizando el modelo World9 de la calculadora Dodecad. En la imagen se muestran las nueve poblaciones de referencia utilizadas por el modelo *World9* y en los cromosomas se muestran las etnicidades. A diferencia del navegador cromosómico de 23andMe, sólo se muestra una copia de cada cromosoma.

Una comparación del navegador cromosómico de etnicidad de 23andMe y los resultados del modelo *World9* de la calculadora Dodecad, que se muestran en la imagen Ⓚ, revela que se han identificado muchos segmentos en ambas calculadoras. Por lo general, puedes confiar en una asignación de etnicidad que ha sido identificada por dos o más calculadoras independientes.

En la imagen Ⓛ se muestran los resultados del mismo análisis llevado a cabo con el modelo *World9* de la calculadora Dodecad, esta vez en formato de porcentaje y de gráfico circular. Usando estos dos formatos, el individuo que se hace la prueba puede ver los porcentajes de las estimaciones de etnicidad, así como la ubicación de estos segmentos en los cromosomas.

Limitaciones de las estimaciones de etnicidad

Las estimaciones de etnicidad están sujetas a varias limitaciones inherentes que impiden que sean precisas o especialmente útiles para la investigación genealógica. Estas limitaciones no significan que la estimación de etnicidad sea una mala ciencia; más bien las limitaciones significan que la ciencia en la que se basan estas estimaciones sigue desarrollándose y mejorando. Y como resultado de ello, es casi seguro que cualquier estimación de etnicidad que recibas hoy será revisada y actualizada varias veces en el futuro.

Primero, es importante recordar que las estimaciones de etnicidad son sólo eso: estimaciones. Aunque las estimaciones tienen aplicaciones genealógicas, están fundamentalmente limitadas por la ciencia subyacente. Por ejemplo, cada compañía o cada calculadora de terceros utiliza una población de referencia, pero las poblaciones de referencia se basan en poblaciones *modernas* y no en poblaciones antiguas. Además, estas poblaciones de referencia muestrean un número limitado de individuos, que no son representativos de todo el mundo.

Además, algunas etnicidades son casi imposibles de identificar con precisión. Por ejemplo, las poblaciones han estado migrando por toda Europa central y occidental durante siglos, llevando su ADN de un lugar a otro. En consecuencia, las poblaciones que finalmente se convirtieron en las modernas Alemania, Francia, Bélgica y Suiza, entre otros países, no tienen suficientes diferencias genéticas para poder identificar de manera fiable el ADN de un individuo analizado como perteneciente a sólo una de estas poblaciones. AncestryDNA describe este proceso de mezcla genética en su sección de temas de ayuda:

> Cuando los individuos de dos o más poblaciones previamente separadas comienzan a relacionarse, las poblaciones previamente diferenciadas se vuelven más difíciles de distinguir. Esta combinación de múltiples linajes genéticos se conoce como mezcla. Las zonas fronterizas se **mezclan** a menudo, a veces en gran medida.

Por ejemplo, AncestryDNA ha encontrado que la mayoría de los individuos en su panel de referencia España tienen aproximadamente el 13 % de su ADN de la región Italia/Grecia. Por consiguiente, es difícil determinar si un individuo que tiene ADN de la región Italia/Grecia tiene en realidad una ascendencia reciente italiana, griega o española.

Si bien las categorías extensas, como Europa, Asia, África o las Américas, suelen ser fiables, las estimaciones de etnicidad se vuelven menos fiables a medida que la estimación intenta adivinar. En consecuencia, un individuo que hace la prueba debe ser prudente a la hora de confiar en una estimación de etnicidad al nivel de subcontinente o país.

Usos genealógicos de las estimaciones de etnicidad

A pesar de sus limitaciones, las estimaciones de etnicidad pueden tener aplicaciones genealógicas. Por ejemplo, Ancestry Composition, de 23andMe, tiene una vista cromosómica que muestra al individuo analizado dónde se encuentran los segmentos de ADN para cada etnicidad. El individuo analizado, cuyos resultados se muestran en la imagen Ⓜ, tiene segmentos de ADN africano (rojo) y nativo americano (naranja) en el cromosoma 2. Aunque no se proporcionan las posiciones exactas de start y stop de estos segmentos de ADN, que

2 ▬▬▬▬▬▬▬▬▬▬▬▬▬▬▬▬▬▬▬▬▬▬▬▬▬▬▬▬▬▬▬▬▬▬▬

Buscar a otros individuos que tengan ADN de zonas similares del mundo en puntos concretos de cromosomas determinados puede suponer una nueva vía de investigación.

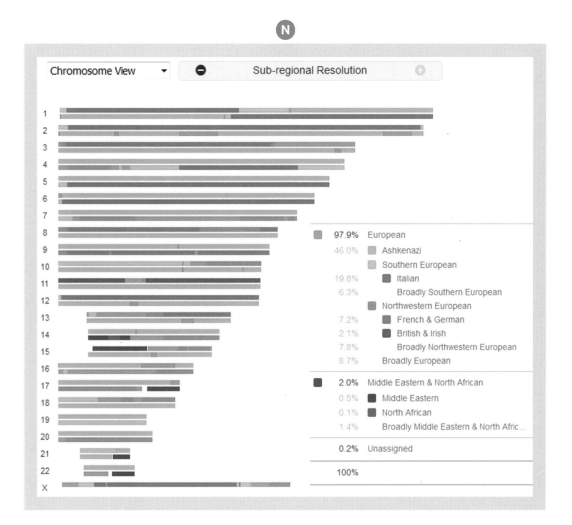

Este individuo analizado tiene un porcentaje relativamente grande de ADN de ascendencia judía asquenazí. Dado que ninguna de las regiones asquenazíes se sobrepone en ambos cromosomas, es muy probable que haya heredado el ADN de un único progenitor, lo que abre una oportunidad de investigación.

permitirían identificar más específicamente el ADN compartido, el individuo que realiza la prueba puede utilizar la información para buscar a otros individuos que comparten segmentos similares. También se pueden asignar estos segmentos de ADN a antepasados concretos si el individuo sabe de qué progenitor, abuelo o antepasado es probable que provengan estos segmentos.

Las estimaciones de etnicidad también pueden proporcionar pistas a los adoptados o a otros individuos con muros de ladrillos genealógicos recientes. En la imagen Ⓝ, por ejemplo, uno de los progenitores del individuo analizado tenía casi el 100 % de ascendencia judía asquenazí. Como resultado, se predice que el individuo analizado tiene aproximadamente un 46 % de asquenazí y ninguno de los segmentos asquenazíes (en verde) se superpone en ambas copias del cromosoma. Esto significa que el adoptado probablemente ha heredado los segmentos de uno de los progenitores.

CONCEPTOS BÁSICOS: ESTIMACIONES DE ETNICIDAD

- Una estimación de etnicidad representa qué fragmentos (y cuántos) del ADN de un individuo analizado coinciden con una o más poblaciones de referencia de todo el mundo.

- Una población de referencia es una colección de muestras de ADN que representa a una población geográfica determinada en algún momento reciente.

- El tamaño reducido y la diversidad geográfica limitada de una base de datos de una población de referencia restringen la precisión de las estimaciones de etnicidad creadas utilizando esta base de datos.

- Cada una de estas compañías de pruebas –23andMe, AncestryDNA y Family Tree DNA– proporciona una estimación de etnicidad con la prueba de ADN autosómico. Las herramientas de terceros, tales como GEDmatch, ofrecen calculadoras de etnicidad adicionales.

- Las estimaciones de etnicidad no pueden distinguir adecuadamente entre ubicaciones geográficas específicas, como países limítrofes. En cambio, funcionan mejor para determinar la fuente continental del ADN (África, América, Asia y Europa).

- Las estimaciones de etnicidad a veces pueden proporcionar información útil a los genealogistas genéticos siempre que tengan en cuenta sus limitaciones.

Hoja de comparación de regiones globales

La precisión de las estimaciones de etnicidad depende mucho de las regiones geográficas que cada compañía utiliza para comparar y elaborar sus informes. A continuación encontrarás una tabla que muestra las regiones globales utilizadas por cada una de «Las tres grandes» (23andMe, AncestryDNA y Family Tree DNA) para elaborar sus estimaciones de etnicidad en el momento en el que se escribe este libro. Descarga una versión en PDF en (**ftu.familytreemagazine.com/ft-guide-dna**).

Continente	23andMe	AncestryDNA	Family Tree DNA
África	Oriente Medio y norte de África • De Oriente Medio • Norteafricano África subsahariana • Africano occidental • Africano oriental • Africano central y sudafricano	África • Norteafricano • Del sudeste de África • Bantú • Beninés/togolés • Costamarfileño/ ghanés • Nigeriano África del sur y central • Cazador-recolector • Camerunés/congoleño • Malí • Senegalés	África • De África oriental central • Norteafricano • De África occidental • De África sur central
América	Nativos americanos (bajo Asia)	Nativos americanos	Nativos americanos
Asia	Sur de Asia Asia oriental y nativos americanos • Asiático oriental • Coreano • Japonés • Chino • Mongol • Yakuto Sudeste asiático	Asia • Surasiático • Asiático oriental • Centroasiático Asia occidental • De Oriente Medio • Caucásico	Asia central/sur • Centroasiático • Surasiático • Del sudeste de Asia Asia oriental • Del noreste de Asia Oriente Medio • De Oriente Medio oriental Asia Menor
Europa	Noroeste europeo • Británico e irlandés • Escandinavo • Finlandés • Francés y alemán Sur de Europa • Sardo • Italiano • Ibérico • Balcánico Europa del Este Asquenazí	Gran Bretaña Europa Occidental Irlanda Italia/Grecia Escandinavia Península ibérica Europa del Este Judío europeo Finlandia/noroeste de Rusia	Europa • Europa occidental y central • Europa del Este • Sur de Europa • Islas británicas • Finlandia y norte de Siberia • Escandinavia • Diáspora asquenazí Grupos de población mezclada • Islas británicas, Europa Occidental y central • Europa del Este, occidental y central • Escandinavia, Europa occidental y central • Sur de Europa, Europa occidental y central
Oceanía	Oceánico	Islas del Pacífico • Melanesia • Polinesia	(ninguna)

10

Analizar cuestiones complejas con el ADN

Te encuentras con un muro insalvable a mediados del siglo XIX que llevas años intentando solventar. (¡Lo sé porque a todos nos ha pasado!). Estos muros de ladrillos pueden resultar increíblemente difíciles y se deben considerar todas las fuentes de prueba, incluida la evidencia de ADN. Hoy en día, muchos de estos muros están cayendo gracias al poder del ADN.

Además de derribar muros (o al menos permitirle mirar por encima de ellos), la genealogía genética puede aportar evidencias para apoyar o rechazar relaciones hipotéticas y puede confirmar líneas establecidas y bien investigadas. En este capítulo examinaremos algunas formas de utilizar las pruebas de ADN para proporcionar esta evidencia.

Solventar cuestiones con ADNmt y ADN-Y

Tanto las pruebas de ADNmt como las de ADN-Y pueden ser poderosas herramientas para derribar muros. En el capítulo 5 hemos examinado cómo se puede utilizar el ADN-Y para analizar una relación paterna entre dos o más varones, y en el capítulo 11 veremos varias formas de utilizar la prueba del ADN-Y para ayudar a los adoptados en su búsqueda. Usando estas técnicas, el ADN-Y puede arrojar luz sobre muchas de las preguntas planteadas por los genealogistas. De manera similar, se puede utilizar el ADNmt con técnicas prácticamente idénticas para ayudar a analizar y resolver cuestiones genealógicas complejas.

Para confirmar o rechazar una hipotética relación paterna –o bien para verificar una línea paterna establecida y bien investigada–, es necesario hacer la prueba al menos a dos varones. Sólo en raras circunstancias se puede responder a una cuestión genealógica haciendo la prueba a un único varón. Una de estas circunstancias se da cuando se quiere analizar una determinada ascendencia étnica. Por ejemplo, una familia podría sospechar que un tatarabuelo era nativo americano en su línea paterna. Una prueba de ADN-Y de un descendiente paterno de línea directa proporcionará evidencia para apoyar o rechazar esta hipótesis basada únicamente en el haplogrupo. Si el ADN-Y pertenece a un haplogrupo nativo americano, la hipótesis es compatible; si, en cambio, el ADN-Y no pertenece a un haplogrupo americano, la hipótesis debe actualizarse y posiblemente rechazarse.

Otra circunstancia en la que la prueba sobre un único varón podría dar resultados es si el individuo que se hace la prueba tiene un gran proyecto de apellidos con el que pueda comparar los resultados. Por ejemplo, un Williams que trata de confirmar su línea de ADN-Y comparando sus resultados con los resultados de familiares paternos conocidos en el proyecto del apellido Williams sólo tiene que hacerse la prueba a sí mismo. Sin embargo, si sus resultados indican que no está realmente relacionado con ninguno de los Williams analizados en el proyecto de apellidos, indudablemente terminará haciendo la prueba a otros individuos o esperará a que otro hombre se haga la prueba y aporte una coincidencia más cercana.

De manera similar, en el caso del ADNmt deberás probar al menos a dos individuos –hombre o mujer– para confirmar o rechazar una hipotética relación materna o para verificar una línea materna establecida y bien investigada. En raras circunstancias, similares a las que acabamos de comentar para el ADN-Y, incluidas etnicidades diferentes y proyectos de ADN que incorporan los resultados de la prueba del ADNmt, el ADNmt de un único individuo puede aportar suficiente información.

Si está utilizando ADN-Y, el individuo que se hace la prueba debe considerar una prueba de 37 marcadores (o preferiblemente una prueba de 67 marcadores). En el caso del ADNmt, debe usar una prueba de genoma completo. En casi todos los casos será importante proporcionar una predicción de relación lo más detallada posible, y esto no se puede lograr con pruebas de baja resolución.

En el siguiente ejemplo (imagen Ⓐ), Ben Albro se ha topado con un muro en la figura de su tatarabuelo Seth Albro. Ben no tiene información ni pistas sobre la ascendencia o el lugar de origen de Seth Albro, y espera que una prueba de ADN-Y pueda arrojar algo de luz sobre el misterio. Ben ha encargado una prueba de 37 marcadores de su ADN y cuando recibe los resultados, tiene varias coincidencias cercanas de ADN-Y:

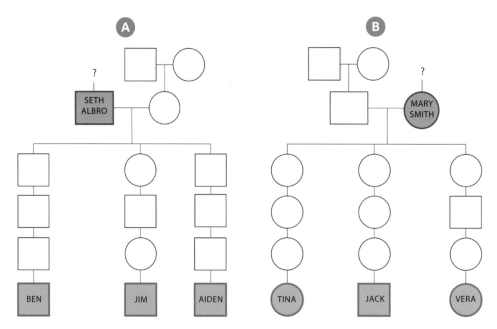

La prueba de ADN-Y puede ayudarte a encontrar antepasados cuando falla otro tipo de investigación genealógica. En este caso, Ben está tratando de encontrar más información acerca de los antepasados de su tatarabuelo paterno.

Al igual que el ADN-Y, el ADNmt se puede utilizar para investigar cuestiones genealógicas. Tina puede usar la prueba del ADNmt para encontrar información sobre su tatarabuela materna, Mary Smith.

Distancia genética	Nombre	Ancestro más lejano
0	George Albro	Job Albro, n. 1790 en Rhode Island
0	Victor Albro	Job Albro, n. 24 de mayo de 1790 en Rhode Island
1	Jameson Albro	Desconocido

Ben coincide exactamente con George y Victor Albro, que pueden seguir su ascendencia hasta un Augustus Albro, nacido en 1790 en Rhode Island. Ben se unió al proyecto de apellido Albro antes de encargar su prueba, y poco después de que estuvieran disponibles los resultados de la prueba, los administradores del proyecto le informaron que se parecía más al haplotipo Job Albro, un grupo de personas que descienden de Job Albro, de Rhode Island. Ahora Ben tiene importantes pistas sobre dónde buscar la familia de Seth, aunque puede que no baste para identificar definitivamente la ascendencia de Seth o incluso su línea paterna. Las pruebas de ADN autosómico pueden aportar nuevas pistas a seguir, como se explica más adelante en este capítulo.

También es importante recordar que un muro de ladrillos no es un requisito previo para las pruebas de ADN-Y o de ADNmt. Incluso aunque la ascendencia de Seth Albro hubiera sido bien conocida, la prueba del ADN-Y a uno o más de los parientes paternos de Ben puede confirmar las últimas generaciones en cada una de sus líneas. O los resultados de las pruebas podrían identificar una ruptura hasta ahora desconocida en una de estas líneas que luego podría ser analizada. Por ejemplo, Seth podría haberle pedido a Aiden que se hiciera una prueba de ADN-Y para comparar. Si él (Ben) y Aiden tuvieran suficientes coincidencias, Ben podría confirmar que ambas líneas se remontan hasta el antepasado común paterno Seth Albro. Por supuesto, Jim no pudo aportar una muestra de ADN-Y, ya que no es un descendiente masculino de línea directa de Seth Albro.

Similar a la prueba del ADN-Y, la prueba del ADNmt se puede utilizar para examinar cuestiones genealógicas complejas. Sin embargo, una advertencia importante es que el ADNmt no es tan bueno como el ADN-Y para estimar la distancia genealógica a partir de las coincidencias del ADNmt. Una coincidencia de ADNmt perfecta, incluso utilizando la coincidencia del genoma completo, puede significar indiferentemente que dos individuos comparten un ancestro materno muy reciente o un ancestro materno muy lejano. Otra advertencia es que no habrá una correlación entre el ADNmt y el apellido del individuo analizado, el de la coincidencia genética o el del antepasado en cuestión. Con el ADNmt –a diferencia de lo que sucede con el ADN-Y–, es muy probable que el apellido cambie en cada generación.

En este ejemplo (imagen Ⓑ), Tina se encuentra con un muro en la figura de su tatarabuela Mary Smith. Actualmente Tina no tiene ninguna información sobre el apellido de soltera de Mary, sobre sus padres ni sobre dónde ni cuándo nació. Tina se hace una prueba de ADNmt con la esperanza de que los resultados arrojen algo de luz sobre el misterio. Cuando los recibe, los resultados indican que Tina tiene una coincidencia de ADNmt exacta: la señora S. Connor, con Jane Thompson (nacida hacia 1770 en Virginia) como ancestro más lejano y el haplogrupo *A2w*.

Ahora Tina puede contactar con la señora S. Connor para presentarse y preguntarle sobre esta línea. Aunque no está claro que Tina y la señora Connor estén estrechamente emparentadas en un período de tiempo genealógicamente relevante, en potencia es una pista importante que Tina debería seguir.

Si Tina está interesada en confirmar su línea de descendencia de Mary Smith, también podría pedirle a su pariente Jack que se haga una prueba de ADNmt. Aunque Jack es un hombre, debería tener el mismo ADNmt que Tina si la investigación de Tina es correcta. Si en efecto comparten el mismo ADNmt, eso confirmaría que ambas líneas descienden de Mary Smith. En cambio, su pariente Vera no es un familiar adecuado porque el abuelo de Vera provocó una ruptura en la línea de ADNmt entre Vera y Mary Smith.

Éstos son sólo algunos ejemplos de cómo pueden utilizarse el ADNmt y el ADN-Y para examinar y posiblemente responder cuestiones genealógicas complejas. Para mantenerte al tanto de los últimos avances y descubrir nuevas maneras de utilizar el ADNmt y el ADN-Y, únete a proyectos de apellidos, proyectos de haplogrupos o proyectos geográficos en recursos como Family Tree DNA (**www.familytreedna.com**) para interactuar con otros genealogistas en foros y redes sociales y descubrir historias de éxito en trabajos de estudios genealógicos.

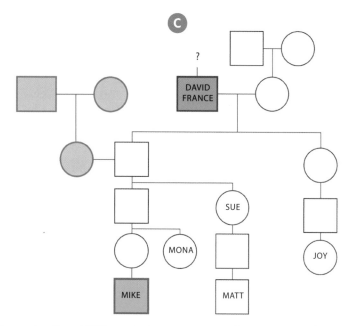

Mike puede utilizar el ADN autosómico para encontrar a los progenitores de David France. Tiene muchos potenciales candidatos a los que analizar, como Mona, Sue, Matt o Joy.

Solventar cuestiones complejas con ADN autosómico

El ADN autosómico es quizá la herramienta más prometedora para analizar cuestiones genealógicas complejas. El poder del ADN seguirá creciendo a medida que aumenta el tamaño de las bases de datos de ADN autosómico y se combinan los datos del árbol genealógico con los resultados de la prueba del ADN autosómico. Muchas cuestiones que antes resultaba imposible analizar –y mucho menos responder–, pueden abordarse fácilmente con el ADN autosómico. En esta sección veremos varias formas diferentes de utilizar el ADN autosómico para examinar cuestiones genealógicas, incluidas la triangulación de segmentos y la triangulación de árboles, entre otros métodos.

Una de las consideraciones clave en cualquier plan de prueba del ADN es decidir quién debe hacerse la prueba. En un mundo perfecto en el que el dinero cayera del cielo, podríamos hacerla a todos los parientes posibles que aceptaran. En el mundo real, sin embargo, disponemos de recursos finitos y debemos ser más cuidadosos con las pruebas. En consecuencia, cuando examinamos una cuestión genealógica específica, primero debemos hacer la prueba a las personas que tienen más probabilidades de aportar evidencia sobre esta pregunta.

En el ejemplo que se muestra en la imagen **C**, Mike pretende identificar a los padres de su antepasado David France. Mike ha realizado una prueba de ADN autosómico en cada una de las tres compañías de pruebas y ha transferido su ADN a GEDmatch (**www.gedmatch.com**), pero aún no ha descubierto ninguna evidencia sólida de la ascendencia de David France. Actualmente, Mike tiene fondos para una prueba de ADN autosómico y le gustaría saber a quién le tiene que pedir que se la haga. Tiene cuatro candidatos potenciales: Mona (su tía), Sue (su tía abuela), Matt (su primo segundo) y Joy (su tío tercero).

Así pues, ¿a quién debería elegir Mike? *A priori,* cualquiera de estos parientes aportará información relevante y coincidencias genéticas, aunque probablemente Sue y Joy sean las mejores candidatas para las pruebas de ADN. Sue y Mike sólo compartirán el ADN de un grupo adicional de ancestros (indicados en azul en la imagen). En cambio, Mike y su tía Mona compartirán muchas más líneas ancestrales y será difícil discriminar aquellas coincidencias o el ADN compartido que sólo provengan de David France y sus desconocidos padres.

Joy es una buena candidata porque cualquier ADN que Mike y Joy compartan probablemente provenga de David France y de su mujer (a excepción de cualquier otra ascendencia reciente en sus otras líneas ancestrales). Esto incrementa significativamente la importancia de cualquier coincidencia entre Joy y Mike, todas las cuales podrían ser interesantes y deberían estudiarse. De todos modos, es probable que Mike comparta menos ADN con Joy que con Sue, aunque el ADN compartido con Joy podría tener mayor interés. Ésta es una circunstancia, como tantas otras que afectan al ADN autosómico, para la que no existe una respuesta definitiva hasta que se encargan y analizan las pruebas.

Para maximizar la información obtenida por la prueba de ADN autosómico, a menudo tendrás que hacer la prueba a varios descendientes de un antepasado o de una pareja. Por ejemplo, si Mike finalmente amplía su investigación e identifica a más descendientes para las pruebas, incrementará considerablemente la posibilidad de encontrar coincidencias genéticas con buenos árboles genealógicos que se relacionan con él a través de David France. Mike puede hacer la prueba a Mona, a Sue y a Joy (o a los antepasados indicados en azul) para obtener información adicional y resultados de pruebas.

Mike no únicamente identificará segmentos de ADN que comparte con cada una de estas personas, sino que también identificará segmentos de ADN que comparten otros descendientes y que no comparten con Mike, obteniendo así una red genética de segmentos y coincidencias compartidas que se puede explorar y analizar. En este proyecto de investigación incluso se utilizan aquellos segmentos que únicamente comparten dos de los descendientes.

Triangulación de árboles

La triangulación de árboles es un término acuñado por la comunidad de genealogistas genéticos para referirse a la búsqueda de antepasados compartidos entre los árboles de parientes cercanos y la construcción de una posible conexión en el árbol genealógico utilizando estos antepasados compartidos. En su forma más básica, la triangulación implica lo siguiente:

1. Revisar los árboles de las coincidencias más cercanas al individuo analizado para buscar ancestros o familiares y apellidos compartidos entre estos árboles.

2. Encontrar redes de coincidencias con estos ancestros o familiares y apellidos compartidos que utilizan el estado In Common With (ICW), como el botón ICW en Family Tree DNA o la función Shared Matches en AncestryDNA.

3. Revisar la red y los árboles genealógicos para intentar encontrar candidatos para los ancestros del individuo analizado, en particular padres y abuelos (si el individuo analizado es adoptado).

El primer paso del proceso suele implicar la revisión de muchos árboles genealógicos de parientes cercanos para encontrar patrones de apellidos y ancestros. Por ejemplo, si observas que el apellido Philips se encuentra en varios de los árboles genealógicos, será necesario llevar a cabo investigaciones adicionales para determinar si es el mismo apellido Philips.

Como ejemplo, Dianna revisa los árboles genealógicos de sus coincidencias más cercanas en AncestryDNA, incluyendo un supuesto primo segundo y diez supuestos primos terceros. El primo segundo tiene un árbol genealógico, al igual que cinco de los primos terceros. Revisando estos árboles familiares, Dianna se da cuenta de que el apellido Pierce aparece tanto en el árbol genealógico de su primo segundo como en el árbol genealógico de uno de sus primos terceros. Los árboles sugieren que el primo segundo y el primo tercero son primos segundos entre ellos y la herramienta Shared Matches de AncestryDNA muestra que de hecho comparten ADN. La herramienta también muestra ambos comparten ADN con otro primo tercero que tiene un linaje Worthington que es colateral al linaje Pierce en los árboles genealógicos del primo segundo y del primo tercero (es decir, el linaje Worthington se casó con la familia Pierce). Se trata de una pista increíblemente fuerte de que Dianna está muy relacionada con esta misma familia Pierce o desciende de ella, aunque habrá que considerar otras líneas hasta disponer de más información o de otras coincidencias. Ahora Dianna ya puede continuar y completar el árbol genealógico de esta familia Pierce.

La triangulación de árboles aún es una metodología relativamente nueva e inexplorada, y por lo tanto todavía no ha alcanzado su máximo potencial. Se supone que esta metodología seguirá ganando nuevos seguidores y madurando a medida que más gente explore y entienda los conceptos subyacentes del proceso.

Triangulación de segmentos

Uno de los objetivos principales de la investigación del ADN autosómico es encontrar un antepasado común con una coincidencia genética, lo que te permite asignar el segmento de ADN compartido con esa coincidencia genética al antepasado común. Este proceso de identificar la fuente potencial de un segmento de ADN se conoce como **triangulación de segmentos**. La triangulación es extremadamente exigente y presenta multitud de advertencias, pero puede facilitar la identificación de antepasados comunes compartidos con nuevas coincidencias genéticas.

Más formalmente, la triangulación puede definirse como una técnica empleada para identificar al antepasado o a la pareja ancestral potencialmente responsable del segmento compartido por tres o más descendientes de ese antepasado o pareja ancestral. La triangulación implica la combinación de ADN y de registros tradicionales para asignar un segmento de ADN a un antepasado. En los capítulos 6 y 8 vimos diferentes navegadores cromosómicos disponibles de las compañías de pruebas y de GEDmatch. Estos navegadores cromosómicos son fuentes importantes de la información necesaria para la triangulación.

La triangulación es una técnica muy avanzada y es una de las metodologías a la que más tiempo dedican los genealogistas genéticos. En consecuencia, sólo se debe considerar si los frutos de la triangulación de árboles y otras metodologías similares no han aportado la información necesaria. La triangulación funciona o bien utilizando una herramienta de terceros que automatiza el proceso o bien creando una hoja de cálculo con datos de segmentos que incluyen al menos el número de cromosoma, la posición de start y la posición de stop de cada segmento compartido. Una vez utilizada la herramienta de terceros o creada la hoja de cálculo, el individuo que hace la prueba puede buscar segmentos de ADN compartidos por dos o más individuos. Si hay al menos tres individuos que comparten un segmento de ADN y un antepasado común, es una evidencia –pero no una prueba– de que el segmento de ADN puede provenir del antepasado común.

PASO 1: DESCARGA DE DATOS DE SEGMENTOS

Descarga datos de segmentos de cada una de las compañías de pruebas o de GEDmatch. Por ejemplo, 23andMe (**www.23andme.com**) y Family Tree DNA proporcionan datos de segmentos para descargar en una hoja de cálculo. Family Tree DNA proporciona la información de todas las coincidencias genéticas, mientras que 23andMe sólo proporciona la información de aquellos individuos que comparten genomas con el individuo analizado. Por su parte, AncestryDNA no comparte ningún dato de segmentos con los individuos que se hacen la prueba. Como consecuencia de ello, la única forma de obtener datos de segmentos de las coincidencias en AncestryDNA es pedirles que suban sus datos sin tratar a GEDmatch, donde se encuentran disponibles los datos de segmentos de forma gratuita.

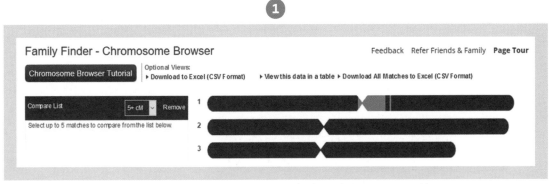

Sube tus datos de segmentos a GEDmatch y luego haz una comparación
de ADN One-to-Many y descarga un archivo CSV de los segmentos.

Puedes obtener los datos de tus segmentos de GEDmatch con bastante facilidad siguiendo unos pocos pasos. En primer lugar, haz una comparación de ADN One-to-Many usando el kit (consulta el capítulo 8 para más detalles). Clica en el cuadro Select para cualquier individuo de interés en la lista de resultados de la comparación de ADN de One-to-Many y luego haz clic en Submit en la misma página. En la página siguiente haz clic en el archivo CSV (valores separados por comas) Segment para obtener una hoja de cálculo de segmentos compartidos con los individuos de interés.

PASO 2: CREA UNA HOJA DE CÁLCULO DE TRIANGULACIÓN

Sube tus datos de segmentos a GEDmatch y luego haz una comparación de ADN One-to-Many y descarga un archivo CSV de los segmentos.

- Individuo analizado
- Compañía
- Nombre de la coincidencia
- Cromosoma
- Posición de start

- Posición de stop
- Centimogan (cM)
- Relación sugerida
- Dirección de correo electrónico
- Apellidos

Lo más probable es que la hoja de cálculo tenga muchos miles de filas y la mayoría de estos datos sean datos de segmentos pequeños. Por ello, muchos genealogistas genéticos elimi-

TRIANGULACIÓN CON HERRAMIENTAS DE TERCEROS

GEDmatch y DNAGedcom (**www.dnagedcom.com**) tienen muchas herramientas para ayudarte con la triangulación, y examinamos algunas de ellas en el capítulo 8. Por ejemplo, JWorks es una herramienta basada en Excel que te permite crear conjuntos de ADN superpuestos y asignar el estado de ICW dentro de los conjuntos, mientras que KWorks es similar a JWorks excepto que se ejecuta en el navegador. Ten en cuenta que el resultado de los dos programas se basa en el estado de ICW, y por lo tanto no es una triangulación real. Basándote únicamente en estos análisis, no puedes saber con certeza si los individuos realmente comparten segmentos superpuestos o simplemente comparten algo de ADN.

GEDmatch también dispone de otras herramientas para ayudarte con la triangulación. Por ejemplo, entre las herramientas Tier 1 se encuentra la herramienta Triangulation, que identifica individuos de la base de datos de GEDmatch que coinciden con el individuo analizado y luego compara estas coincidencias entre sí para llevar a cabo una verdadera triangulación. Los resultados se pueden ordenar por el número de cromosoma o de kit, y se pueden mostrar tanto en una tabla como en un gráfico circular. Los resultados se pueden afinar ajustando la cantidad mínima (para eliminar segmentos pequeños) o máxima (para eliminar parientes cercanos) de ADN que se muestre.

DNAGedcom también ofrece el Autosomal DNA Segment Analyzer (ADSA), una herramienta de triangulación y ICW visual. ADSA construye tablas *online* que incluyen información de coincidencias y segmentos, así como un gráfico visual de segmentos superpuestos, junto con matriz ICW con códigos de colores que permite una pseudo-triangulación de segmentos.

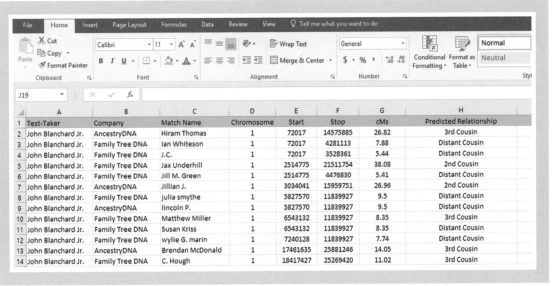

	A	B	C	D	E	F	G	H
1	Test-Taker	Company	Match Name	Chromosome	Start	Stop	cMs	Predicted Relationship
2	John Blanchard Jr.	AncestryDNA	Hiram Thomas	1	72017	14575885	26.82	3rd Cousin
3	John Blanchard Jr.	Family Tree DNA	Ian Whiteson	1	72017	4281113	7.88	Distant Cousin
4	John Blanchard Jr.	Family Tree DNA	J.C.	1	72017	3528361	5.44	Distant Cousin
5	John Blanchard Jr.	Family Tree DNA	Jax Underhill	1	2514775	21511754	38.08	2nd Cousin
6	John Blanchard Jr.	Family Tree DNA	Jill M. Green	1	2514775	4476830	5.41	Distant Cousin
7	John Blanchard Jr.	AncestryDNA	Jillian J.	1	3034041	15959751	26.96	2nd Cousin
8	John Blanchard Jr.	Family Tree DNA	julia smythe	1	5827570	11839927	9.5	Distant Cousin
9	John Blanchard Jr.	AncestryDNA	lincoln P.	1	5827570	11839927	9.5	Distant Cousin
10	John Blanchard Jr.	Family Tree DNA	Matthew Miller	1	6543132	11839927	8.35	3rd Cousin
11	John Blanchard Jr.	Family Tree DNA	Susan Kriss	1	6543132	11839927	8.35	Distant Cousin
12	John Blanchard Jr.	Family Tree DNA	wylie G. marin	1	7240128	11839927	7.74	Distant Cousin
13	John Blanchard Jr.	AncestryDNA	Brendan McDonald	1	17461635	25881246	14.05	3rd Cousin
14	John Blanchard Jr.	Family Tree DNA	C. Hough	1	18417427	25269420	11.02	3rd Cousin

GEDmatch te permite descargar tus datos de segmentos en un formato hoja de cálculo, que te permite ordenarlos según varias categorías, como número de cromosomas o longitud del segmento compartido.

nan algunos o todos los segmentos pequeños de la hoja de cálculo, y necesitarás encontrar alguna forma de revisar toda esta información. Por ejemplo, yo siempre ordeno la hoja de cálculo en Excel por la columna de cM (de más grande a más pequeño) y luego borro todas aquellas filas en las que el segmento compartido sea de menos de 5 cM. No te preocupes si éste es un porcentaje importante de la hoja de cálculo. Estos pequeños segmentos pueden resultar problemáticos y al menos un estudio ha sugerido que la mayoría de segmentos de 5 cM o menos son, de hecho, falsos positivos. Cuando domines este proceso, puedes volver atrás y usar con cautela los segmentos más pequeños.

Una vez eliminados los segmentos pequeños, ordena la hoja de cálculo por el número de cromosoma y la posición de start. Así lograrás alinear los segmentos en posibles grupos de triangulación o grupos de segmentos compartidos de ADN potencialmente superpuestos.

PASO 2: IDENTIFICA LOS GRUPOS DE TRIANGULACIÓN

Ahora el objetivo es encontrar grupos de triangulación, o grupos de tres o más individuos que no sólo compartan un segmento similar de ADN, sino que se sepa que comparten ese ADN. Si no sabes si comparten el segmento de ADN, no forman un grupo de triangulación confirmado; en vez de ello, forman un grupo de pseudotriangulación.

Para encontrar grupos de triangulación, necesitarás saber si los miembros de un potencial grupo comparten el segmento. Se puede saber usando, por ejemplo, las siguientes herramientas:

	A	B	C	D	E	F	G	H	I	J	K
1	Test-Taker	Company	Match Name	Chromosome	Start	Stop	cMs				
2								C. Hough	Jill M. Green	Ian Whiteson	Brendan McDonal
3	John Blanchard Jr.	Family Tree DNA	C. Hough	6	60256102	71390164	8.58	-	X		
4	John Blanchard Jr.	Family Tree DNA	Jill M. Green	6	60256102	71390164	8.58	X	-		
5	John Blanchard Jr.	Family Tree DNA	Ian Whiteson	6	60256102	71390164	8.58			-	X
6	John Blanchard Jr.	AncestryDNA	Brendan McDonald	6	60256102	71390164	8.58			X	-
7	John Blanchard Jr.	AncestryDNA	Jillian J.	6	60256102	71390164	8.58			X	X
8	John Blanchard Jr.	Family Tree DNA	wylie G. marin	6	60256102	71060137	7.83			X	X

Recopila los datos de tu segmento de las compañías de pruebas y de GEDmatch para analizar cuáles compartes con otras personas. Cuando tengas esta información, puedes realizar un ánilisis de ICW para ver qué ADN compartís.

- **23andMe.** Utiliza la herramienta de comparación de ADN para determinar si las coincidencias comparten segmentos de ADN.
- **AncestryDNA.** Utiliza la herramienta Shared Matches para ver si dos coincidencias comparten ADN. Ten en cuenta que sólo funciona para primos de cuarto grado o más cercanos y que compartir ADN indica –pero no demuestra– que dos individuos comparten un segmento de interés.
- **Family Tree DNA.** Utiliza la herramienta ICW. Ten en cuenta que segmentos superpuestos y estado ICW indica –pero no demuestra– que dos individuos comparten el segmento de interés.
- **GEDmatch.** Utiliza la herramienta One-to-One para determinar si las coincidencias comparten segmentos de ADN.

Veamos un ejemplo. Supongamos que descargo mis datos de segmento de Family Tree DNA, 23andMe y GEDmatch, y utilizo esta información para crear una hoja de cálculo maestra. El análisis de las hojas de cálculo revela que comparto un segmento de ADN con cuatro individuos en el cromosoma 3, con una longitud de entre 20 y 40 cM. Sin más información, no sé si estos individuos también comparten el ADN entre sí, y por lo tanto si los cinco formamos un único grupo de triangulación.

Si los cuatro individuos también se han hecho la prueba en Family Tree DNA, puedo usar la herramienta ICW o la herramienta Matrix para determinar cuáles de estos cuatro individuos comparten algo de ADN entre sí, aunque no podré saber si comparten todo el segmento de interés. Sin embargo, podría usar la información para crear grupos de pseudo-triangulación. Cuando utilizo la herramienta Matrix, veo que los cinco individuos forman dos agrupaciones: un grupo con tres personas que comparten ADN y un segundo grupo con dos personas que comparten ADN. Yo, evidentemente, formo parte de ambos grupos. Aunque no he confirmado con la herramienta Matrix que sean grupos de triangulación reales, basándose en los resultados estoy bastante seguro que los grupos son precisos. También trataré de confirmar las agrupaciones en GEDmatch, si estos individuos han subido sus resultados a esta herramienta de terceros.

Cuando tenga los grupos de triangulación identificados, ya podemos trabajar juntos como grupos para comparar nuestros árboles genealógicos y, posiblemente, encontrar un ancestro en común que pueda ser la fuente del ADN que compartimos.

Limitaciones

Tanto la triangulación de árboles como la triangulación de segmentos son buenos métodos para proporcionar pistas para futuras investigaciones y añadir evidencia a una hipótesis ya existente. Sin embargo, ni la triangulación de árboles ni la triangulación de segmentos son infalibles. Ambos métodos son susceptibles a un problema importante, a uno que debes abordar adecuadamente en cualquier argumento de prueba que se base en tus descubrimientos: un segmento de ADN podría haber sido heredado por otro antepasado, posiblemente uno no conocido, compartido por todas las coincidencias.

Por ejemplo, en la tabla de la imagen , un genealogista ha determinado el número de posibles antepasados en cada una de las últimas diez generaciones, así como los antepasados conocidos de ese individuo para esa generación (donde «conocido» significa tener alguna información sobre el antepasado). La tabla sugiere que si bien hay información

N.º de generación	Antepasado compartido	Coincidencias	N.º total de posibles antepasados	N.º total de antepasados identificados	Porcentaje de antepasados identificados
1	Padres	Hermanos	2	2	100,0
2	Abuelos	Primos hermanos	4	4	100,0
3	Bisabuelos	Primos segundos	8	8	100,0
4	Tatarabuelos	Primos terceros	16	14	87,5
5	Cuartos abuelos	Primos cuartos	32	28	87,5
6	Quintos abuelos	Primos quintos	64	54	84,4
7	Sextos abuelos	Primos sextos	128	82	64,1
8	Séptimos abuelos	Primos séptimos	256	124	48,4
9	Octavos abuelos	Primos octavos	512	148	28,9
10	Novenos abuelos	Primos novenos	1024	176	17,2

Si bien triangular antepasados con ADN puede ser eficaz, es probable que la triangulación no te permita descubrir todos los antepasados por línea directa. En el ejemplo de arriba, por ejemplo, el genealogista encuentra cada vez menos antepasados genealógicos a medida que retrocede en el tiempo.

decente sobre la ascendencia del genealogista hasta la sexta generación, al genealogista le falta información sobre al menos el 36 % de su árbol genealógico en la séptima generación. Esto supone una seria limitación ante cualquier esfuerzo para identificar un antepasado compartido en esta generación o más allá.

Si bien triangular antepasados con ADN puede ser eficaz, es probable que la triangulación no te permita descubrir todos los antepasados por línea directa. En el ejemplo de arriba, por ejemplo, el genealogista encuentra cada vez menos antepasados genealógicos a medida que retrocede en el tiempo.

En cualquier caso, los genealogistas genéticos deben reconocer la posibilidad de que el ADN se pueda compartir a través de otras líneas y considerar esa posibilidad al llegar a sus conclusiones. Además de encontrar lagunas significativas en los árboles genealógicos de los miembros de un grupo de triangulación, quizá también te tengas que enfrentar a la posibilidad de que un segmento compartido de ADN –en especial si es pequeño– sea tan frecuente dentro de una población que tratar de reducir su origen a un único antepasado resulta problemático. Por ejemplo, si el segmento X es común dentro de una población particular y un genealogista desciende de varios miembros diferentes de la población, resulta extremadamente complicado saber de cuál de estos antepasados ha heredado el segmento.

Para más información sobre los beneficios y las limitaciones de la triangulación, incluidos enlaces para lecturas complementarias (en inglés), visita la página «Triangulation» en ISOGG (**www.isogg.org/wiki/Triangulation**).

Conclusiones

Hay solamente unos pocos ejemplos de cómo el ADN puede ser utilizado para examinar y tratar de responder cuestiones genealógicas complejas. Ésta es una de las áreas de la genealogía genética más estudiadas, y es probable que nuevas metodologías, herramientas de compañías y de terceros encuentren nuevas formas de maximizar los resultados de los test de ADN.

CONCEPTOS BÁSICOS: ANALIZAR CUESTIONES COMPLEJAS CON EL ADN

☼ Tanto el ADN-Y como el ADNmt son muy útiles para examinar cuestiones genealógicas complejas, siempre y cuando se consideren cuidadosamente las limitaciones de estas pruebas de ADN. Asimismo, el ADN autosómico es una nueva y poderosa herramienta para los genealogistas genéticos que analizan cuestiones y misterios genealógicos.

☼ En la triangulación de árboles, los investigadores encuentran antepasados compartidos entre los árboles de parientes cercanos y construyen una posible conexión de árbol familiar utilizando esos antepasados compartidos.

☼ En la triangulación de segmentos, los investigadores identifican el antepasado o pareja ancestral potencialmente responsable del segmento de ADN compartido por tres o más descendientes.

11

Pruebas genéticas para adoptados

Cada línea de investigación llega a un muro infranqueable; incluso la línea ancestral más larga y bien investigada termina en un interrogante. Para algunas personas, el muro que bloquea una línea se encuentra muchas generaciones atrás; para otras –especialmente los adoptados–, sólo hay que remontar una generación para encontrarse con el muro.

Muro de ladrillos y adopción son nombres diferentes para el mismo reto: encontrar un antepasado desconocido. En este capítulo examinaremos algunas de las formas en que se puede usar la genealogía genética para analizar antepasados recientes que suponen muros por diferentes motivos, incluidos evento de no paternidad, adopción, concepción con donante, abandono, intercambio de bebés en hospitales y amnesia, entre otros. Debido en gran parte al inmenso y repentino crecimiento de las bases de datos de las compañías de pruebas, estos muros de ladrillos recientes se están derribando más rápido y más fácil que nunca.

Aunque en este capítulo utilizamos el término «adoptado», se usa para incluir las diversas situaciones que pueden dar lugar a un muro de ladrillos muy reciente (por lo general, padres o abuelos). Las metodologías utilizadas para analizar estas diversas situaciones suelen ser muy similares. Además, aunque se pueden plantear muchos problemas éticos cuando se utilizan pruebas de ADN para derribar muros de ladrillos muy recientes, muchos de estos problemas ya se han tratado en el capítulo 3 y, por lo tanto, no los volveremos a repetir aquí.

Derribar muros de ladrillos con ADN-Y

La prueba del ADN-Y puede ser una poderosa herramienta para derribar muros de ladrillos. En el capítulo 5 hemos visto cómo utilizar el ADN-Y para confirmar o rechazar una relación paterna entre dos o más varones, y los proyectos de apellidos a veces la aplican a los centenares de hombres del proyecto.

En consecuencia, los adoptados pueden utilizar el ADN-Y para identificar coincidencias paternas cercanas, algunas de las cuales podrían ser coincidencias lo suficientemente próximas como para aportar un potencial apellido al adoptado. A menudo, los resultados de las pruebas de ADN-Y también resultarán útiles cuando se trata de confirmar relaciones que se han identificado mediante pruebas de ADN autosómico. En la International Conference on Genetic Genealogy celebrada en 2011, el socio ejecutivo y director de operaciones de Family Tree DNA, Max Blankfeld, estimó que entre el 30 y el 40 % de los varones adoptados que se hacen la prueba de ADN-Y en Family Tree DNA encuentran pistas sobre su apellido biológico (**www.yourgeneticgenealogist.com/2011/11/family-tree-dnas-7th-international_09.html**). Este dato por sí solo demuestra por qué los adoptados siempre deben considerar las pruebas de ADN-Y para analizar su herencia. (Por supuesto, dado que las pruebas de ADN-Y se limitan a los hombres, las mujeres adoptadas no pueden beneficiarse de esta prueba de ADN).

Si está utilizando ADN-Y, el adoptado debe considerar una prueba de 37 marcadores o, mejor, una prueba de 67 marcadores. Será importante proporcionar una predicción de relación lo más detallada posible, y esto no se puede lograr con pruebas de baja resolución. Los adoptados deben considerar unirse al Adopted DNA Project en Family Tree DNA (**www.familytreedna.com/groups/adopted**) para acceder a una comunidad de otros adoptados y de excelentes administradores de proyectos.

En el ejemplo siguiente, el adoptado Nathan Vaughn ha llevado a cabo una extensa investigación genealógica, pero no ha encontrado ningún registro accesible que le permita completar su árbol genealógico. Nathan descubre la genealogía genética y decide encargar una prueba de ADN-Y de 37 marcadores de Family Tree DNA. Cuando recibe los resultados, también recibe una lista de coincidencias genéticas.

Distancia genética	Nombre	Antepasado más lejano	Haplogrupo de ADN-Y	SNP terminal
0	Wilhelm Davidson	Henry Davidson, nacido h. 1790 en Virginia	R-L1	
0	Liam Davidson	Henry Davidson, nacido h. 1790 en Virginia	R-L1	
1	James Davidson	Donald Davidson, nacido h. 1773 en Virginia	R-P25	P25
2	Philip Farah		R-L1	

Nathan tiene dos coincidencias perfectas de 37 de 37 marcadores (Wilhelm Davidson y Liam Davidson), y de acuerdo con los cálculos del ADN del árbol genealógico, existe una probabilidad del 95 % de que el antepasado común más reciente no fuera hace más de siete generaciones. Nathan está estrechamente relacionado por vía paterna con estas dos coincidencias, y es muy probable que su padre biológico tuviera el apellido Davidson, aunque se puede haber producido otra ruptura en la línea paterna del padre biológico de Nathan. Nathan debería considerar unirse al Davidson Surname Project («proyecto del apellido Davidson») si tal proyecto existe.

Nathan y James Davidson tienen una distancia genética de 1 (36 de 37 marcadores), y *a priori* su relación es algo más distante que las 37 de 37 coincidencias. Nathan y Philip Farah están separados por una distancia genética de 2, lo que significa que uno de sus marcadores es diferente por una mutación con un valor de 2 o bien por dos mutaciones con un valor de 1. Esta relación es incluso más distante, pero aún podría caer dentro de un período de tiempo genealógicamente relevante.

Historias de éxito con ADN-Y

Hay muchos ejemplos de adoptados y genealogistas genéticos que han derribado su muro de ladrillos usando ADN-Y. A continuación se mencionan unos pocos ejemplos de estas historias de éxito, todas ellas revisadas por especialistas y publicadas. Leer estos artículos te ayudará a entender cómo otros han aplicado la prueba del ADN-Y a sus casos. También puedes revisar las historias de éxito recopiladas por la ISOGG en **www.isogg.org/wiki/Success_stories**.

- Morna Lahnice Hollister, «Goggins and Goggans of South Carolina: DNA Helps Document the Basis of an Emancipated Family's Surname», *National Genealogical Society Quarterly* 102 (septiembre 2014):165-176. Hollister utiliza el ADN-Y para documentar el origen del apellido de una familia emancipada.

- Warren C. Pratt, Ph.D., «Finding the Father of Henry Pratt of Southeastern Kentucky», *National Genealogical Society Quarterly* 100 (lunio de 2012):85-103. Pratt combina los registros tradicionales y la prueba de ADN-Y para identificar al padre de un antepasado nacido en 1809.

- Judy Kellar Fox, «Documents and DNA Identify a Little-Known Lee Family in Virginia», *National Genealogical Society Quarterly* 99 (lunio de 2011):85-96. Fox utiliza la prueba de ADN-Y y los registros genealógicos tradicionales para verificar el parentesco de un antepasado nacido a mediados del siglo XVII.

- Randy Majors, «The Man Who Wasn't John Charles Brown?», randymajors.com (31 de diciembre de 2010) **(www.randymajors.com/2010/12/man-who-wasnt-john-charles-brown.html)**. La prueba del ADN confirma el presunto apellido de un antepasado que cambió su nombre.

Derribar muros de ladrillos con ADNmt

Por desgracia, a menudo la prueba del ADNmt no es tan útil en casos de adopción de muro de ladrillos, aunque ha permitido resolver muchos misterios genealógicos. Además, remueve cielo y tierra en casos difíciles. Por ejemplo, la prueba del ADNmt puede aportar indicios sobre el origen étnico de una madre desconocida. Al considerar una prueba de ADNmt, los individuos siempre deberían comprar una secuenciación completa de ADNmt, la prueba de mayor resolución y que cubre los 16.569 pares de bases.

En el ejemplo siguiente, la adoptada Juniper Saunders ha comprado una prueba completa de ADNmt en Family Tree DNA y unas cuantas semanas después de enviar su muestra, ha recibido la siguiente lista de coincidencias genéticas:

Distancia genética	Nombre	Antepasado más lejano	Haplogrupo de ADNmt
0	Jennie Banks	Nancy Collins, nacida h. 1775 (N.Y.)	H1
0	Caren West	Nancy Collins, nacida h. 1775	H1
1	Victor Johns		H1
2	Cynthia Nunez	Nancy (Smith) Collins, nacida h. 1770	H1

Aunque el antepasado potencial o familiar materno Nancy Collins nació hace casi 250 años, Juniper puede ponerse en contacto con estas coincidencias para pedirles información y poder construir un árbol genealógico con Nancy Collins. A pesar de que Juniper sólo puede estar relacionada con Nancy Collins y no descender de ella, debería explotar esta nueva pista.

Además, Juniper puede combinar este resultado con otras pruebas de ADN para identificar otras conexiones. Por ejemplo, Juniper debería investigar si comparte ADN autosómico con alguna de estas coincidencias de ADNmt. También debería buscar entre sus coincidencias de ADN autosómico individuos que pudieran conectar con la familia de Nancy Collins.

Historias de éxito con ADNmt

Aunque con el ADNmt no hay tantas historias de éxito como en el caso del ADN-Y, muchos genealogistas genéticos han derribado muros de ladrillos usando la prueba del ADNmt. Además de las historias de éxito recopiladas por la ISOGG en **www.isogg.org/wiki/Success_stories,** hay un artículo recientemente publicado que utiliza con éxito las pruebas de ADNmt:

- Elizabeth Shown Mills, «Testing the FAN Principle Against DNA: Zilphy (Watts) Price Cooksey Cooksey of Georgia and Mississippi», *National Genealogical Society Quarterly* 102 (junio de 2014):129-52. Mills utiliza la prueba de ADNmt combinada con dos métodos de investigación genealógica tradicional.

Derribar muros de ladrillos con ADN autosómico

El ADN autosómico tiene el potencial de resolver innumerables casos de adopción y derribar muros de ladrillos genealógicos. Además de aportar información sobre muchas líneas familiares diferentes –en especial las más recientes–, también puede revelar información sobre la etnicidad de la ascendencia reciente del individuo que se hace la prueba.

Los «adoption angels» (individuos que donan su tiempo y experiencia para ayudar a los adoptados) especializados en el ADN solventan cada día adopciones y otros misterios familiares utilizando los resultados de la prueba del ADN autosómico. El tamaño de las bases de datos de las compañías de pruebas facilita mucho este proceso al ayudar a los adoptados a encontrar parientes más cercanos. Por ejemplo, suele ser mucho más fácil resolver un caso de adopción con un único medio hermano o un primo hermano que con un puñado de primos terceros (aunque tener sólo coincidencias de primos terceros no significa que la búsqueda sea imposible). A medida que las bases de datos siguen creciendo, aumenta considerablemente la probabilidad de encontrar un padre, un medio hermano, un tío u otra relación cercana.

Para maximizar la probabilidad de encontrar una de estas coincidencias cercanas, resulta imprescindible que los adoptados «pesquen en las tres fuentes», como explica el experto en ADN CeCe Moore, autor de *Your Genetic Genealogist,* lo que significa que deben hacer pruebas de ADN autosómico en 23andMe (**www.23andme.com**), en AncestryDNA (**www.dna.ancestry.com**) y en Family Tree DNA (**www.familytreedna.com**). Aunque hay una considerable superposición entre las tres bases de datos, cada compañía tiene individuos que únicamente se encuentran en la base de datos de esa compañía.

Si el individuo interesado no se ha hecho la prueba en las tres compañías, debe transferir los datos sin tratar a GEDmatch (**www.gedmatch.com**) si no hay problemas de privacidad importantes y si el individuo se siente cómodo con ese nivel de intercambio de información. Dado que GEDmatch incluye decenas de miles de individuos analizados de cada una de las tres compañías de prueba, es la base de datos más grande de comparaciones entre compañías y, por lo tanto, puede ser una fuente muy importante de comparaciones genéticas. Si por el contrario el individuo se ha hecho la prueba en las tres compañías, GEDmatch no será tan útil; cada una de las tres compañías de pruebas identificará cualquier coincidencia suficientemente cercana que pueda ayudar al adoptado.

Encontrar un pariente cercano

Cuando el individuo que se hace la prueba encuentra a un pariente cercano en una lista de coincidencias genéticas en una compañía de pruebas (como por ejemplo un progenitor, un medio hermano, un tío o un primo hermano), necesitará poca investigación adicional. Más frecuentemente, la investigación determinará en qué lado de sus respectivas familias ambos individuos están relacionados. Por ejemplo, ¿dos medio hermanos comparten una madre o un padre? ¿Se encuentra un tío detectado en el lado materno o en el paterno? Hay pistas que pueden resultar útiles, como la coincidencia en el cromosoma X (capítulo 7), la coincidencia en el ADNmt (capítulo 4) o las estimaciones de etnicidad (capítulo 9). Por ejemplo, un individuo adoptado que se hace la prueba y descubre que es el 50 % judío y tiene una impronta de ADN-Y tradicionalmente judía, debería determinar en qué lado de la familia se encuentra una coincidencia que es judía, lo que puede ayudar a identificar sus relaciones.

La investigación adicional necesaria para determinar la relación exacta de un posible pariente cercano puede ser tan sencilla como revisar un árbol genealógico público de la coincidencia, sobre todo si el individuo adoptado que se hace la prueba tiene una o más

RECURSOS PARA INDIVIDUOS ADOPTADOS (en inglés)

Los individuos adoptados que buscan más información sobre cómo usar la genealogía genética disponen de muchos recursos. Cada uno de estos recursos es muy recomendable y aporta información ligeramente diferente. En primer lugar, es importante que los adoptados formen una red y se relacionen con otros adoptados siempre que sea posible, para garantizar que están siguiendo los pasos correctos en su plan de pruebas de ADN y que están utilizando en su investigación las metodologías y los recursos más recientes.

Páginas web

- **DNAAdoption (www.dnaadoption.com).** Introducción a la metodología y otros temas relacionados
- **Adoption and DNA (www.adopteddna.com).** Consejos sobre adopción e historias de éxito.
- Página de Facebook **The DNA Detectives (www.facebook.com/groups/DNADetectives).** La comunidad más extensa de adoptados y de *adoption angels* que utilizan ADN.
- **DNA Testing Advisor (www.dna-testing-advisor.com).** Consejos sobre las pruebas de Richard Hill, un adoptado que encontró su familia biológica en 2007 utilizando el ADN; también ha escrito el interesante y cautivador libro *Finding Family: My Search for Roots and the Secrets in My DNA*.

Foros y listas de contactos

En los siguientes foros y listas de contactos encontrarás excelentes consejos sobre las pruebas de ADN de cientos o incluso miles de personas dispuestas a responder cuestiones. Algunos de estos grupos contienen información general, mientras que otros son mucho más específicos:

- **DNAAdoption Yahoo Group** (groups.yahoo.com/group/DNAAdoption).
- **ISOGG DNA-NEWBIE List** (groups.yahoo.com/neo/groups/DNA-NEWBIE/info).
- **Rootsweb Genealogy-DNA Mailing List** (lists.rootsweb.ancestry.com/index/other/DNA/GENEALOGY-DNA.html).
- **Unknown Fathers DNA Yahoo Group** (groups.yahoo.com/group/UnknownFathersDNA).

pequeñas pistas sobre su ascendencia. Por ejemplo, si el adoptado tiene una ubicación, una profesión, una etnicidad o una fecha de nacimiento de uno o de ambos padres biológicos, puede revisar los árboles para ver dónde puede colocar esa información.

Si bien por el momento estamos renunciando a un debate profundo sobre los problemas éticos asociados con la adopción (consulta el capítulo 3 para más información sobre ética y genealogía genética), es importante que tanto los individuos adoptados como los que se hacen las pruebas consideren las repercusiones de establecer contactos y lo hagan de la mejor manera posible. Muchos medio hermanos, tíos o primos hermanos no tienen ni la menor idea de que existe el individuo adoptado, y por lo tanto la comunicación debería considerar tal posibilidad. Aunque personalmente creo que todo individuo tiene un derecho fundamental e inalienable acceder a información sobre su ascendencia genética, entiendo que no se traduce en que tenga un derecho fundamental e inalienable a establecer una relación con dichos parientes genéticos.

Encontrar un pariente lejano

Trabajar con coincidencias más lejanas (a partir de primos segundos) resultará más complicado, y gran parte del trabajo llevado a cabo por los adoption angels y las comunidades de adoptados es con estas coincidencias más lejanas. Aunque no es imposible, trabajar con un puñado de coincidencias de primos terceros suele ser difícil y requiere mucho tiempo. Si las únicas coincidencias que encuentra un adoptado son de cuarto grado o más lejanas, será extremadamente difícil encontrar la familia, si es que es posible. En esta última situación, el individuo que hace la prueba puede trabajar con las coincidencias disponibles mientras espera nuevas y mejores coincidencias con las que trabajar.

Sin lugar a dudas, se deben buscar y revisar todas las pistas posibles. En AncestryDNA, por ejemplo, revisa DNA Circles and New Ancestor Discoveries en busca de pistas. Si bien las personas identificadas en New Ancestor Discovery a menudo son líneas colaterales o apenas están emparentadas, en algunos casos se puede encontrar un antepasado real. Se debe considerar esta posibilidad, aunque el individuo que se hace la prueba siempre debe recordar que lo más probable es que el New Ancestor Discovery sea un pariente o una línea colateral.

Usar la triangulación

Tanto la triangulación de segmentos como la triangulación de árboles son útiles para los adoptados (y todos los individuos que se analizan el ADN) con relaciones de parientes más lejanos, aunque a menudo también ayudan a aquellos individuos con relaciones más cercanas.

Como hemos comentado en el capítulo 10, la triangulación de árboles es el término para encontrar antepasados compartidos entre los árboles de parientes cercanos y construir una potencial conexión genealógica usando estos antepasados compartidos. Para las personas con ascendencia conocida, la triangulación de árboles a menudo se basa en buscar apellidos o lugares que tengan una conexión con su linaje conocido. Por ejemplo, alguien con ascendencia conocida o sospechada en el sur de California lógicamente puede centrarse en grupos de parientes con árboles superpuestos en el sur de California. O alguien con ascendencia Gilmore conocida o sospechada puede centrarse en grupos de parientes con ancestros Gilmore.

Los adoptados, los expósitos y otros individuos con poca o ninguna ascendencia conocida deben abordar la triangulación de los árboles de una manera diferente. En vez de centrarse en lugares o apellidos que tienen algún vínculo con un linaje investigado, los adoptados deben centrarse en los patrones de los árboles de sus coincidencias cercanas.

La herramienta Shared Matches de AncestryDNA y la herramienta ICW de Family Tree DNA son excelentes maneras de identificar patrones. Para cada coincidencia pronosticada de pariente de tercer grado o más cercano, utiliza la herramienta ICW para identificar grupos de coincidencias. *A priori*, algunas de las coincidencias dentro de un grupo estarán relacionadas a través de la misma familia y tendrán al menos una parte de esa familia en sus árboles genealógicos asociados.

Por ejemplo, supongamos que una adoptada llamada Zula tiene una supuesta segunda prima en AncestryDNA llamada *J.T.2016,* y utiliza la herramienta Shared Matches para identificar coincidencias que Zula y *J.T.2016* tienen en común. Tienen cuatro coincidencias en común, dos de las cuales tienen un árbol genealógico vinculado a sus resultados de ADN. Cuando Zula revisa los resultados genealógicos de *J.T.2016* y sus dos coincidencias compartidas, ve el apellido Westmiller en los tres árboles. En dos de los árboles encuentra a Abraham Westmiller, nacido en 1876 en Vermont. *J.T.2016* desciende de un hijo de Abraham y una de las coincidencias compartidas desciende de otro hijo de Abraham. La otra coincidencia compartida no tiene a Abraham Westmiller en su árbol, pero Zula desarrolla el árbol de esa persona y descubre que también desciende de Abraham Westmiller.

Basándose en esta información, Zula debe construir un árbol genealógico alrededor de Abraham Westmiller y su esposa, incluidos tanto descendientes como antepasados. También puede vincular sus propios resultados de ADN con individuos dentro del árbol genealógico construido de Westmiller para ver si tiene pistas de ADN. También debe buscar coincidencias en cada una de las compañías de pruebas con el apellido Westmiller en sus perfiles o en árboles genealógicos.

Éste es el gran descubrimiento que Zula necesita para resolver sus misterios genealógicos. Como alternativa, Zula podría tener que repetir este proceso muchas antes de encontrar un vínculo familiar que sea fiable. A medida que más individuos se hagan la prueba, maduren las herramientas existentes y se desarrollen otras herramientas nuevas, la triangulación de árboles debería ser una herramienta muy útil para los adoptados.

Adopción y la metodología

La comunidad de adoptados ha desarrollado una extensa metodología para utilizar las coincidencias para encontrar antepasados biológicos. Aunque fue diseñada para la «metodología», como se la conoce, también se puede utilizar para derribar muros de ladrillos más distantes. La metodología fue creada por la comunidad DNAAdoption, un importante recurso para todos los adoptados, y por lo general incluye los siguientes pasos:

1. **Triangular segmentos de ADN para coincidencias que tienen un árbol genealógico.** El proceso de triangulación se describe detalladamente en el capítulo 10 (y ya se ha abordado en este capítulo). Esencialmente, se crea una hoja de cálculo de segmentos de ADN compartidos con coincidencias genéticas (imagen 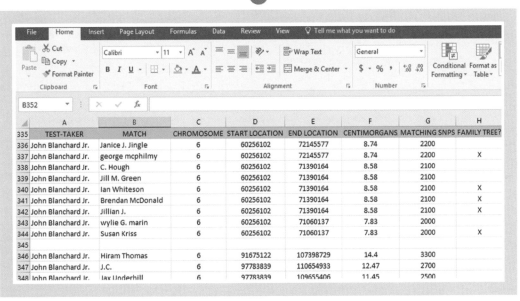) a partir de una o más compañías de pruebas o compañías de terceros, y esta hoja de cálculo se utiliza para identificar grupos de triangulación, una colección de tres o más individuos que comparten un segmento de ADN. Si los miembros de los grupos de triangulación identificados tienen árboles genealógicos disponibles, se pueden explotar estos árboles para encontrar uno o más individuos presentes en cada uno de los árboles. Ahora, estos individuos presentes en los tres árboles del grupo de triangulación son candidatos para ser el antepasado del individuo adoptado que se hace la prueba.

2. **Crear un árbol maestro con antepasados triangulados.** Una vez que se identifica a un candidato, se construye un árbol genealógico en torno a este candidato. Por ejemplo, el adoptado puede construir un árbol genealógico hacia delante o hacia atrás a

A

	A	B	C	D	E	F	G	H
	TEST-TAKER	MATCH	CHROMOSOME	START LOCATION	END LOCATION	CENTIMORGANS	MATCHING SNPS	FAMILY TREE?
335								
336	John Blanchard Jr.	Janice J. Jingle	6	60256102	72145577	8.74	2200	
337	John Blanchard Jr.	george mcphilmy	6	60256102	72145577	8.74	2200	X
338	John Blanchard Jr.	C. Hough	6	60256102	71390164	8.58	2100	
339	John Blanchard Jr.	Jill M. Green	6	60256102	71390164	8.58	2100	
340	John Blanchard Jr.	Ian Whiteson	6	60256102	71390164	8.58	2100	X
341	John Blanchard Jr.	Brendan McDonald	6	60256102	71390164	8.58	2100	X
342	John Blanchard Jr.	Jillian J.	6	60256102	71390164	8.58	2100	X
343	John Blanchard Jr.	wylie G. marin	6	60256102	71060137	7.83	2000	
344	John Blanchard Jr.	Susan Kriss	6	60256102	71060137	7.83	2000	X
345								
346	John Blanchard Jr.	Hiram Thomas	6	91675122	107398729	14.4	3300	
347	John Blanchard Jr.	J.C.	6	97783839	110654933	12.47	2700	
348	John Blanchard Jr.	Jax Underhill	6	97783839	109655406	11.45	2500	

La metodología empieza analizando grupos de triangulación, colecciones de individuos que comparten ADN (y, por lo tanto, antepasados).

partir de dicho candidato. Luego puede vincular los resultados de su ADN a un árbol construido en AncestryDNA para ver posibles sugerencias.

3. **Repetir con nuevas coincidencias hasta derribar el muro de ladrillos.** El árbol maestro puede contener árboles para cada candidato identificado en una multitud de grupos de triangulación y finalmente puede revelar «ramas» superpuestas que señalen de manera eficaz a un padre, un abuelo u otro familiar biológico cercano.

Ésta es sólo la introducción más resumida a la metodología y cada uno de los pasos anteriores implica varios pasos adicionales. Para más información y para cursos específicamente pensados para adoptados, visita el sitio web del grupo DNAAdoption (**www.dna-adoption.com**).

CONCEPTOS BÁSICOS: PRUEBAS GENÉTICAS PARA ADOPTADOS

※ El ADN ayuda a derribar muros de ladrillos muy recientes para ayudar a adoptados, expósitos y otros individuos a identificar su herencia genética.

※ En Family Treee DNA, la prueba del ADN-Y puede proporcionar un apellido biológico potencial en hasta el 30 % de los casos.

※ La prueba del ADNmt no es útil para adoptados, pero en casos excepcionales puede aportar información útil.

※ El tamaño de las bases de datos de ADN autosómico de las compañías de pruebas ha aumentado considerablemente la posibilidad de que un adoptado encuentre un primo segundo o más cercano en sus listas de coincidencias.

※ Los adoptados y otros interesados en utilizar el ADN para analizar su herencia genética deben considerar realizar una prueba de ADN-Y con 37 o 67 marcadores en Family Tree DNA (si es varón); hacerse una prueba de ADN autosómico en al menos una (y quizá las tres) de las grandes compañías de pruebas, y unirse a varios grupos de redes sociales o listas de correos centrados en adoptados para empezar a aprender a interpretar y aplicar los resultados de las pruebas de ADN-Y y de ADN autosómico.

12

El futuro de la genealogía genética

Como sucede con los ordenadores e Internet, el ADN se ha convertido en un componente importante de la investigación genealógica moderna. Aunque esta herramienta hace pocos años que está disponible, en la actualidad es una fuente de evidencia para miles de genealogistas y de fascinación y emoción para millones de analizados. En el transcurso de los próximos diez o veinte años, los nuevos avances tecnológicos y las técnicas de ADN cambiarán y ampliarán la forma como los genealogistas obtienen los resultados de las pruebas de ADN y la aplicación de estos resultados a las cuestiones genealógicas. En este capítulo echaremos un vistazo a nuestra bola de cristal para observar las tendencias actuales en la tecnología del ADN y ver cómo afectarán a la genealogía genética.

El futuro de la prueba del ADN-Y

Un área de la genealogía genética que es probable que cambie considerablemente en la próxima década es la prueba del ADN-Y. En la actualidad, las pruebas de ADN-Y incluyen o bien un puñado de Y-STR (repeticiones cortas en tándem en el cromosoma Y), por lo general entre 37 y 111, o bien algunos miles de Y-SNP (polimorfismos de nucleótido único en el cromosoma Y). Algunas pruebas de ADN-Y, como la prueba Big Y de Family Tree DNA (**www.familytreedna.com**), examinan entre 15 y 25 millones de pares de bases en el cromosoma Y, lo que sólo representa entre el 25 y el 45 % de todo el cromosoma Y, gran parte del cual potencialmente contiene información sobre la ascendencia, aunque estas pruebas apenas están comenzando a proporcionar información útil para los genealogistas.

Si bien teóricamente los futuros investigadores secuenciarían y analizarían todo el cromosoma Y en busca de información ancestral (incluida la identificación y la caracterización de nuevos STR y SNP), el cromosoma Y presenta algunos retos únicos que impiden la secuenciación completa y precisa del ADN-Y con la tecnología actual. Por ejemplo, gran parte del cromosoma Y es altamente repetitivo, palindrómico o casi idéntico al cromosoma X. Dado que la tecnología actual de secuenciación del ADN secuencia muchos fragmentos cortos (llamados «lecturas») que se superponen de un cromosoma y luego los vuelve a juntar mapeándolos con una referencia del genoma humano, las secuencias repetitivas o palindrómicas pueden dificultar mucho (si no impedir) la labor.

Sin embargo, la nueva tecnología de secuenciación podría brindar nuevas oportunidades a compañías de pruebas como Family Tree DNA. Por ejemplo, los secuenciadores de ADN que obtienen lecturas muy largas y de alta calidad estarán mucho mejor equipados para unir esas lecturas largas. Teóricamente, en el futuro la tecnología de secuenciación podría comenzar en un extremo de un cromosoma y, con una sola lectura, secuenciar todo el ADN hasta el otro extremo del cromosoma.

Cuando los datos sin tratar están disponibles, analizar los datos para extraer la información de STR y SNP es un paso fácil en el proceso. Al igual que en 2015 el influjo de los resultados de Big Y de Family Tree DNA dio lugar al llamado «tsunami SNP», los datos procedentes de la tecnología futura de secuenciación darán como resultado una gran cantidad de información que deberá ser analizada y categorizada en el contexto del árbol genealógico del ADN-Y humano. Es probable que entre estos resultados haya numerosos «SNP específicos de familia»: variaciones de Y-SNP que se encuentran entre los varones que comparten un antepasado paterno reciente (entre 100 y 250 años atrás).

Hay una fuerte presión económica para crear una tecnología mejorada de la secuenciación de ADN, incluido el deseo de utilizar pruebas de ADN de bajo coste para evaluar la salud. Como resultado (y a pesar de algunos contratiempos técnicos), en los próximos cinco o diez años se podrán ver importantes avances en la secuenciación del ADN-Y.

El futuro de la prueba del ADNmt

Dado que las pruebas actuales ya secuencian todo el ADNmt, es probable que en futuro sólo se produzcan unos pocos avances técnicos en dichas pruebas. No es posible obtener más información de la secuencia de *A, T, C* y *G* en el genoma mitocondrial.

Es probable que el mayor avance en las pruebas de ADNmt provenga del creciente número de personas que se hacen la prueba, por lo que aumentará la probabilidad de encontrar una coincidencia significativa. Aunque muchas personas encuentran coincidencias cuando se hacen las pruebas por las razones que hemos visto en el capítulo del ADNmt (es decir, que el ADNmt muta muy lentamente y, por lo tanto, muchísimas personas tienen el mismo ADNmt), es muy raro que un individuo analizado encuentre una coincidencia significativa que le ayude en su investigación genealógica. Además, el ADNmt a menudo se asocia con un linaje más corto debido al reto que supone investigar una línea materna con un cambio de apellido en cada generación. Sin embargo, a medida que las bases de datos crecen, la probabilidad de encontrar una coincidencia importante aumenta significativamente.

Otro avance importante en la prueba del ADNmt podría ser la prueba epigenética. Al igual que el ADN autosómico, el ADNmt se empaqueta en una estructura organizada con proteínas y grupos químicos que se asocian con él. Si esta estructura epigenética es heredable, como sugieren algunos estudios recientes, podría analizarse y explotarse con fines genealógicos. Cabría esperar que los individuos más estrechamente emparentados tengan una estructura epigenética más parecida, y por lo tanto la estructura epigenética del ADNmt podría distinguir a los parientes cercanos dentro de una lista de coincidencias de ADNmt. Más adelante en este capítulo se explican con más detalle las pruebas epigenéticas.

El futuro de la prueba del ADN autosómico

Se espera que los cambios más importantes en la genealogía genética ocurran en el área de las pruebas de ADN autosómico por algunas de las mismas razones que la prueba del ADN-Y. En concreto, los nuevos avances en la secuenciación de ADN mejorarán la secuenciación y reducirán el coste de las pruebas.

Cuando la secuenciación del genoma completo tenga un precio similar al de las pruebas de ADN autosómico actuales, los propios genealogistas serán el motor del uso de los resultados del genoma completo para la genealogía, incluida la mejora en la identificación de parientes y en la estimación de relaciones. Las pruebas con el genoma completo aportarán ciertos beneficios a la hora de identificar parientes y estimar las relaciones, aunque es probable que no ayuden a identificar nuevos parientes cercanos (más cercanos que de cuarto grado, por ejemplo). De manera similar, una prueba de genoma completo asequible para los genealogistas probablemente no proporcionará predicciones de relación asombrosamente precisas, sino que proporcionará nuevos parientes lejanos y mejorará la confianza en las estimaciones de relación.

Aparte de la secuenciación del genoma completo, en la próxima década se desarrollarán nuevas metodologías para analizar el ADN autosómico. Estas metodologías no serán únicamente el resultado de la investigación y la experimentación por parte de científicos y genealogistas genéticos, sino que también serán posibles debido al gran tamaño de las bases de datos de ADN autosómico. Cuando estas bases de datos incluyan muchos millones de individuos, se podrán desarrollar nuevas herramientas que no eran tan evidentes cuando las bases de datos eran más pequeñas o que no se podían utilizar con bases de datos pequeñas.

Reconstrucción genética: descifrar los genomas de los muertos

Descifrar una parte o la totalidad de los genomas de nuestros antepasados permitirá a los genealogistas aprender cosas sobre ellos que de otro modo no podrían, como su etnicidad, su salud y sus relaciones genealógicas recientes. Los genealogistas también pueden descubrir algunas de sus características físicas, como el color de los ojos y del cabello, aunque no siempre se puede saber con precisión basándose únicamente en el ADN. En esta sección comentaremos en qué consiste la reconstrucción genética, cómo funciona y por qué puede ser de interés para los genealogistas.

La reconstrucción genética es posible mediante la prueba de muchos descendientes de un ancestro o de una pareja ancestral. Por ejemplo, cojamos el caso de John y Jane Smith, quienes vivieron en Nueva Inglaterra a mediados del siglo xviii. Tuvieron doce hijos, diez de los cuales llegaron hasta la edad adulta y, por lo tanto, hoy en día viven varios miles de descendientes. Un puñado de estos descendientes tiene segmentos aleatorios de ADN heredados de John y Jane; cuantos más hijos y descendientes tenga la pareja ancestral, más ADN de esa pareja es probable que se encuentre en los individuos analizados de hoy en día.

Se pueden identificar los segmentos de ADN que potencialmente provenían de esta pareja ancestral mediante árboles genealógicos bien investigados y luego entrelazados para crear la mayor cantidad posible de genoma de la pareja. Algunos segmentos se perderán para siempre, aunque a menudo estos segmentos faltantes se pueden deducir o estimar.

En la imagen Ⓐ se han encontrado segmentos de ADN en los descendientes vivos de una pareja que vivió a mediados del siglo xviii. Algunos descendientes, como el número 4, o bien no han heredado nada del ADN de la pareja, o bien no comparten nada del ADN heredado con otro familiar, y por lo tanto es muy probable que no puedan contribuir a la reconstrucción genética. Otros descendientes –o parientes–, como el número 6, pueden no tener documentación que los relacione con la pareja. Sólo se asignarán los segmentos que se pueden asignar de manera fiable al antepasado o a la pareja ancestral. Por lo general, esto implicará identificar segmentos de ADN compartidos por dos o más descendientes del antepasado o de la pareja ancestral.

Lentamente, a medida que se introducen millones de muestras de ADN y árboles genealógicos en enormes bases de datos, se pueden ir generando los genomas de cientos y posiblemente de miles de antepasados tempranos. Sin duda, se habrán introducido muchos errores, tanto árboles de mala calidad (o árboles incorrectos debido a eventos de no paternidad) como asignaciones incorrectas de segmentos compartidos a un antepasado en vez de a

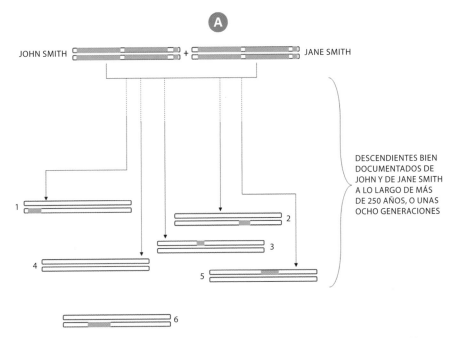

Al observar a varios de los descendientes de una pareja, puedes improvisar una aproximación de su conformación de ADN. Sin embargo, sólo algunos de estos descendientes tendrán el ADN de la pareja original; en este caso, el descendiente número 4 no tiene este ADN ancestral y por lo tanto no servirá para estos propósitos.

otro. De todos modos, la mayoría de estos errores se resolverán con el tiempo a medida que se introduzcan y se procesen más muestras de ADN y árboles genealógicos en el sistema.

Curiosamente, estos genomas recreados a veces pertenecerán a ancestros desconocidos o no identificados («antepasados de ADN sólo»), como veremos más adelante. Por ejemplo, puede parecer que los segmentos de ADN compartidos pertenecen a una pareja que probablemente vivió en el área de Boston y tuvo hijos a principios del siglo XVIII, pero no se puede encontrar una pareja conocida en los registros existentes. Para tener éxito, es evidente que esta metodología futura requerirá numerosos árboles genealógicos de amplio espectro y extremadamente bien investigados, así como muestras de ADN de varios millones de personas.

Con los genomas reconstruidos también se podría estimar qué aspecto tenían nuestros antepasados, aunque nunca se les hubiera tomado una fotografía o éstas no hubieran llegado hasta nuestros días. Todo el mundo ha comentado alguna vez a qué progenitor o a qué hermano se parece un nuevo hijo, o ha intentado diferenciar dos gemelos idénticos. Estos casos demuestran la existencia de una relación entre el aspecto físico y el ADN. En consecuencia, al examinar y comprender esta relación, en teoría podemos predecir el aspecto basándonos únicamente en el ADN.

Por ejemplo, en 2014 unos científicos publicaron un estudio que identificaba veinticuatro variantes genéticas en veinte genes que afectan la estructura facial (**journals.plos.org/plosgenetics/article?id=10.1371/journal.pgen.1004224).** A continuación, los investigadores utilizaron perfiles de ADN de voluntarios para crear aproximaciones de la estructura facial del voluntario. Además de tener numerosas aplicaciones forenses y policiales, esta tecnología podría ayudar a los genealogistas que están recreando el aspecto de los antepasados fallecidos hace mucho tiempo. Las estimaciones de la estructura facial se podrían combinar con otra información física extraída de la secuencia de ADN –como el color de los ojos, el color del cabello, la altura, el color de la piel y otras características físicas– para crear una imagen compuesta del antepasado. La información del ADN también se podría complementar con información cultural y socioeconómica para predecir peinados y otras características similares.

En otro ejemplo, AncestryDNA (**www.dna.ancestry.com**) anunció en 2014 que había recreado con éxito fragmentos significativos del genoma de David Speegle (1806–1890) y sus dos esposas, Winifred Cranford y Nancy Garren. Esto se logró analizando el ADN de cientos de descendientes de Speegle a través de sus veintiséis hijos y juntando segmentos de ADN compartidos mediante dos métodos diferentes. Con muchos hijos entre los dos matrimonios durante su vida, David y sus dos cónyuges eran excelentes candidatos para la reconstrucción, dado el elevado número de descendientes vivos que en potencia llevan una parte de su ADN. De hecho, según el obituario de Speegle en 1890, tenía al menos trescientos descendientes vivos en el momento de su defunción, lo que sugiere por qué el ADN de David Speegle y de sus esposas era tan frecuente en la base de datos de AncestryDNA. Utilizando estos genomas parciales recreados, los analistas de AncestryDNA descubrieron que David o una de sus esposas tenían una variante genética que incrementa la probabilidad de calvicie de patrón masculino y que David tenía al menos una copia de la variante genética para los ojos azules. Consulta **blogs.ancestry.com/techroots/ancestrydna-achieves-scientific-advancement-in-human-genome-reconstruction** para obtener más información (en inglés).

Generar árboles familiares

Así pues, ¿cómo te podrían ayudar los avances en el ADN autosómico en tu investigación familiar documentada? En teoría, una vez que los genomas de cientos o de miles de antepasados de los siglos XVII, XVIII o XIX se crean y se agrupan en un enorme árbol genealógico, se pueden utilizar para recrear partes del árbol genealógico de los individuos actuales que se hacen la prueba usando únicamente los resultados de una prueba de ADN. Esto se hace identificando en primer lugar posibles antepasados basándose en los resultados de una prueba de ADN autosómico y luego adaptando a estos antepasados identificados en el árbol genealógico del individuo que se hace la prueba.

La predicción o la reconstrucción del árbol genealógico resulta posible porque los antepasados identificados únicamente encajarán en un árbol genealógico en un número limi-

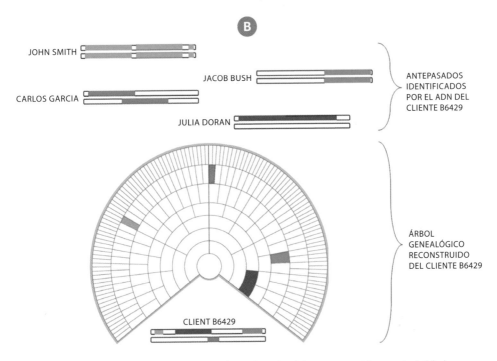

JOHN SMITH

JACOB BUSH

CARLOS GARCIA

JULIA DORAN

ANTEPASADOS IDENTIFICADOS POR EL ADN DEL CLIENTE B6429

ÁRBOL GENEALÓGICO RECONSTRUIDO DEL CLIENTE B6429

CLIENT B6429

Los futuros individuos analizados, como Cliente B6429, teóricamente podrían construir árboles genealógicos basados en los segmentos de ADN que tienen, los patrones de herencia y otros factores.

tado de formas. Por ejemplo, supongamos que te has hecho una prueba de ADN autosómico y que la compañía de pruebas ha identificado veinte ancestros utilizando sólo su base de datos de antepasados reconstruidos y los resultados de tu prueba de ADN. Estadísticamente hablando, hay un número limitado de formas de reunir esos veinte antepasados en un único árbol genealógico; sólo un número limitado de líneas irán desde todos esos veinte antepasados hasta ti. Una revisión futura podría sugerir que se analizara a un determinado familiar tuyo (por ejemplo, «Sugerimos tener un descendiente de tu bisabuelo –tu primo segundo– analizado para refinar aún más tu árbol genealógico reconstruido») o formularte una serie de preguntas para resolver con más precisión los conflictos en el árbol («¿Cómo se llamaba tu abuela paterna?», «¿Cómo se llamaba y cuál es la fecha de nacimiento de tu bisabuela?», etc.). Según tus respuestas, el programa podría seleccionar la línea de descendencia más probable desde los veinte antepasados hasta ti, y construir un árbol genealógico basado en esta información.

En el ejemplo que se muestra en la imagen B, Cliente B6429 tiene segmentos de ADN de cuatro genomas reconstruidos diferentes. Esta información se utiliza para crear un árbol genealógico inverso o reconstruido con los antepasados identificados representados en él en la configuración más probable según el tamaño de los segmentos, las genealogías establecidas y varios otros factores.

Este proceso de reconstruir el árbol genealógico también podría utilizarse junto con la investigación genealógica tradicional y, de hecho, se emplea para identificar a las familias de los adoptados. Por ejemplo, un genealogista que sabe que un cliente desciende de diez individuos podría recrear fácilmente el árbol genealógico de ese individuo. En vez de crear un árbol genealógico totalmente desde cero, el programa une partes de árboles genealógicos ya existentes en la base de datos para generar posibilidades para el cliente. Si bien es probable que el cliente tenga que completar entre las últimas tres y cinco generaciones (ya que estas generaciones tienen menos probabilidades de estar incluidas en la base de datos de la compañía), gran parte del árbol podría completarse basándose únicamente en los resultados del ADN.

Por supuesto, hay muchas salvedades con este método, y cualquier árbol genealógico generado por ordenador debe ser confirmado con la investigación tradicional. Los árboles de mala calidad, por ejemplo, presentarán un desafío importante para este proceso, aunque no supondrán un obstáculo insalvable. De hecho, es probable que la evidencia del ADN mejore en gran medida los árboles de mala calidad. Aparte de los árboles de baja calidad, los árboles genealógicos bien investigados y documentados pueden estar equivocados por culpa de evento de no paternidad de otra manera no detectables, tales como adopción, cambio de nombre o infidelidad. Estos árboles también pueden detectarse y analizarse utilizando los métodos descritos anteriormente.

Además, tener ADN de un genoma reconstruido no significa automáticamente que el individuo que se hace la prueba descienda del individuo que tenía ese genoma. Por contra, el individuo analizado sólo puede estar relacionado con esa persona. Por ejemplo, el individuo analizado puede descender de un hermano relativamente desconocido de John Smith, que tiene muy pocos descendientes vivos, en vez de ser descendiente directo del propio John Smith. En este caso, el individuo analizado también podría tener algo del ADN de John Smith. Si bien es probable que los métodos descritos anteriormente se centren en caracterizar los genomas de «antepasados punto de ramificación» (inmigrantes, fundadores de haplotipos únicos y casos similares) para evitar este problema, la existencia de parientes desconocidos –o menos conocidos– del «antepasado punto de ramificación» complicará temporalmente el proceso.

A pesar de estas salvedades, es probable que en las próximas décadas la reconstrucción de árboles genealógicos y antepasados tenga un enorme impacto sobre la investigación genealógica, ya que aporta información ancestral valiosa a los usuarios (especialmente a los adoptados).

Crear «antepasados de ADN sólo»

En un futuro muy cercano, se utilizará el ADN de parientes genéticos para recrear los genomas de antepasados desconocidos que se encuentran más allá de los muros de ladrillos. Si bien la investigación tradicional a menudo puede aportar una posible identidad al genoma

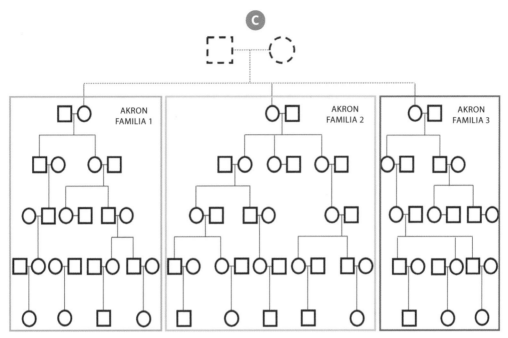

Algún día podrá combinarse el ADN compartido de los presuntos descendientes para reunir información sobre una pareja ancestral.

recreado, a veces el individuo únicamente será conocido por su ADN reconstruido. El ADN de estos «antepasados de ADN sólo» se dispersa entre los descendientes vivos, y parte de él ya se encuentra en las bases de datos de las compañías de pruebas.

Como hemos visto en el caso de los Speegles, es posible recrear al menos una parte del genoma de un antepasado si hay suficientes descendientes. Este proceso se simplifica en gran medida si los árboles genealógicos de esos descendientes son conocidos y están bien investigados. De todos modos, aún será posible utilizar el ADN de los descendientes de un antepasado desconocido para recrear fragmentos del genoma de ese antepasado desconocido.

Supongamos, por ejemplo, que un grupo de individuos dibuja su árbol genealógico particular en Akron, un pueblecito del oeste del estado de Nueva York, a principios del siglo XIX. Todas las líneas terminan allí sin un antepasado compartido conocido, y no hay pistas documentales tradicionales ni apellidos compartidos. Sin embargo, todas estas familias están genéticamente relacionadas entre sí y, según su minuciosa investigación, no parecen compartir ninguna otra línea. Si la investigación tradicional se termina, ¿cómo se las pueden apañar estos parientes para conocer más sobre su antepasado común?

Utilizando las técnicas más avanzadas de ADN autosómico, el ADN compartido entre los descendientes podría asignarse a un ancestro o a una pareja ancestral (imagen ⓒ).

Luego, el genoma parcial recreado aportará otra información sobre el «antepasado de ADN sólo», como color estimado de ojos y cabello, problemas médicos y otros rasgos físicos. También se podría utilizar para encontrar otros descendientes o parientes.

De hecho, una vez que se identifica un potencial «antepasado de ADN sólo», algunas pistas podrían ayudar a identificar el nombre de dicho antepasado, como la información fenotípica inherente (un problema médico, por ejemplo) u otros parientes que ahora se muestran como coincidencias gracias al genoma recreado (un Johnson con un sólido registro oral en una familia del mismo pueblo, por ejemplo). Leer un artículo académico en una revista de genealogía nacional con un título como «Identificada la probable identidad de un antepasado reconstruido con ADN en Akron, Nueva York» no queda tan lejos como podrías pensar.

Si bien será ideal para identificar el nombre y la familia del «antepasado de ADN sólo», en muchos casos resultará imposible. Esto es especialmente cierto para las regiones y los períodos de tiempo en que los registros son demasiado escasos para tal identificación, como los siglos XVIII y XIX en muchas zonas europeas, la ascendencia afroamericana y nativa americana en Estados Unidos, etc. Para cada una de estas regiones, habrá muchos «antepasados de ADN sólo» diferentes. Si bien es posible que no sepamos sus nombres, podemos rellenar estas lagunas con cualquier información de la que dispongamos o complementar la identificación «del antepasado de ADN sólo» con acontecimientos históricos o la vida de un individuo común en ese período de tiempo. Por ejemplo, el perfil de un «antepasado de ADN sólo» podría tener un aspecto así:

- **AkronNY-1800s-Male-1.** Probablemente vivió en Akron, en el estado de Nueva York, aproximadamente entre 1800 y 1820. Tuvo al menos tres hijos, posiblemente hijas. Akron se estableció por primera vez en 1797, por lo que es probable que AkronNY-1800s-Male-1 fuera uno de los primeros pobladores de la localidad, que prosperó durante las primeras dos décadas. Los primeros descendientes conocidos son sus nietas Susannah (Desconocida) Smith, Rebekah (Desconocida) Mullen y Sarah (Desconocida) Johnson. AkronNY-1800s-Male-1 tenía ascendencia irlandesa y ojos azules.

Aunque este ejemplo se centra en alguien de quien se sospechaba su existencia en un momento y un lugar determinados, también será posible recrear los genomas de individuos que antes eran completamente desconocidos para la historia y para los cuales no hay registros orales o documentales de ningún tipo.

Pruebas epigenéticas

Todas las pruebas de ADN actuales para genealogía analizan la secuencia de A (adenina), T (timina), C (citosina) y G (guanina) a lo largo de un cromosoma o del genoma mitocondrial. Sin embargo, el ADN comprende cantidades importantes de información que van

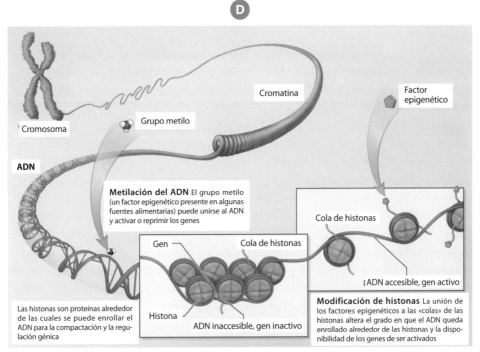

D

Cromatina

Factor epigenético

Grupo metilo

Cromosoma

ADN

Metilación del ADN El grupo metilo (un factor epigenético presente en algunas fuentes alimentarias) puede unirse al ADN y activar o reprimir los genes

Cola de histonas

Gen

Cola de histonas

ADN accesible, gen activo

Las histonas son proteínas alrededor de las cuales se puede enrollar el ADN para la compactación y la regulación génica

Histona

ADN inaccesible, gen inactivo

Modificación de histonas La unión de los factores epigenéticos a las «colas» de las histonas altera el grado en que el ADN queda enrollado alrededor de las histonas y la disponibilidad de los genes de ser activados

Los mecanismos epigenéticos, que controlan cómo la información genética se une a grupos metilo para formar la cromatina, quedan fuera del alcance de este libro. De todos modos, futuros avances tecnológicos podrían descubrir si esta información podría ser útil para los genealogistas. Cortesía de National Institutes of Health.

más allá del orden de *A, T, C* y *G*. Por ejemplo, para tener un tamaño manejable dentro del núcleo de la célula, el ADN se empaqueta en una estructura compacta llamada cromatina, un paquete complejo de ADN y proteínas. Una parte de la cromatina –la llamada heterocromatina– está muy empaquetada y la célula no la utiliza de manera activa. En cambio, hay otra parte menos empaquetada de la cromatina –la llamada eucromatina– que la célula puede utilizar. Las proteínas de empaquetamiento pueden alterarse para modificar el grado de empaquetamiento y, por lo tanto, el grado de actividad de esas partes del genoma. Además, el ADN mismo se puede unir a grupos químicos, como los grupos metilo, que afectan la accesibilidad o la actividad de ese ADN (imagen **D**). Juntos, estos mecanismos epigenéticos tienen un impacto directo e importante sobre la actividad del ADN.

La investigación reciente ha demostrado que es probable que al menos parte de la estructura epigenética del ADN se herede de una generación a la siguiente (**www.discovermagazine.com/2013/may/13-grandmas-experiences-leave-epigenetic-mark-on-your-genes**). Por ejemplo, estudios preliminares han sugerido que aquellos individuos que han experimentado un trauma de niños –o que tuvieron un progenitor o un abuelo que sufrió un trauma–

tienen perfiles epigenéticos diferentes a los de aquellos individuos que no experimentaron traumas similares.

Si la estructura epigenética del ADN se hereda, puede utilizarse para el análisis genealógico genético. Aunque hoy en día no está claro si la estructura epigenética es estable y se hereda más allá de un puñado de generaciones, según las investigaciones actuales, esta estructura epigenética es útil para analizar relaciones recientes y próximas. Por ejemplo, al determinar si un individuo es un tío o un medio hermano –o un primo tercero frente a un sobrino tercero nieto–, la información epigenética podría aportar suficiente información adicional para diferenciar entre las posibles relaciones.

Además, la información epigenética podría ser útil para conocer las experiencias vitales de nuestros antepasados. Puede haber marcadores genéticos de trauma (o de satisfacción) que se han heredado a lo largo de generaciones. Una vez que asignamos un segmento de ADN a un antepasado, por ejemplo, podríamos caracterizar la epigenética de ese segmento de ADN para saber de ese antepasado o de esa línea ancestral.

Tanto si sólo se usa para diferenciar entre relaciones de parientes cercanos como para conocer las experiencias vitales de nuestros antepasados, es casi seguro que el análisis epigenético constituirá una parte importante de las pruebas de genealogía genética en un futuro cercano.

Otros avances en genealogía genética

Los desarrollos mencionados anteriormente son sólo algunas de las posibles nuevas pruebas o técnicas que beneficiarán a la genealogía en los próximos años. Por supuesto, es imposible predecir si se producirán otras mejoras.

Otro desarrollo potencial menos predecible en el campo de la genealogía genética es la identificación y caracterización mejoradas de los parientes utilizando nuevas tecnologías para la realización de pruebas, tales como la secuenciación completa del genoma, así como extensísimos árboles genealógicos ligados al ADN. Por ejemplo, en un futuro próximo probablemente se identificarán a los parientes no sólo como un pariente potencial, sino también como una relación genealógica estadísticamente probable, incluyendo un antepasado común identificado. Es lo que está intentando hacer New Ancestor Discoveries de AncestryDNA, aunque es una versión muy inicial.

Otra área de desarrollo será el mayor uso del ADN por parte de las sociedades de linaje. A medida que el ADN se convierte en una pieza cada vez más importante de evidencia genealógica, se seguirá adoptando como evidencia por parte de las sociedades de linaje. Las Daughters of the American Revolution,[6] por ejemplo, anunciaron en 2013 una política renovada de ADN que permite usos limitados del ADN-Y (**www.dar.org/national-society/genealogy/dna-and-dar-applications,** en inglés). Otras organizaciones también permiten que las pruebas de ADN-Y demuestren o apoyen las reclamaciones de sus miembros. En el futuro se podría disponer de los resultados de otros tipos de pruebas de ADN para crear líneas potenciales de linaje para los miembros de la sociedad, en especial mientras los genealogistas genéticos sigan demostrando el poder y la eficacia de las pruebas de ADN para la genealogía. Además, en algún momento la evidencia de ADN por sí sola podría ser suficiente para los miembros, ya sea porque el ADN establece adecuadamente la descendencia de un antepasado que cumple los requisitos para los miembros o porque la propia sociedad de linaje se basa en el ADN de antepasados particulares.

CONCEPTOS BÁSICOS: EL FUTURO DE LA GENEALOGÍA GENÉTICA

- La genealogía genética aún es un campo reciente de investigación científica. Los desarrollos futuros tanto en la tecnología de la prueba del ADN como en las metodologías de análisis del ADN prometen añadir nueva información a la investigación genealógica.

- Las mejoras en la secuenciación del ADN-Y facilitarán el descubrimiento de nuevos Y-STR y Y-SNP genealógicamente relevantes y podrían permitir estimaciones aún más refinadas de las relaciones paternas.

- La secuenciación a buen precio del genoma completo del ADN autosómico permitirá predicciones de relaciones más refinadas.

- Los genealogistas recrearán fragmentos significativos de los genomas de los antepasados, revelando información sobre sus vidas, su salud y su aspecto físico. Con el tiempo, los genealogistas serán capaces de estimar la estructura facial de los antepasados.

- Algunos de estos genomas recreados pertenecerán a «antepasados de ADN sólo», que no tienen un nombre ni una identidad asociados con ellos debido a la falta de registros genealógicos tradicionales.

- Los genealogistas podrán reconstruir fragmentos de árboles genealógicos a partir de los resultados de una prueba de ADN, en colaboración con enormes bases de datos que combinan árboles genealógicos y ADN.

- Los genealogistas utilizarán pruebas epigenéticas para analizar relaciones genealógicas recientes y, posiblemente, para conocer las vidas de nuestros antepasados.

- Las sociedades de linaje aceptarán más fácilmente la evidencia del ADN, y algunas incluso pueden confiar completamente en dicha evidencia.

Glosario

La genealogía genética tiene una serie de términos que pueden resultar extraños para los genealogistas que no se han aventurado en las pruebas del ADN. Para ayudarte a descifrar estos términos, esta sección contiene un glosario de términos clave utilizados a lo largo del libro, con una breve definición y una referencia al capítulo en el que el término aparece por primera vez. Ten en cuenta que estos términos clave también pueden aparecer en otros capítulos aparte del que se menciona aquí.

ADN (ácido desoxirribonucleico): Molécula que contiene información genética y puede ser una valiosa herramienta para los genealogistas; dos cadenas largas que contienen millones de pares de bases que forman una estructura de doble hélice (capítulo 1)

ADN autosómico: Uno de los cuatro tipos de ADN útiles para los genealogistas, presente en el núcleo y que incluye los 22 cromosomas no sexuales (capítulo 1)

ADN del cromosoma X (ADN-X): Uno de los cuatro tipos de ADN útiles para los genealogistas, presente en el cromosoma X (capítulo 1)

ADN del cromosoma Y: Uno de los cuatros tipos de ADN útiles para los genealogistas, presente en el cromosoma Y, que sólo tienen los hombres y que sólo han heredado de su padre (capítulo 1)

ADN mitocondrial (ADNmt): Uno de los cuatro tipos de ADN útil para los genealogistas, presente en las mitocondrias de las células y que siempre se hereda de la madre (capítulo 1)

ancestral: Designación que indica que el individuo analizado tiene un valor de SNP ancestral (es decir, sin mutación) en una posición concreta (capítulo 5)

antepasado común más reciente: El antepasado compartido por dos o más individuos que nacido más recientemente (capítulo 4)

árbol genealógico: Colección de todos los antepasados de un individuo, independientemente de si su ADN ha contribuido o no al individuo (capítulo 1)

árbol genético: Colección de antepasados genealógicos que han contribuido con su ADN; un subconjunto del árbol genealógico (capítulo 1)

cariotipo: Todos los pares de cromosomas de una célula humana organizados en una secuencia numerada desde los más largos hasta los más cortos (capítulo 1)

cromátidas hermanas: Copias idénticas de un cromosoma que se ha duplicado durante la meiosis (capítulo 6)

cromátidas no hermanas: Copias de cromosomas no idénticos que se han duplicado durante la meiosis; cualquier entrecruzamiento/recombinación entre estos dos da lugar a mutaciones distinguibles en el ADN (capítulo 6)

cromatina: Masa densa de ADN y proteínas que forma los cromosomas; podría ser objeto de futuras pruebas de ADN (capítulo 12)

cromosoma: Estructura que contiene millones de pares de bases de ADN; los seres humanos tienen un total de 46 cromosomas, organizados en 23 pares (capítulo 1)

cromosoma X: Uno de los dos cromosomas sexuales que determinan el sexo, entre otros rasgos; dos cromosomas X (uno heredado de cada progenitor) da lugar a un individuo hembra (capítulo 7)

cromosoma Y: Uno de los dos cromosomas sexuales que determinan el sexo, entre otros rasgos; un cromosoma X (heredado de la madre) y un cromosoma Y (heredado del padre) da lugar a un individuo macho (capítulo 5)

derivado: Designación que indica que el individuo analizado tiene una mutación en una posición SNP concreta (capítulo 5)

distancia genética: Representación numérica de las diferencias o mutaciones entre los resultados del ADNmt o del ADN-Y de dos individuos (capítulo 4)

estimación de etnicidad: Método para inferir los orígenes geográficos del ADN de un individuo comparando ese ADN con una o más poblaciones de referencia (capítulo 9)

evento de no paternidad: Circunstancia o acontecimiento –como una adopción, un cambio de nombre o una infidelidad– que provoca una interrupción inesperada en la línea genética (capítulo 2)

excepcionalismo genético: Teoría según la cual la información genética es única y se debería tratar de manera diferente a otros tipos de evidencia genealógica (capítulo 3)

gen: Región del ADN que contiene información genética o instrucciones utilizadas por la célula, tales como la creación de proteínas necesarias para la vida (capítulo 1)

genealogía genética: Teoría y práctica del uso del ADN en la investigación genealógica (capítulo 1)

Genetic Genealogy Standards: Conjunto de principios éticos y de buenas prácticas establecidos por un comité *ad hoc* de científicos y genealogistas (capítulo 3)

haplogrupo: Grupo de individuos que comparten varias mutaciones genéticas, así como un antepasado común, por lo general antiguo; existen en dos líneas genéticas: ADNmt y ADN-Y (capítulo 4)

haplotipo: Colección de resultados de marcadores específicos que caracterizan a un individuo analizado (capítulo 5)

heteroplásmico: Que contiene más de una secuencia de ADNmt dentro de una célula o un organismo (capítulo 4)

homoplásmico: Que contiene una única secuencia de ADNmt dentro de una célula o un organismo (capítulo 4)

inferencia de haplotipos: Método empleado para separar el ADN de un individuo en el ADN heredado de la madre y el ADN heredado del padre (capítulo 9)

marcador: Región del ADN asignada y frecuentemente analizada (capítulo 2)

meiosis: Proceso especializado en el cual las células se dividen en óvulos y espermatozoides para permitir la reproducción (capítulo 6)

mezcla: Combinación de diferentes linajes genéticos, por lo general con orígenes geográficos diferentes (capítulo 9)

mitocondria: Unidades productoras de energía que viven dentro de las células y que se heredan de la madre; dentro de las mitocondrias se encuentra el ADNmt (capítulo 1)

mutación: Cualquier variación en el ADN que se da entre individuos o entre un individuo y una secuencia de referencia (capítulo 4)

navegador cromosómico: Herramienta que permite ver qué segmentos de sus cromosomas comparte el individuo del que se analiza el ADN con otro individuo analizado (capítulo 6)

núcleo: Centro de control de las células, donde se encuentra la inmensa mayoría del ADN (capítulo 1)

nucleótido: Compuesto químico orgánico fundamental que forma pares para crear moléculas de ADN; las cuatro variedades que se encuentran en el ADN humano son adenina, citosina, guanina y timina (capítulo 1)

par de cromosomas: Dos cromosomas complementarios que se juntan para formar un par (capítulo 1)

población de referencia: Grupo(s) de personas con quienes se comparan los resultados de los individuos analizados (capítulo 2)

polimorfismo de nucleótido único (SNP): Variación en la secuencia de ADN que afecta a un único nucleótido de una secuencia del genoma; puede diferir entre individuos dentro de una población (capítulo 10)

prueba de SNP: Uno de los dos tipos de prueba de ADNmt; analiza posiciones específicas (SNP) en la molécula circular del ADNmt (capítulo 4)

prueba de Y-SNP: Uno de los dos tipos de prueba del ADN-Y; analiza posiciones específicas (SNP) en el cromosoma Y (capítulo 5)

prueba de Y-STR: Uno de los dos tipos de prueba del ADN-Y; analiza secuencias cortas y repetitivas de ADN (STR) en el cromosoma Y (capítulo 5)

recombinación: Proceso mediante el cual los pares de cromosomas intercambian material genético, lo que conduce a variaciones entre generaciones (capítulo 4)

región codificante (CR): Región del ADNmt que contiene genes e instrucciones para la célula y, por lo tanto, rara vez cambia; sólo recientemente se ha incluido en las pruebas de ADNmt (capítulo 4)

región hipervariable 1 (HVR1): Una de las dos regiones de ADNmt que con frecuencia experimenta cambios entre generaciones, y, por lo tanto, a menudo se analiza en las pruebas de ADNmt (capítulo 4)

región hipervariable 2 (HVR2): Una de las dos regiones de ADNmt que con frecuencia experimenta cambios entre generaciones, y, por lo tanto, a menudo se analiza en las pruebas de ADNmt (capítulo 4)

región idéntica (FIR): Región del genoma en la que dos individuos comparten un segmento de ADN en ambos cromosomas (capítulo 6)

región medio idéntica (HIR): Región del genoma en la que dos individuos comparten un segmento de ADN en sólo uno de sus dos cromosomas (capítulo 6)

región no codificante: Fragmento del genoma humano que no contiene información genética (capítulo 1) secuencia de referencia Cambridge (CRS): La primera secuencia de ADNmt publicada; el estándar antiguo con el que se compara el ADNmt de todos los individuos analizados (capítulo 4)

secuencia de referencia Cambridge revisada (rCRS): Una actualización de la CRS; frecuentemente utilizada como el estándar con el que se compara el ADNmt de los individuos analizados (capítulo 4)

secuencia de referencia sapiens reconstruida (RSRS): Esfuerzo reciente para representar un único genoma de ADNmt de todos los seres humanos vivos; a veces se utiliza como el estándar frente al cual se compara el ADNmt de los individuos analizados (capítulo 4)

secuenciación del ADNmt: Uno de los dos tipos de prueba de ADNmt; examina parte o la totalidad de los pares de bases de nucleótidos del ADNmt (capítulo 4)

secuenciación del genoma completo: Prueba que analiza todo el ADN de un individuo (capítulo 6)

subclado: Subgrupo de un haplogrupo, definido por una o más mutaciones de SNP (capítulo 5)

triangulación de árboles: Método para encontrar antepasados utilizando los árboles genealógicos de otros individuos junto con herramientas In Common With genéticas (capítulo 10)

triangulación de segmentos: Método para rastrear uno o más segmentos del ADN de un individuo hasta un antepasado o pareja ancestral comparando el ADN con el de dos o más parientes genéticos que comparten el mismo segmento de ADN y el mismo antepasado (capítulo 10)

Guías de comparación

No existe un plan de pruebas de ADN que sirva para todo el mundo, y para la mayoría de nosotros el coste de la prueba del ADN es una consideración constante. Aunque el precio de las pruebas de ADN ha ido disminuyendo progresivamente, recurrir a múltiples tipos de pruebas (o hacer pruebas a varias personas) todavía conlleva un gasto considerable. Si el coste no fuera un factor, recomendaría una prueba completa de ADNmt, una prueba de 111 marcadores de ADN-Y (para varones) y pruebas autosómicas de ADN en 23andMe (**www.23andme.com**), AncestryDNA (**www.dna.ancestry.com**) y Family Tree DNA (**www.familytreedna.com**).

Pero dado que el coste es un factor para la mayoría de los investigadores, tendrás que ser prudente al seleccionar cómo destinarás tus recursos. Esta sección (que incluye un diagrama de flujo para elegir tu prueba de ADN, una tabla que compara los cuatro tipos principales de prueba y un cuadro que compara las características de las tres compañías de pruebas) está diseñada para ayudarte a seleccionar tanto una prueba como una compañía de pruebas para lograr tus objetivos de investigación y sacarle el máximo provecho a tu dinero.

El diagrama de flujo es una guía básica para la toma de decisiones. No puede cubrir todos los casos posibles y no debería prevalecer sobre los consejos que has recibido de una compañía de pruebas o de alguien con experiencia en pruebas de ADN. Pero si no tienes ni idea por dónde empezar y nadie cerca a quien preguntar, este diagrama de flujo te dará una idea de qué prueba o qué pruebas debes hacer respondiendo a unas pocas preguntas sencillas:

1. ¿Te haces la prueba para responder a una pregunta genealógica específica? En otras palabras, ¿te haces la prueba para examinar una relación específica, derribar un muro de ladrillos o responder a un misterio? Si es así, es posible que necesites una prueba más específica, como por ejemplo una prueba de ADN-Y (si es una línea de ADN-Y) o una prueba de ADNmt (si es una línea de ADNmt). Si no es el caso y estás más interesado en los aspectos generales de las pruebas de ADN, lo más probable es que empieces con una prueba de ADN autosómico. No hace mucho, todo genealogista genético te hubiera recomendado comenzar con una prueba de ADN-Y o de ADNmt. Ahora, sin embargo, hay mucho más con lo que trabajar una vez que recibes los resultados de tus pruebas de ADN autosómico. Después de haber analizado tu ADN autosómico, y si deseas experimentar con más pruebas de ADN, te recomiendo que hagas una prueba de ADN-Y y luego una de ADNmt.

2. ¿Eres adoptado? Si es así y eres hombre, debes empezar con una prueba de ADN-Y y también considerar una prueba de ADN autosómico. Si eres una mujer adoptada, ve directa a una prueba de ADN autosómico.

3. ¿Te estás analizando tu propio ADN? Si es que sí, entonces debes considerar una prueba de ADN autosómico en AncestryDNA o en Family Tree DNA. Si por el contrario le estás pidiendo a otra persona que se analice su ADN, pasa a la siguiente pregunta.

4. ¿Existe la posibilidad de hacer la prueba en el futuro? Si le pides a una persona que se haga la prueba y te gustaría conservar la muestra para futuras pruebas, sobre todo si existe el riesgo de que el individuo que aporta el ADN no esté disponible, considera la posibilidad de hacer la prueba en Family Tree DNA (o coge una muestra para conservarla en Family Tree DNA).

En la mayoría de los casos en que resulta necesaria una prueba de ADN autosómico, te recomiendo que la hagas en AncestryDNA y en Family Tree DNA. Luego puedes considerar hacer pruebas en 23andMe si no supone un problema el coste económico. Para que decidas tú, he incluido una tabla que compara las características de las tres compañías de pruebas.

Elegir una prueba de ADN

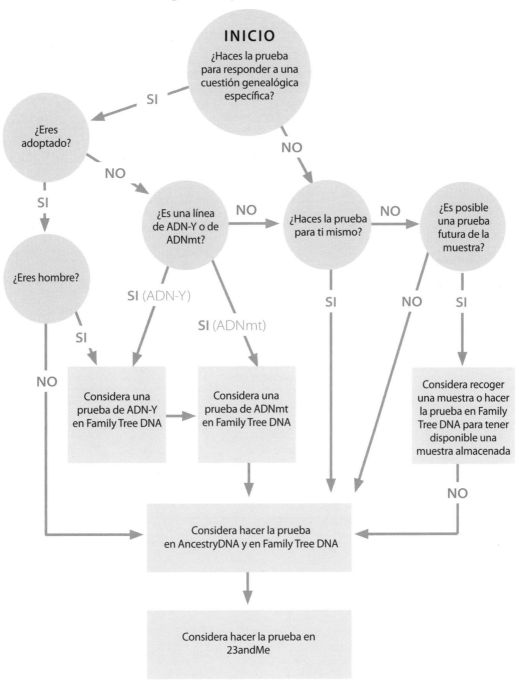

INICIO
¿Haces la prueba para responder a una cuestión genealógica específica?

¿Eres adoptado?

¿Eres hombre?

¿Es una línea de ADN-Y o de ADNmt?

¿Haces la prueba para ti mismo?

¿Es posible una prueba futura de la muestra?

SI   NO   SI (ADN-Y)   SI (ADNmt)   SI   NO   SI   NO

Considera una prueba de ADN-Y en Family Tree DNA

Considera una prueba de ADNmt en Family Tree DNA

Considera recoger una muestra o hacer la prueba en Family Tree DNA para tener disponible una muestra almacenada

Considera hacer la prueba en AncestryDNA y en Family Tree DNA

Considera hacer la prueba en 23andMe

Comparación de las diferentes pruebas de ADN

	ADNmt	ADN-Y	ADN autosómico	ADN-X
Tipos de prueba	• **Secuenciación HVR1/HVR2:** Analiza regiones de ADN que es más probable que varíen. • **ADNmt completo:** Analiza toda la cadena de ADNmt. • **Prueba de SNP:** Analiza posiciones específicas del ADN.	• **Prueba de Y-STR:** Analiza segmentos de ADN cortos y repetidos. • **Prueba de Y-SNP:** Analiza posiciones específicas del ADN.	• **Prueba de SNP:** Analiza posiciones específicas del ADN. • **Secuenciación del genoma completo:** Analiza los treinta y tres cromosomas.	(Los SNP se analizan como parte de la prueba del ADN autosómico).
Determinación de haplogrupo	Sí.	Sí. Los resultados de la prueba del ADN-Y se utilizan tanto para estimar (prueba de Y-STR) como para determinar (prueba de Y-SNP) el haplogrupo paterno del individuo que se hace la prueba.	No.	No.
¿Comparación de parientes?	Sí. Las secuenciaciones HVR1/HVR2 y del ADNmt completo se pueden utilizar para comparar parientes, aunque las coincidencias aleatorias pueden no ser significativas en una escala de tiempo genealógicamente relevante, ya que el ADNmt muta muy lentamente. La prueba de SNP no se utiliza para comparar parientes.	Sí. Los resultados de la prueba Y-STR son útiles para la comparación aleatoria de parientes para estimar el número de generaciones paternas entre dos coincidencias. La prueba de Y-SNP no es tan útil.	Sí. Los resultados de la prueba del ADN autosómico son útiles para la comparación aleatoria de parientes y para estimar aproximadamente el número de generaciones entre dos coincidencias.	Sí, aunque (debido a la baja densidad de SNP y a los umbrales bajos) sólo se deben considerar los segmentos de gran tamaño (de al menos 10 cM, y posiblemente más grandes).

Comparación de las tres principales compañías de pruebas

		23andMe <www.23andme.com>	AncestryDNA <dna.ancestry.com>	Family Tree DNA <www.familytreedna.com>
Información general	Precio	199 $	99 $	99 $ (ADN autosómico); 169 $ (ADN-Y); 199 $ (ADNmt)
	Tamaño de la base de datos	Más de 1 millón de perfiles	Más de 2 millones de perfiles	Más de 700.000 perfiles (ADN autosómico, ADN-Y y ADNmt conjuntamente)
	Tasa estimada de respuesta a los mensajes de coincidencias	Baja	Media	Media
	Suscripción requerida	No	Sí, sólo para algunas herramientas de análisis	No
	Accesibilidad al servicio al cliente	Sólo correo electrónico	Teléfono o correo electrónico	Teléfono o correo electrónico
	Contacto con tu coincidencia	Sí, directamente	Sí, a través de un correo electrónico de intermediación	Sí, directamente
Herramientas de genealogía	Búsqueda por apellido	Sí	Sí	Sí
	Búsqueda por localidad	Sí	Sí	Sí
	Incorpora linaje con ADN	No	Sí	No
Herramientas genéticas	Posible relación sugerida	Sí	Sí	Sí
	Cantidad compartida de ADN (en cM)	Sí	Sí	Sí
	Navegador cromosómico	Sí	No	Sí
	Ver otras coincidencias compartidas con una coincidencia	Sí	Sí	Sí

Formularios de investigación

Si bien puede resultar tentador ponerse a investigar y a comparar parientes tan pronto como se reciben los resultados las pruebas de ADN, se obtienen mucho mejores resultados si se realiza un análisis más cuidadoso y exhaustivo de posibles coincidencias, búsquedas web y líneas ancestrales. Esta sección incluye varios formularios que te ayudarán a analizar tu investigación y a mantener en orden tus descubrimientos. Puedes descargar versiones *online* de estos formularios en **ftu.familytreemagazine.com/ft-guide-dna** (en inglés).

- **Tabla de relaciones.** Descubre qué relación tienes con otra persona basándose en tu antepasado común más reciente.
- **Hoja de apellidos.** Anota información relevante sobre el apellido para una referencia fácil.
- **Hoja de coincidencias de parientes de ADN.** Documenta a tus parientes confirmados de ADN.
- **Hoja de relaciones con las coincidencias.** Determina qué relación tienes con las posibles coincidencias.
- **Hoja de grupo familiar.** Anota todo lo que sabes (y vas descubriendo) sobre una familia en concreto.
- **Árbol para cinco generaciones de antepasados.** Traza tu árbol genealógico hasta cinco generaciones atrás.
- **Agenda y registro de investigación.** Haz un seguimiento de lo que has conseguido en tu investigación y lo que aún queda por hacer.

Tabla de relaciones

Instrucciones:

1. Identifica el antepasado común más reciente de los dos individuos con relación desconocida.

2. Determina la relación del antepasado común con cada individuo (por ejemplo, abuelo o bisabuelo).

3. En la fila superior de la tabla, encuentra la relación del antepasado común con el pariente número uno. En la columna de la izquierda, encuentra la relación del antepasado común con el pariente número dos.

4. Traza la fila y la columna del paso 3. El cuadro donde se encuentran muestra la relación de los dos individuos.

EL ANTEPASADO COMÚN MÁS RECIENTE DEL PARIENTE NÚMERO UNO ES...

EL ANTEPASADO COMÚN MÁS RECIENTE DEL PARIENTE NÚMERO DOS ES...

	padre	abuelo	bisabuelo	tatarabuelo	cuarto abuelo	quinto abuelo	sexto abuelo	séptimo abuelo
hermanos	tío / sobrino	tío abuelo / sobrino nieto	tío bisabuelo / sobrino bisnieto	tío tatarabuelo / sobrino tataranieto	tío cuarto abuelo / sobrino cuarto nieto	tío quinto abuelo / sobrino quinto nieto	tío sexto abuelo / sobrino sexto nieto	tío séptimo abuelo / sobrino séptimo nieto
abuelo	tío / sobrino	primos hermanos	tío segundo / sobrino segundo	tío segundo abuelo / sobrino segundo nieto	tío segundo bisabuelo / sobrino segundo bisnieto	tío segundo tatarabuelo / sobrino segundo tataranieto	tío segundo cuarto abuelo / sobrino segundo cuarto nieto	tío segundo quinto abuelo / sobrino segundo quinto nieto
bisabuelo	tío abuelo / sobrino nieto	tío segundo / sobrino segundo	primos segundos	tío tercero / sobrino tercero	tío tercero abuelo / sobrino tercero nieto	tío tercero bisabuelo / sobrino tercero bisnieto	tío tercero tatarabuelo / sobrino tercero tataranieto	tío tercero cuarto abuelo / sobrino tercero cuarto nieto
tatarabuelo	tío bisabuelo / sobrino bisnieto	tío segundo abuelo / sobrino segundo nieto	tío tercero / sobrino tercero	primos terceros	tío cuarto / sobrino cuarto	tío cuarto abuelo / sobrino cuarto nieto	tío cuarto bisabuelo / tío cuarto bisnieto	tío cuarto tatarabuelo / tío cuarto tataranieto
cuarto abuelo	tío tatarabuelo / sobrino tataranieto	tío segundo bisabuelo / sobrino segundo bisnieto	tío tercero abuelo / sobrino tercero nieto	tío cuarto / sobrino cuarto	primos cuartos	tío quinto / sobrino quinto	tío quinto abuelo / sobrino quinto nieto	tío quinto bisabuelo / sobrino quinto bisnieto
quinto abuelo	tío cuarto abuelo / sobrino cuarto nieto	tío segundo tatarabuelo / sobrino segundo tataranieto	tío tercero bisabuelo / sobrino tercero bisnieto	tío cuarto abuelo / sobrino cuarto nieto	tío quinto / sobrino quinto	primos quintos	tío sexto / sobrino sexto	tío sexto abuelo / sobrino sexto nieto
sexto abuelo	tío quinto abuelo	tío segundo cuarto abuelo / sobrino segundo cuarto nieto	tío tercero tatarabuelo / sobrino tercero tataranieto	tío cuarto bisabuelo / sobrino cuarto bisnieto	tío quinto abuelo / sobrino quinto nieto	tío sexto / sobrino sexto	primos sextos	tío séptimo / sobrino séptimo

Hoja de apellidos

Apellido	
Significado	
Variaciones ortográficas	
Posibles errores de transcripción	

Apellido	
Significado	
Variaciones ortográficas	
Posibles errores de transcripción	

Apellido	
Significado	
Variaciones ortográficas	
Posibles errores de transcripción	

Hoja de coincidencias de parientes de ADN

Porcentaje de coincidencias	Centimorgan (cM)	Relación	Notas

Hoja de coincidencias de parientes de ADN

Usa este rastreador para anotar pistas clave que podrían ayudarte a determinar qué relación tienes con tus parientes genéticos.

	Compañía de pruebas y página web	Nombre de usuario de la coincidencia	Relación estimada	Información de contacto (si se sabe)	Lugares ancestrales compartidos	Antepasados de coincidencia de lugares compartidos
1						
2						
3						
4						
5						
6						
7						

Hoja de relaciones con las coincidencias

	Apellidos compartidos	Pariente(s) de la coincidencia con ese apellido (y relación con el usuario)	Orígenes étnicos compartidos	Correspondencia con el usuario, incluyendo fechas	Notas
1					
2					
3					
4					
5					
6					
7					

Hoja de grupo familiar

De la familia _____

	Fuente #		Fuente #

Nombre completo del marido _____

Fecha y lugar de nacimiento

Su padre _____

Fecha y lugar de matrimonio

Su madre con nombre de soltera _____

Fecha y lugar de defunción   Entierro

Nombre completo de la esposa _____

Su padre _____

Fecha y lugar de nacimiento

Su madre con nombre de soltera _____

Fecha y lugar de defunción   Entierro

Otras esposas _____

Fecha y lugar de matrimonio

Hijos de este matrimonio	Fecha y lugar de nacimiento	Fecha y lugar de fallecimiento y entierro	Fecha y lugar de matrimonio, y esposa

Árbol para cinco generaciones de antepasados

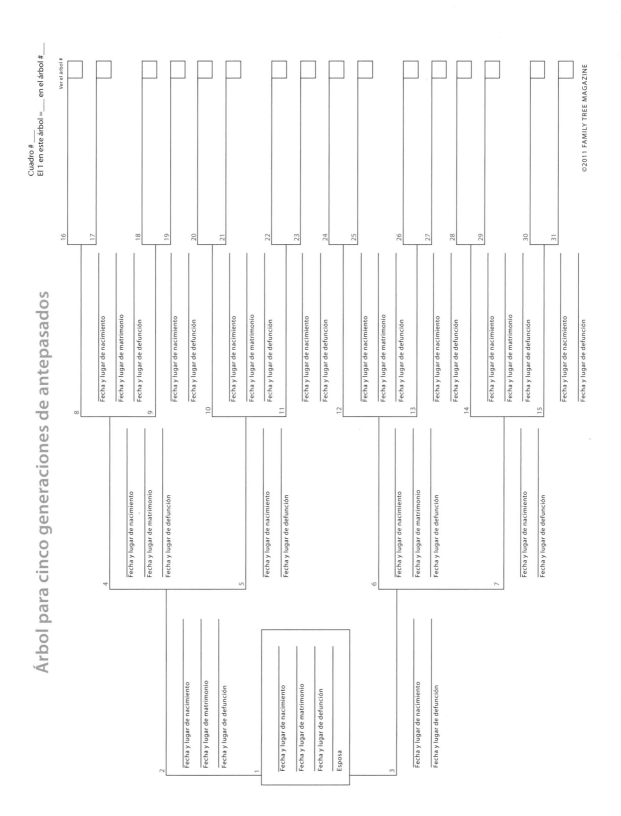

Fecha y lugar de nacimiento
Fecha y lugar de matrimonio
Fecha y lugar de defunción

Fecha y lugar de nacimiento
Fecha y lugar de defunción

Fecha y lugar de nacimiento
Fecha y lugar de matrimonio
Fecha y lugar de defunción

Fecha y lugar de nacimiento
Fecha y lugar de defunción

Fecha y lugar de nacimiento
Fecha y lugar de matrimonio
Fecha y lugar de defunción

Fecha y lugar de nacimiento
Fecha y lugar de defunción

Fecha y lugar de nacimiento
Fecha y lugar de matrimonio
Fecha y lugar de defunción

Fecha y lugar de nacimiento
Fecha y lugar de defunción

Fecha y lugar de nacimiento
Fecha y lugar de matrimonio
Fecha y lugar de defunción

Fecha y lugar de nacimiento
Fecha y lugar de defunción

Fecha y lugar de nacimiento
Fecha y lugar de matrimonio
Fecha y lugar de defunción

Fecha y lugar de nacimiento
Fecha y lugar de defunción

Fecha y lugar de nacimiento
Fecha y lugar de matrimonio
Fecha y lugar de defunción

Fecha y lugar de nacimiento
Fecha y lugar de defunción

Fecha y lugar de nacimiento
Fecha y lugar de matrimonio
Fecha y lugar de defunción

Fecha y lugar de nacimiento
Fecha y lugar de defunción

Fecha y lugar de nacimiento
Fecha y lugar de matrimonio
Fecha y lugar de defunción

Fecha y lugar de nacimiento
Fecha y lugar de matrimonio
Fecha y lugar de defunción

Fecha y lugar de nacimiento
Fecha y lugar de matrimonio
Fecha y lugar de defunción
Esposa

Fecha y lugar de nacimiento
Fecha y lugar de defunción

Agenda y registro de investigación

Pregunta de investigación:

_____

_____

Información conocida:

_____

_____

Tarea	¿Realizada?	Resultado/Comentarios	Gasto

C

Más recursos

La formación de un genealogista nunca termina. Si ya dominas el contenido de este libro, te recomiendo que busques otros recursos. La mejor manera de aprender sobre genealogía genética es hacer la prueba contigo mismo y con los miembros de tu familia, y trabajar los resultados tanto como sea posible. A continuación se muestran algunos de los mejores recursos disponibles para los genealogistas interesados en aprender más sobre el ADN.

Éstos son sólo algunos de los blogs, sitios web, foros y listas de correo dedicados a la genealogía genética, todos ellos en inglés. Además de estos recursos, el ADN ahora es un tema esencial en todas las conferencias de genealogía en muchos lugares, por lo que procura asistir también a las conferencias locales.

ISOGG Wiki

The International Society of Genetic Genealogy (ISOGG) Wiki (**www.isogg.org/wiki/ Wiki_Welcome_Page**) es un recurso esencial para los genealogistas genéticos. Aunque es una fuente de información tipo Wikipedia, supervisada por voluntarios, incluye algunos de los análisis más sofisticados y detallados de temas relacionados con la genealogía genética. Las siguientes páginas, por ejemplo, son de lectura obligatoria para los genealogistas genéticos (en inglés):

- Cuadro comparativo de pruebas de ADN autosómico (**www.isogg.org/wiki/Autosomal_DNA_testing_comparison_chart**)
- Estadísticas sobre ADN autosómico (**www.isogg.org/wiki/Autosomal_DNA_statistics**)
- Ética, pautas y estándares (**isogg.org/wiki/Ethics,_guidelines_and_standards**)
- Idéntico por descendencia (**www.isogg.org/wiki/Identical_by_descent**)
- Triangulación (**isogg.org/wiki/Triangulation**)

Libros

Aparte del libro que tienes entre las manos, hay otros títulos publicados en inglés y dedicados a los fundamentos de la genealogía genética.

- Blaine Bettinger y Debbie Parker Wayne, *Genetic Genealogy in Practice* (Arlington: National Genealogical Society, 2016).
- David R. Dowell, *NextGen Genealogy: The DNA Connection* (Santa Barbara: Libraries Unlimited, 2014).
- Debbie Kennett, *DNA and Social Networking: A Guide to Genealogy in the Twentyfirst Century* (Gloucestershire: The History Press, 2011).
- Emily D. Aulicino, Genetic Genealogy: *The Basics and Beyond* (Bloomington: AuthorHouse, 2013).
- Richard Hill, *Guide to DNA Testing: How to Identify Ancestors and Confirm Relationships through DNA Testing* (2009). [Disponible en: **www.dna-testing-adviser.com/DNA-Testing-Guide.html**]

Blogs

Los blogs son una excelente manera de estar al tanto de los últimos desarrollos en el campo de la genealogía genética. A continuación se muestra una lista con los mejores blogs para genealogistas genéticos, todos ellos en inglés. Aunque muchos de estos blogs no se actualizan a menudo, todos contienen archivos repletos de contenido e información muy interesante.

- *23andMe Blog* (**blog.23andme.com**)
- *AncestryDNA Blog* (**blogs.ancestry.com/ancestry/category/dna**)
- *Cruwys News* (**cruwys.blogspot.com**), por Debbie Kennett
- *Deb's Delvings in Genealogy* (**debsdelvings.blogspot.com**), por Debbie Parker Wayne
- *DNAeXplained–Genetic Genealogy* (**dna-explained.com**), por Roberta Estes
- *Dr D Digs Up Ancestors* (**blog.ddowell.com**), por David R. Dowell

- *Genealem's Genetic Genealogy* (**genealem-geneticgenealogy.blogspot.com**), por Emily Aulicino
- *Genealogy Junkie* (**www.genealogyjunkie.net/blog**), por Sue Griffith
- *The Genetic Genealogist* (**www.thegeneticgenealogist.com**), por Blaine Bettinger
- *Kitty Cooper's Blog: Musings on Genealogy, Genetics, and Gardening* (**blog.kittycooper. com**), por Kitty Cooper
- *The Lineal Arboretum* (**linealarboretum.blogspot.com**), por Jim Owston
- *Segment-ology* (**segmentology.org**), por Jim Bartlett
- *Through the Trees* (**throughthetreesblog.tumblr.com**), por Shannon Christmas
- *Your DNA Guide* (**www.yourdnaguide.com**), por Diahan Southard
- *Your Genetic Genealogist* (**www.yourgeneticgenealogist.com**), por CeCe Moore

Foros y listas de correos

Los foros y las listas de correos incentivan la interacción, las preguntas y la conversación, aunque hay que saber inglés. Puedes configurar muchos de estos foros y listas de correos de tal manera que no tengas que recibir numerosos correos electrónicos diarios.

- 23andMe Forums (23andMe) (**www.23andmeforums.com**)
- Anthrogenica Forums (Anthrogenica) (**www.anthrogenica.com/forum.php**)
- DNAAdoption (Yahoo! Groups) (**groups.yahoo.com/neo/groups/DNAAdoption/info**)
- DNA Detectives (Facebook) (**www.facebook.com/groups/DNADetectives**)
- DNAgedcom User Group (Facebook) (**www.facebook.com/groups/DNAGedcomUserGroup**)
- DNA Newbie (Facebook) (**www.facebook.com/groups/dnanewbie**)
- DNA: GENEALOGY–DNA mailing list (Rootsweb) (**lists.rootsweb.ancestry.com/index/ other/DNA/GENEALOGY-DNA.html**)
- DNA-NEWBIE (Yahoo! Groups) (**groups.yahoo.com/neo/groups/DNA-NEWBIE/info**)
- Tree DNA Forums (Family Tree DNA) (**forums.familytreedna.com**)
- International Society of Genetic Genealogy–ISOGG (Facebook) (**www.facebook.com/ groups/isogg**)
- GEDmatch User Group (Facebook) (**www.facebook.com/groups/gedmatchuser**)

ÍNDICE ANALÍTICO

M

Majors, Randy 185

marcadores 7, 76, 77, 81, 82, 83, 84, 85, 87, 89, 98, 171, 184, 185, 192, 204, 208, 211

Matching Segment Search 141, 148

maternas, líneas 50, 57, 66, 69

Matrix 116, 117, 118, 180, 181

MDLP (Magnus Ducatus Lituaniae Project) 163

meiosis 95, 96, 207, 208

metabólicas, enfermedades 24

Mills, Elizabeth Shown 186

mitocondria 60, 208

MitoSearch 66

Moore, CeCe 187, 227, 238

mujeres 16, 22, 34, 52, 53, 62, 67, 68, 73, 96, 97, 123, 124, 125, 126, 127, 128, 129, 133, 136, 184

mutaciones 57, 58, 62, 63, 64, 65, 68, 74, 75, 78, 80, 82, 185, 207, 208, 210

MyOrigins 162

N

National Genealogical Society 40, 41, 185, 186, 226

navegadores cromosómicos 108, 129, 145, 177

New Ancestor Discoveries 189, 204

Nicolás II (zar) 12, 61

no paternidad, evento de 21, 36, 47, 68, 75, 88, 89, 90, 107, 183, 200, 208

núcleo 14, 15, 16, 70, 91, 120, 123, 203, 206, 209

nucleótidos 14, 25, 51, 55, 56, 60, 76, 78, 101, 102, 210

O

Olson, John 139

One-to-Many 140, 142, 152, 177, 178

One-to-One Compare 140, 144, 145

ovodonación 37

Oxford Ancestors 13

P

padres 6, 8, 16, 18, 23, 25, 26, 27, 28, 29, 34, 36, 37, 38, 70, 87, 92, 93, 100, 101, 108, 127, 141, 146, 173, 174, 175, 176, 183, 189

parientes genéticos 23, 28, 40, 67, 78, 81, 88, 102, 103, 104, 105, 110, 111, 112, 114, 116, 120, 136, 140, 141, 142, 151, 152, 189, 200, 210, 220

paternas, líneas 22, 70, 86

patrones de herencia 16, 94, 128, 135, 199

población de referencia 153, 155, 157, 159, 166, 168, 209

polimorfismos de nucleótido único 55, 103, 193

Pratt, Warren C. 185

primos hermanos 19, 26, 32, 36, 86, 89, 101, 107, 108, 121, 189, 217

privacidad, problemas de 40, 151, 152, 187

problemas éticos 4, 35, 36, 37, 40, 41, 47, 48, 183, 189

Promethease 151

proyecto cM compartido 106

prueba de ADN 4, 7, 8, 11, 12, 13, 16, 20, 21, 22, 23, 24, 25, 26, 29, 34, 35, 36, 37, 38, 42, 43, 44, 45, 46, 47, 48, 55, 73, 75, 80, 86, 87, 88, 90, 91, 94, 97, 102, 107, 112, 114, 119, 120, 122, 128, 129, 131, 132, 134, 135, 136, 168, 171, 172, 173, 174, 175, 184, 185, 192, 198, 199, 205, 211, 212, 213, 238

puntDNAL 165

R

rCRS (revised Cambridge Reference Sequence) 56, 57, 58, 59, 210

recombinación 52, 71, 95, 96, 97, 98, 99, 100, 125, 127, 128, 130, 207, 209

reconstrucción genética 196

recuerdos familiares 10

región

    región codificante 51, 209

    región hipervariable 1 51, 209

    región hipervariable 2 51, 209

    región idéntica 104, 209

    región medio idéntica 104, 209

Acerca del autor

Blaine Bettinger es doctor en Bioquímica y abogado especializado propiedad intelectual en Bond, Schoeneck & King, PLLC en Syracuse, Nueva York, durante el día, y educador y bloguero por la noche. En 2007, creó *The Genetic Genealogist* (**www.thegeneticgenealogist.com**), uno de los primeros blogs dedicados a la genealogía genética y a la genómica personal.

Ha escrito numerosos artículos relacionados con el ADN para *Association of Professional Genealogists Quarterly* y *Family Tree Magazine*, entre otras publicaciones. Ha sido profesor en los cursos inaugurales de Genealogía Genética en el Institute of Genealogy and Historical Research (IGHR), el Salt Lake Institute of Genealogy (SLIG), el Genealogical Research Institute of Pittsburgh (GRIP), el Virtual Institute of Genealogical Research, la Family Tree University y el Excelsior College. Es exeditor del *Journal of Genetic Genealogy* y co-coordinador del ad hoc Genetic Genealogy Standards Committee. En 2015 se convirtió en alumno del ProGen Study Group 21 y fue elegido miembro del consejo de administración de la New York Genealogical and Biographical Society.

Blaine nació y creció en Ellisburg, Nueva York, donde han vivido sus antepasados durante más de doscientos años, y es padre de dos niños. Puedes encontrar a Blaine en (**www.blainebettinger.com**) y en Twitter *@blaine_5*.

DEDICATORIA

A mis abuelos paternos Roy Harry y Laurentine Loverna (Mullin) Bettinger, y a mis abuelos maternos Theodore Roosevelt y Jane Rose (Garcia) LaBounty.

CRÉDITOS FOTOGRÁFICOS

imágenes de 23andMe: página 33, imagen E; página 97, imagen H; página 98, imágenes I, J y K; página 99, imágenes L y M; página 110, imagen P; página 111, imagen Q; página 159, imagen F; página 160, imagen G; página 164, imagen K; página 167, imágenes M y N. © 23andMe, Inc., 2016. Todos los derechos reservados; publicado conforme a una licencia limitada de 23andMe.

imágenes de Ancestry.com: página 32, imagen D; página 113, imagen R; página 115, imagen U; página 157, imagen D; página 159, imagen E. © Ancestry.com DNA, LLC, 2016. Todos los derechos reservados.

imágenes de DNAGedcom: página 147, imagen A; página 149, imágenes B and C. © DNAGedcom, 2016. Todos los derechos reservados.

imágenes de Family Tree DNA: página 31, imagen C; página 59, imágenes G y H; página 65, imagen J; página 82, imagen I; página 84, imágenes J y K; página 109, imagen O; página 113, imagen S; página 114, imagen T; página 117, imágenes W y X; página 130, imagen E; página 131, imagen F; página 134, imágenes I y J; página 135, imagen K; página 161, imagen H; página 162, imagen I; página 177, imagen 1. © FamilyTree DNA, 2016. Todos los derechos reservados.

imágenes de GEDmatch: página 140, imagen A; página 142, imagen B; página 143, imagen C; página 144, imagen D; página 145, imagen E; página 146, imagen F; página 163, imagen J; página 164, imágenes K y L. © GEDmatch, 2016. Todos los derechos reservados.

NOTAS

1. Traducción literal de la expresión inglesa *break through brick walls*, muy utilizada en genealogía. Un «muro de ladrillos» es un problema de investigación, un aparente callejón sin salida que no arroja resultados incluso después de horas de estudio. *(N. del T.)*
2. *Who Do You Think You Are?* es un programa actualmente en pantalla que empezó a emitir la cadena británica BBC en 2004. En cada episodio, que tiene una audiencia estimada de 6 millones de espectadores, se traza el árbol genealógico de una celebridad.
   Finding Your Roots with Henry Louis Gates Jr. es una serie documental para televisión que se empezó a emitir en marzo de 2012. En cada episodio diversos genealogistas profesionales recopilan información sobre una celebridad con la historia de sus antepasados, nuevas conexiones familiares y secretos sobre su linaje. *(N. del T.)*
3. Las leyes que regulan la herencia de los apellidos no son las mismas en todos los países. En algunos países, los hijos llevan dos apellidos. Así, en España los hijos heredan el primer apellido de ambos progenitores y, si bien durante siglos se colocaba delante el del padre, desde 2000 existe la posibilidad de dar preferencia al de la madre; en Portugal, por su parte, el Código Civil establece que los hijos pueden usar los apellidos de ambos padres o sólo los de uno de ellos. En cambio, en otros países los hijos sólo llevan un apellido, como sucede en Alemania, donde desde 1993 los padres pueden elegir qué apellido debe llevar su hijo, o en Estados Unidos, donde la mujer pierde su apellido al contraer matrimonio y por lo tanto los hijos heredan siempre el de su padre. *(N. del T.)*
4. Aunque su uso no es muy frecuente, algunos genealogistas lo traducen por «pérdida de linaje». *(N. del T.)*
5. Literalmente, «indicio de hojas temblorosas». En genealogía genética se utiliza este anglicismo: el posible pariente es una hoja del árbol genealógico, temblorosa porque todavía no está confirmado. *(N. del T.)*
6. Asociación estadounidense reservada a las mujeres, presente, aparte de en Estados Unidos, en Australia, Bahamas, Canadá, Francia, Alemania, Japón, México, el Reino Unido y España. De carácter marcadamente patriota, su divisa es *God, Home, and Country* (Dios, hogar y patria). Para poder ser miembro de la organización, hay que ser mujer mayor de edad y demostrar que al menos uno de sus antepasados por línea directa tuvo participación en la independencia de Estados Unidos. *(N. del T.)*

Agradecimientos

Cuando me hice mi primera prueba de ADN en 2003 –o cuando empecé a escribir un blog sobre ADN en 2007– no tenía ni idea de que me daría oportunidades tan increíbles, incluido este libro. Mi gratificante relación con *Family Tree Magazine* comenzó en 2009, y estoy profundamente en deuda con todo el equipo de F+W, pasado y presente: Diane Haddad, Tyler Moss, Allison Dolan, Andrew Koch, Vanessa Wieland y todos los demás. La orientación, el asesoramiento y el aliento que recibí de F+W a lo largo de este proceso hicieron que todo fuera posible. Gracias.

Gracias a 23andMe (**www.23andme.com**), AncestryDNA (**www.dna.ancestry.com**), Family Tree DNA (**www.familytreedna.com**), GEDmatch (**www.gedmatch.com**) y DNAGedcom (**www.dnagedcom.com**) por todo lo que hacéis por la comunidad y por permitirme utilizar capturas de pantalla para el libro.

Gracias a mis maravillosos amigos y colegas de la comunidad genealógica, que me animan y me inspiran a diario. En concreto, gracias a mis colegas profesores del instituto, CeCe Moore, Debbie Parker Wayne y Angie Bush, de quienes he aprendido tanto. Y mi más sincero agradecimiento a los muchos genealogistas genéticos y profesores de todo el mundo que colaboran, comparten y debaten cuestiones grandes y pequeñas con el fin de hacer avanzar día a día nuestro conocimiento de la genealogía genética.

Gracias a mi maestra de inglés de la escuela secundaria, la señora Briant, quien, sin saberlo, pero de manera irreversible, cambió mi mundo con un sencillo trabajo de completar un árbol genealógico. Son unos deberes en los que trabajaré el resto de mi vida.

Gracias a mis padres, hermanos y hermana, quienes han apoyado e incentivado mi adicción a la genealogía durante décadas, e incluso han «salivado» para una prueba o dos de ADN. El mayor agradecimiento, por supuesto, para Elijah y Logan. Se sacrifican tanto que puedo viajar, enseñar, dar conferencias y escribir. Algún día espero que miren atrás y recuerden no una tarde perdida aquí o allá, sino que estaba haciendo lo que amaba y que ellos deberían hacer lo mismo.

Si este libro le ha interesado y desea que le mantengamos informado
de nuestras publicaciones, escríbanos indicándonos qué temas son de su interés
(Astrología, Autoayuda, Psicología, Artes Marciales, Naturismo,
Espiritualidad, Tradición...) y gustosamente le complaceremos.

Puede consultar nuestro catálogo en www.edicionesobelisco.com

Colección Salud y Vida natural
EL ÁRBOL GENEALÓGICO
Blaine T. Bettinger

1.ª edición: abril de 2019

Título original: *The Family Tree, Guide to DNA Testing and Genetic Genealogy*

Traducción: *Jordi Font*
Maquetación: *Natàlia Campillo*
Corrección: *Sara Moreno*

© 2019, Blaine T. Bettinger
Original en inglés publicado por Family Tree Books,
sello editorial de F+W Media INC., USA.
(Reservados todos los derechos)
© 2019, Ediciones Obelisco, S. L.
(Reservados los derechos para la presente edición)

Edita: Ediciones Obelisco, S. L.
Collita, 23-25. Pol. Ind. Molí de la Bastida
08191 Rubí - Barcelona - España
Tel. 93 309 85 25 - Fax 93 309 85 23
E-mail: info@edicionesobelisco.com

ISBN: 978-84-9777-441-3
Depósito Legal: B-10.210-2019

Printed in Spain

Impreso en Gráficas 94, Hermanos Molina, S. L.
Polígono Industrial Can Casablancas
c/ Garrotxa, nave 5 - 08192 Sant Quirze del Vallès - Barcelona